北京理工大学"双一流"建设精品出版工程

Cross-Media Intelligence
跨媒体智能

宋丹丹　胡琳梅　吴之璟 ◎ 编著

北京理工大学出版社
BEIJING INSTITUTE OF TECHNOLOGY PRESS

内容简介

跨媒体智能是一门融合了计算机视觉、自然语言处理和机器学习等多个领域的交叉学科，它代表了智能信息处理技术的前沿方向，对于推动人工智能的发展具有重要意义。本书是一本全面介绍跨媒体智能理论、技术与应用的教材，旨在为读者提供一个系统、深入的学习路径。全书共7章，大致分为3个部分：

第一部分（第1~2章）为基础理论篇，全面阐述了跨媒体智能的基本概念、发展历程、研究背景和统一表示方法。第二部分（第3~6章）为应用技术篇，详细介绍了跨媒体智能在检索、图像视频语义生成、文本生成图像和视觉问答等领域的具体应用，通过丰富的案例和实际应用，展示了跨媒体智能技术的关键技术和方法。第三部分（第7章）为挑战与展望篇，探讨了跨媒体智能领域面临的技术挑战、应用前景及未来发展，为读者揭示了跨媒体智能在人工智能领域的重要地位及其未来发展方向。

本书可作为计算机、通信、人工智能等相关专业的本科生或研究生教材，也可供从事相关领域工作的研究人员和工程技术人员阅读参考。

版权专有　侵权必究

图书在版编目（CIP）数据

跨媒体智能 / 宋丹丹，胡琳梅，吴之璟编著.
北京：北京理工大学出版社，2025.1
ISBN 978-7-5763-4724-1

Ⅰ.TP18

中国国家版本馆 CIP 数据核字第 2025ED1284 号

责任编辑：陈莉华		**文案编辑**：李海燕	
责任校对：周瑞红		**责任印制**：李志强	

出版发行 / 北京理工大学出版社有限责任公司
社　　址 / 北京市丰台区四合庄路6号
邮　　编 / 100070
电　　话 / 68944439（学术售后服务热线）
网　　址 / http://www.bitpress.com.cn
版 印 次 / 2025年1月第1版第1次印刷
印　　刷 / 廊坊市印艺阁数字科技有限公司
开　　本 / 787 mm×1092 mm　1/16
印　　张 / 14.5
彩　　插 / 1
字　　数 / 298千字
定　　价 / 58.00元

图书出现印装质量问题，请拨打售后服务热线，负责调换

前言

跨媒体智能是当今数字时代中的一项革命性创新，它正在以前所未有的方式改变着我们学习、娱乐、沟通和生产的方式。从智能检索、跨媒体生成到跨媒体推理，跨媒体智能融合了多种感官和数据源，为我们创造了一个更加丰富、智能和交互式的数字环境，对人类社会产生了巨大影响。跨媒体智能是一个新兴的跨学科领域，它集成了计算机科学、机器学习、图像处理、自然语言处理和多媒体技术等多个领域的知识，旨在实现多种媒体数据的跨媒体检索、生成和推理。作为一门新兴学科，很多学校开设了相关专业，也亟需教材讲授其核心理论体系和应用实践。本书顺应跨媒体智能兴起的潮流，为计算机专业以及通信工程、人工智能等其他专业的学生，提供一本入门和导论性质的教材。

作者深入调研了现有的跨媒体技术教材和资料，结合十余年深度学习和多模态学习等领域的科研实践和"人工智能"等计算机专业基础课程的教学实践经验，以"跨越媒体界限、实践创新思维、融合前沿技术、引领智能未来"为核心理念，精心设计编辑了《跨媒体智能》教材内容，该教材具有以下特色：

（1）内容全面，重点突出。本书涵盖了跨媒体智能的主要内容，包括：发展历史、基础理论、处理技术、应用前沿和未来展望。同时，作者也从典型应用任务的视角有重点地分析了跨媒体智能的方法与应用。

（2）理论扎实，实践丰富。本书系统介绍了跨媒体智能领域的基本理论和方法，通过丰富的研究成果、实际案例和应用细节展示了这些理论如何应用于真实世界的复杂问题。

（3）结构合理，层次分明。本书可读性较强，每一章的开头都简明地阐述了本章内容的研究背景与意义；正文部分系统介绍对应任务的关键技术、重点难点与应用细节，并配以丰富的示例进行讲解；章节末尾则总结了本章内容，有助于读者巩固所学的概念与方法。

（4）放眼未来，紧跟前沿。本书深度调研了跨媒体智能领域的最新发展，包括跨媒体大语言模型等最新算法、技术和应用案例，帮助读者跟随发展的步伐，扩展自己的知识和技能。

本书主要面向跨媒体智能初学者，可作为高等学校计算机专业、通信专业及相关专业本科和专科的教材和参考书，并适合从事计算机应用、通信工程、多媒体信息系统等方面工作的科技人员参考。

全书内容分为三部分，共 7 章。第一部分是跨媒体智能的基本理论和研究基础，由第 1 章和第 2 章组成。

第 1 章"跨媒体智能概述"是本书统领式的一章，系统地介绍了跨媒体智能的研究背景、基本概念、发展历史和应用范畴，为读者的学习之旅打下坚实的基础。

第 2 章"跨媒体信息统一表示"介绍跨媒体信息统一表示的相关知识，包括理论背景、单一媒体分类与表征方法、跨媒体统一表示的联合表征方法与协同表征方法以及基于大语言模型的表征方法。

本书第二部分内容介绍跨媒体智能具体应用任务的研究背景与内容、关键技术与方法、常用数据集与评估标准，由第 3~6 章组成。

第 3 章"跨媒体检索"详细介绍了基于公共空间的学习模型和基于度量异构数据的模型。

第 4 章"图像视频语义生成"详细总结了基于模板、基于深度学习和基于多模态预训练等多种图像视频语义生成方法。

第 5 章"文本生成图像任务"详细阐述了基于 GAN、基于 VQ-VAE 和基于扩散模型的文本生成图像方法。

第 6 章"视觉问答任务"详细总结了传统的视觉问答模型和基于外部知识库的视觉问答模型。

本书第三部分内容介绍跨媒体智能的应用前沿和未来展望，由第 7 章组成。

第 7 章"跨媒体智能的挑战与展望"探讨了跨媒体智能领域的技术挑战与应用前景，并简要概述了人工智能的发展阶段以及跨媒体智能在其中的重要性。

前　言

全书框架由宋丹丹负责设计并统稿。胡琳梅负责编写了第 4~7 章，吴之璟负责编写第 1~4 章；宋丹丹对全书进行了校验。

本书在出版过程中得到北京理工大学计算机学院语言智能与社会计算所的老师们的大力支持，并对书稿提出了许多宝贵意见，在此谨向他们表示衷心的感谢！也得到朱心仪、侯思琦、刘东硕、张新宇、陈子傲、李晓楠、潘一辰、梁怡栋、王逸凡等研究生的支持，他们收集并整理了大量资料，没有他们的帮助，本书很难在约定的时间内完成。在此，感谢他们对本书编写过程中做出的巨大贡献。

作　者

2024 年 5 月

目 录
CONTENTS

第1章　跨媒体智能概述 ……………………………………………………… 001
 1.1　跨媒体智能的研究背景 ………………………………………………… 001
 1.2　跨媒体智能的概念与定义 ……………………………………………… 002
 1.3　跨媒体智能的研究概况 ………………………………………………… 007
  1.3.1　跨媒体智能的发展历史 …………………………………………… 007
  1.3.2　跨媒体智能面临的挑战 …………………………………………… 010
 1.4　跨媒体智能的应用场景 ………………………………………………… 014
 1.5　本章小结 ………………………………………………………………… 017
 1.6　参考文献 ………………………………………………………………… 018

第2章　跨媒体信息统一表示 ………………………………………………… 020
 2.1　跨媒体信息统一表示理论介绍 ………………………………………… 020
  2.1.1　背景与意义 ………………………………………………………… 020
  2.1.2　媒体信息分类与单一媒体表示 …………………………………… 021
  2.1.3　跨媒体信息表示面临的挑战 ……………………………………… 032
 2.2　联合表征方法 …………………………………………………………… 033
  2.2.1　联合表征的形式化定义 …………………………………………… 033
  2.2.2　基于概率图模型的方法 …………………………………………… 033
  2.2.3　基于深度学习的方法 ……………………………………………… 036
  2.2.4　基于预训练模型的方法 …………………………………………… 038
  2.2.5　其他方法 …………………………………………………………… 040
 2.3　协同表征方法 …………………………………………………………… 041
  2.3.1　协同表征的形式化定义 …………………………………………… 041

　　2.3.2　基于相似度的协同表征方法 ·· 041
　　2.3.3　基于结构化的协同表征方法 ·· 043
2.4　基于大语言模型的表征方法 ·· 045
　　2.4.1　常见架构 ·· 046
　　2.4.2　多模态预训练技术 ··· 047
　　2.4.3　经典模型 ·· 048
2.5　本章小结 ··· 051
2.6　参考文献 ··· 051

第3章　跨媒体检索 ··· 056
3.1　跨媒体检索的任务概述 ·· 056
　　3.1.1　研究背景与意义 ··· 056
　　3.1.2　研究内容 ·· 057
　　3.1.3　技术发展现状 ·· 057
3.2　跨媒体检索模型 ·· 058
　　3.2.1　基于公共空间映射的模型 ··· 059
　　3.2.2　基于度量异构数据的模型 ··· 072
3.3　跨媒体检索任务评测 ··· 075
　　3.3.1　常用数据集概述 ··· 075
　　3.3.2　跨媒体检索评价指标 ·· 078
3.4　本章小结 ··· 084
3.5　参考文献 ··· 085
3.6　相关链接 ··· 088

第4章　图像视频语义生成 ·· 089
4.1　图像视频语义生成任务概述 ·· 089
　　4.1.1　研究背景与意义 ··· 089
　　4.1.2　研究内容 ·· 090
　　4.1.3　技术发展现状 ·· 091
4.2　图像语义生成模型 ··· 093
　　4.2.1　基于模板的图像语义生成模型 ·· 093
　　4.2.2　基于检索的图像语义生成模型 ·· 095
　　4.2.3　基于深度学习的图像语义生成模型 ······································· 097
　　4.2.4　基于多模态预训练的图像语义生成模型 ································ 106
4.3　视频语义生成模型 ··· 108
　　4.3.1　基于模板的视频语义生成模型 ·· 109

| 4.3.2 基于深度学习的视频语义生成模型 | 110
| 4.3.3 基于多模态预训练的视频语义生成模型 | 123
| 4.4 图像视频语义生成任务系统评测 | 125
| 4.4.1 图像语义生成任务常用数据集 | 125
| 4.4.2 视频语义生成任务常用数据集 | 126
| 4.4.3 图像视频语义生成任务常用评价指标 | 128
| 4.5 本章小结 | 136
| 4.6 参考文献 | 137

第5章 文本生成图像任务 142

- 5.1 文本生成图像任务概述 142
  - 5.1.1 研究背景与意义 142
  - 5.1.2 研究内容 143
  - 5.1.3 技术发展现状 144
- 5.2 文本生成图像模型 145
  - 5.2.1 基于GAN的文本生成图像 145
  - 5.2.2 基于VQ-VAE的文本生成图像 152
  - 5.2.3 基于扩散模型的文本生成图像 158
- 5.3 文本生成图像任务评测 162
  - 5.3.1 数据集 162
  - 5.3.2 性能评价指标 163
- 5.4 本章小结 164
- 5.5 参考文献 165

第6章 视觉问答任务 169

- 6.1 视觉问答任务概述 169
  - 6.1.1 研究背景与意义 169
  - 6.1.2 研究内容 171
  - 6.1.3 技术发展现状 171
- 6.2 传统视觉问答模型 172
  - 6.2.1 基于联合嵌入的模型 172
  - 6.2.2 注意力模型 174
  - 6.2.3 组合式模型 179
  - 6.2.4 基于图神经网络的模型 182
- 6.3 基于外部知识库的视觉问答模型 185
  - 6.3.1 知识库 185

  6.3.2 视觉问答模型中的知识表示 ·············· 186
  6.3.3 视觉问答模型中的知识查询 ·············· 190
 6.4 视觉问答任务评测 ························ 193
  6.4.1 数据集 ···························· 193
  6.4.2 评测指标 ·························· 195
 6.5 挑战与展望 ···························· 196
  6.5.1 视觉问答面临的挑战 ·················· 196
  6.5.2 视觉问答的展望 ···················· 196
 6.6 本章小结 ······························ 197
 6.7 参考文献 ······························ 199

第7章 跨媒体智能的挑战与展望 ················ 203
 7.1 挑战和技术展望 ·························· 203
  7.1.1 跨媒体信息统一表示 ·················· 203
  7.1.2 跨媒体信息检索 ···················· 204
  7.1.3 图像/视频语义生成任务 ················ 206
  7.1.4 文本生成图像任务 ···················· 208
  7.1.5 视觉问答任务 ······················ 208
  7.1.6 其他挑战和技术展望 ·················· 209
 7.2 跨媒体智能应用展望 ······················ 211
  7.2.1 跨媒体信息检索 ···················· 211
  7.2.2 跨媒体生成 ························ 213
  7.2.3 跨媒体分析推理 ···················· 214
 7.3 感知智能向认知智能演进 ·················· 217
  7.3.1 感知智能与认知智能 ·················· 217
  7.3.2 认知智能的基石——跨媒体智能 ·········· 219
 7.4 本章小结 ······························ 220
 7.5 参考文献 ······························ 221

第 1 章
跨媒体智能概述

1.1 跨媒体智能的研究背景

每天早晨醒来，我们会看到明媚的阳光，听到悦耳的鸟鸣，闻到早餐的香气……我们看到的实物、听到的声音、闻到的味道都是一种媒体，人们生活在一个多种媒体相互交融的环境中。视觉、听觉、触觉、嗅觉、味觉，我们运用多重感官，或有序或同时，或主动或被动地探索我们周围的环境，感知外部的刺激。当我们将其融合并形成对某个事物的综合理解时，这些不同类型的感知信息之间又能够彼此触发、互相增强。然而，与人类和自然界丰富多样的互动体验形成鲜明对比的是，尽管现有的多媒体人机交互应用中媒体类型已逐渐丰富，但各种媒体的信息往往由计算机分类处理，彼此之间相对独立，鲜有融合互通与增强，多媒体人机交互技术存在着极大的局限性。人类很容易通过融合来自多个感官的信息来感知世界，与世界交互，但如何赋予机器类似的跨媒体的认知能力和交互能力依然是一个亟待解决的问题。

除了多媒体人机交互受限以外，如何整合多媒体数据形成对事物的整体认知也是一大挑战。事物通常具有多种媒体信息，单一媒体无法表现其完整特性，例如在辨认一朵花时，我们不仅要观察它的形状和色彩，还要闻它的气味。为了完整地表现事物的全方面信息，我们往往需要在不同种类的媒体中记录同一事物不同方面、不同角度的各种认知信息，这些信息在内容上通常存在相互补充的部分，因此与单媒体内容相比，它们包含的信息更丰富，利用多种媒体提取的综合语义也更有价值。随着个人电脑的普及与互联网的发展，越来越多的人选择在微博、抖音等社交平台上以文本、图像、短视频等多种形式发布内容，互联网环境中海量的社交媒体数据呈现出跨媒体的特点。一方面，文本、图像、音频、视频等多种媒体数据高度混合、共存；另一方面，各类复杂媒体数据之间存在错综复杂的逻辑关系，不同媒体数据深度融合，互相合作、补充、协调。只有将这些多媒体信息进行融合和整合，才能尽可能全面地理解和认知这些多媒体数据所共同蕴涵的内容信息，而跨媒体智能技术正是解决这些问题的关键。

1.2　跨媒体智能的概念与定义

在本节中，我们将探讨跨媒体智能的概念与定义。我们首先介绍媒体和多媒体的基本概念，这些是理解跨媒体智能的基础；其次，我们将讨论跨媒体，它是多媒体的扩展和演进，提供更广泛的信息交互方式；最后，我们研究跨媒体与人工智能之间的关系，探究如何利用人工智能技术实现跨媒体的智能化。

这些概念之间存在密切联系：媒体是信息传递的工具，多媒体是其进化的形式，而跨媒体进一步扩展了这一概念，跨媒体智能则是将人工智能应用于跨媒体领域，以便提升用户体验。

通过深入研究这些相关概念，我们可以更好地理解跨媒体智能的核心内涵，更好地把握跨媒体智能的本质和重要性。

1. 媒体的定义

在人类生活的世界中，信息具有众多表现形式，这些表现形式通常称为媒体（Medium）。

媒体一般指信息表示和传输的载体。在计算机领域中，媒体通常有两种含义：一是指用以存储信息的实体，如磁带、磁盘、光盘和半导体存储器等；二是指信息的载体，如数字、文字、声音、图形和图像。根据国际电信联盟（ITU）的建议[1]，媒体主要有以下5种主要类别：

（1）感觉媒体（Perception Medium）。感觉媒体是指能直接作用于人的感官，使人直接产生感觉的媒体，如人类各种语言、音乐、声音、静止或动态的图形、图像，计算机系统中的文字、数据和文件等。

（2）表示媒体（Representation Medium）。表示媒体是指为了加工、处理和传输感觉媒体而人为构造出来的一类媒体，其目的是用于数据交换，主要包括各种编码方式，如图像编码、声音编码、文本编码等。

（3）表现媒体（Presentation Medium）。表现媒体是指在感觉媒体与用于通信的电信号之间用于转换的一类媒体，表现媒体分为两种类型：一是输入表现媒体，如键盘、摄像机、光笔、话筒等；二是输出表现媒体，如显示器、音箱、打印机等。

（4）存储媒体（Storage Medium）。存储媒体是指表示媒体的存储介质，如计算机的硬盘、软盘、磁带、光盘等物理载体。

（5）传输媒体（Transmission Medium）。传输媒体是指用于传输表示媒体的介质，也就是将媒体从一处传送到另一处的物理载体，是通信中的信息载体，如双绞线、同轴电缆、光纤等。

五大媒体类型的划分是一种通用的媒体分类方式，用于描述媒体的基本属性和功能，有助于我们理解媒体在信息传递和处理中的角色。然而，这种划分主要强调了媒体的不同方面，但不具体和实用，不利于研究人员更精细地研究和开发与具体媒体形式相关的技术和应用，因此并不完全适用于跨媒体的研究。

当前跨媒体的相关研究中最常用的媒体可以概括为"3V"：Verbal（文本）、Vocal（语音）、Visual（视觉），它们是人们日常生活中最常用的媒体形式。"3V"的划分更侧重于在信息传递、人机交互和用户体验中占据着主导地位的几种特定的媒体形式，因此在人工智能和跨媒体应用等领域中都受到广泛关注。

"3V"的概念可概括如下：

（1）Verbal 是指字符和文字，主要包括人类的各种语言。在计算机中，文本由特定的数值表示，如 ASCII 码、中文国标码等。

（2）Vocal 包括语音、音频等。语音是指人类通过发声器官发出的声音，是人类表达思想的途径之一。音频是指数字化的声音，包括演说、音乐、自然界的各种声音、人工合成声音等多种形式。

（3）Visual 包括图形、图像、视频、动画等。图形是指由点、线、面以及三维空间所表示的几何形状。图像是指各种图片、图画、照片及光学影像等，是采用绘画或拍照等方式获得的人、物、景的模拟；图像可以看成是由许许多多的点组成的，单个的点称为像素，它是表示图像的最小单位。视频是指动态图像，是采用摄像等方式获得的活动画面，是一组图像按时间顺序的连续显示。动画是借助计算机生成或人工绘制的一系列可供动态演播的连续图像，一般包括二维动画、三维动画等多种形式。

在深入介绍了主要媒体类型之后，我们将延伸探讨媒体与模态的区别。模态是一个常见的、与媒体含义相近的术语，模态的内涵广泛，一般来说，每一种信息的来源或者形式都可以称为一种模态。例如，听觉、视觉、触觉等人类感官，语音、文字、图像等信息媒介，雷达、红外等传感器均可以称为一种模态，甚至两种不同的语言可以视为两种模态。关于媒体与模态的区别，Louis-Philippe Morency 教授针对二者的区别曾做出如下表述[2]：

Modality：The way in which something happens or is experienced.

Medium：A means or instrumentality for storing or communicating information；system of communication/transmission.

由于媒体和模态的内涵相似性远大于二者的区别，本书将不对媒体与模态进行过多区分。

2. 多媒体的定义

在深入研究跨媒体技术之前，我们将首先介绍多媒体技术的概念。多媒体技术在数字化时代扮演着重要角色，通过学习多媒体技术，我们可以更好地理解媒体的多样性、交互性和整合性，为后续深入研究跨媒体技术打下坚实的基础。

多媒体是指信息表示媒体，具有多样性，融合多种媒体信息是人工智能发展的必由之路。多媒体技术内涵广泛，目前尚无公认的权威定义。赵英良等人在《多媒体技术与应用》[3]一书中对于多媒体技术作出了如下阐述：

多媒体（Multimedia）是指能够同时获取、处理、编辑、存储和展示两种以上不同类型信息媒体的技术。这些信息媒体包括文字、声音、图形、图像、动画与视频等。多媒体不仅指多种媒体本身，而且包含处理和应用它的一整套技术。因此，"多媒体"与"多媒体技术"是同义词。

由于计算机的数字化及交互式处理能力极大地推动了多媒体技术的发展，通常可把多媒体看作先进的计算机技术与视频、音频和通信等技术融为一体而形成的新技术或新产品。因此，多媒体技术可以定义为：计算机综合处理文本、图形、图像、音频与视频等多种媒体信息，使多种信息建立逻辑连接，集成为一个系统并且具有交互性。简单地说，多媒体技术就是计算机综合处理声音、文字、图像信息的技术，具有集成性、实时性和交互性。

鲁宏伟等人在《多媒体计算机技术》[4]一书中则将多媒体定义如下：

所谓多媒体，是指信息表示媒体的多样化，常见的多媒体有文本、图形、图像、声音、音乐、视频、动画等多种形式。多媒体技术将所有这些媒体形式集成起来，以更加自然的方式使用信息和与计算机进行交互，使表现的信息图文声并茂。因此，多媒体技术是计算机集成、音频/视频处理集成、图像压缩技术、文字处理和通信等多种技术的完美结合。概括地说，多媒体技术就是利用计算机技术把文本、声音、视频、动画、图形和图像等多种媒体进行综合处理，使多种信息之间建立逻辑连接，集成为一个完整的系统。

从以上两种定义不难看出，多媒体技术具有多种基本特征：交互性、数字化、实时性、集成性。交互性是指多媒体技术可以实现人对信息的主动选择和干预控制；通过人机之间的交互和反馈，计算机可以更加高效地组织、利用和呈现多媒体信息，更好地辅助人类的工作，提升人类的参与体验。数字化是指多媒体中的各个单一媒体信息都是以数字形式存放在计算机中。实时性是指由于部分媒体如声音、视频等，与时间顺序具有密切的关联，多媒体技术必须支持实时处理，当用户给出操作命令时，相应的多媒体信息都能够被实时控制。而集成性则一方面是指多种媒体信息的集成，多媒体技术将文字、图像、视频、音频等多种媒体信息有机地集成在一起，共同表达一个具有多种媒体特征的完整信息；另一方面是指处理各类媒体信息的设备与软件的集成，多媒体技术将计算机、摄像机和播放器等输入/输出设备、通信和声像处理技术和软件有机地组织在一起，共同完成一个完整的信息处理过程。

从以上基本特征出发，本书可将多媒体技术概括定义为：通过计算机对文字、数据、图形、图像、动画、声音等多种媒体信息进行综合处理和管理，使用户可以通过多种感官与计算机进行实时信息交互的技术。

3. 跨媒体的定义

跨媒体的势态一般表现为相同信息在不同媒体之间的流布与互动，通常分为以下两种形式：一是表达同一对象的多种媒体数据，例如，描述相同对象的文字、图片和视频；二是来源不同的同一种媒体数据，例如，不同传感器检测相同对象所得的数据。当今互联网中的信息越来越呈现出"跨媒体"的趋势,一方面,相同信息在不同媒体及平台之间交叉传播与整合,例如,一则新闻可以通过报纸、电视、社交网站、博客等不同媒体传播,不同的元素结合在一起,可以提供更全面的信息和更丰富的用户体验;另一方面,媒体之间相互合作、共生、互动与协调,例如,不同平台创作者合作制作一个新闻短视频,以促进跨媒体内容的创新和互动,不同平台创作者之间协调内容发布,以确保信息的一致性和有效性。

与多媒体技术略有不同,多媒体技术侧重于融合和处理多个媒体的数据,而跨媒体技术则更侧重于对多个媒体之间的关系进行建模。例如,在多媒体检索中,查询的内容和待检索的内容至少存在一种相同媒体,而在跨媒体检索中,查询的内容和待检索的内容往往媒体类别不同,系统需要在不同媒体中找出其关联。具体来说,如果查询图像存在相关文本,待检索图像也有相关文本,那么多媒体图文检索可以融合多种媒体信息提升检索的准确度。而如果仅通过查询图像去匹配待检索的纯文本,多媒体检索则无法发挥作用,只能依靠跨媒体检索。

多种媒体信息在语义层面上的对齐和抽象是跨媒体技术的基础。在传统的信息表示技术中,单一媒体通常通过如表1-1所列的常用特征来表示语义信息,其中,我们可发现不同类型的媒体信息常用的传统特征完全不同,它们之间的异构性造成了不同类别媒体之间的不可比性,即不同类别媒体无法直接通过各自常用的传统特征来计算内容相关性。此外,与依靠常用特征的传统图像、音频表示方式不同,人们在识别一幅图像中的物体时并不关心具体的像素点,在分辨一段声音的内容时也并不关心具体的波形,也就是说,传统特征表示与人脑信息表示机制之间存在极大差距。因此,跨媒体技术必须寻求一种能够跨越不同媒体的、高层的统一表示,也就是跨媒体信息。

表1-1 文本、图像和音频的常用传统特征

媒体	常用的传统特征
文本	独热、词袋、词频-逆文档频率、N元组、共现矩阵
图像	轮廓、边缘、颜色、纹理、形状
音频	能量特征、时域特征、频域特征、乐理特征、感知特征

2014年杨毅等人在《跨媒体信息技术与应用》[5]一书中曾对跨媒体信息作出如下定义:

跨媒体信息是指多媒体提取出的、能够跨越媒体类型的信息描述,一般来讲就是高层的语义信息描述,由于其与媒体类型无关,因此不同于传统多媒体检索方法中使用的底层物理特征,它更接近于人们的感知与认知习惯,符合计算机识别技术和系统的最终目的,即最终使计算机能够有人类一样的识别、检索、处理和分析能力。如何填补底层特征和高层语义特征(跨媒体信息)的差异是多媒体检索和处理技术研究和应用中最具挑战性的课题。

总的来说，跨媒体信息一般指多种媒体信息中提取出的、能够跨越媒体类型的信息描述。相比于单一媒体使用的传统特征，它消除了媒体类型的限制，更加抽象，更接近于人类的认知。

从以上特征和定义出发，本书可将跨媒体技术概括为处理跨越多种媒体的信息，使用户可以与计算机进行实时信息交互的一系列技术，可认为它是多媒体技术的延伸分支。跨媒体技术的研究范畴十分广泛，包含检索、生成与推理等诸多方面。

4. 跨媒体与人工智能

智能一般可认为是知识和智力的总和，人工智能（Artificial Intelligence，AI）就是让机器具有人类的智能。人工智能是计算机科学的一个分支，主要研究、开发用于模拟、延伸和扩展人类智能的理论、方法、技术及应用系统等。1956年的达特茅斯会议上，以McCarthy、Minsky和Shannon等为首的一批科学家在一起共同研究和探讨用机器模拟智能的一系列有关问题，首次提出了"人工智能"的概念：人工智能就是要让机器的行为看起来就像是人所表现出的智能行为一样。

2020年邱锡鹏教授在《神经网络与深度学习》[6]一书中将人工智能的主要领域归纳为以下几个方面：

（1）感知：模拟人的感知能力，对外部刺激信息（视觉和语音等）进行感知和加工，主要研究领域包括语音信息处理和计算机视觉等。

（2）学习：模拟人的学习能力，主要研究如何从样例或从与环境的交互中进行学习，主要研究领域包括监督学习、无监督学习和强化学习等。

（3）认知：模拟人的认知能力，主要研究领域包括知识表示、自然语言理解、推理、规划、决策等。

而跨媒体智能正是人工智能由感知走向认知的关键一环。McGurk现象和众多其他神经科学的研究表明，人类智能的重要特征之一，是通过整合异构的视觉、语言、听觉等多种媒体的信息，从而获得对周遭环境的整体认知并完成决策、预测、推理、创作等功能。科学家们据此特征提出了"情感计算"[7]、"跨媒体计算"[8]等概念。OpenAI联合创始人、首席科学家Ilya Sutskever也表示：人工智能的长期目标是构建多模态神经网络，即AI能够学习不同模态之间的概念（文本和视觉领域为主），从而更好地理解世界。由此可见，多媒体技术、跨媒体技术是人工智能发展的重要方向，也是实现"通用人工智能"的关键技术之一。

潘云鹤院士认为跨媒体智能是实现机器认知外界环境的基础智能，在语言、视觉、图形和听觉之间的语义贯通，是实现联想、设计、概括、创造等智能行为的关键[9]。与之类似地，高文院士则提出跨媒体智能是新一代人工智能的重要组成部分，通过视听感知、机器学习和语言计算等理论和方法，构建出实体世界的统一语义表达，通过跨媒体分析和推理把数据转换为智能。北大彭宇新团队则指出跨媒体智能是通过视觉、听觉、语言和其他感官渠道模拟人脑将环境信息转化为分析模型的过程，进而实现了跨媒体分析和推理[7]。

简而言之，跨媒体智能就是一种通过多感官感知和跨媒体分析，将不同媒体数据转化为智能模型，实现机器对外部环境的认知、理解和智能应用的技术。

1.3 跨媒体智能的研究概况

1.3.1 跨媒体智能的发展历史

跨媒体智能的研究发展大体上分为四个阶段。

1. 行为时代

第一阶段是从 20 世纪 70 年代到 80 年代末，这一阶段被称为"行为时代"，心理学中的多感知集成、多媒体行为疗法等研究引起了人们对多媒体信息的关注。

1976 年，Harry McGurk 和 John MacDonald 在 Nature 上发表了一篇名为 Hearing Lips and Seeing Voices [10] 的论文，首次描述了一种有趣的现象：在人类感知语音的过程中，视觉和听觉之间存在相互作用，这一现象后来被称为"麦格克效应"。该现象由心理学家 McGurk 及其助理 MacDonald 在一项关于婴儿在不同发育阶段如何感知语言的研究中偶然发现，当受试者听到音节 /ba-ba/，同时观察所说音节为 /ga-ga/ 的唇部运动时，受试者会认为他听到的是第三种音节：/da-da/，这种不一致的效果是由人类大脑对来自视觉和听觉信息的综合处理造成的。这一现象表明语音感知是多媒体的，它涉及多种感官媒体的信息，尤其是听觉和视觉。更加广泛的生活现象，如闭上眼睛后辨别说话者话语的能力有所下降、视觉画面可以提升嘈杂环境下的语音清晰度等，也可以证明这一点。"麦格克效应"的研究对于认识视听整合进程和认知机制有重要的意义，极大地影响了生物学、认知心理学，促使语音领域研究引入视觉信息，推动了视听语音识别的发展，成为多媒体概念的雏形。

1980 年前后，芝加哥大学的 David Mcneill 博士发现大约 90% 的非正式演讲都伴随着大量自发和不知情的手部动作，并由此展开了一系列手势领域的详尽研究。他在《Gesture and Thought》[11] 一书中细致探讨了手势与语言是如何协同作用的，并提出了一种全新的语言概念：语言是一种意象-语言辩证法（Imagery-Language Dialectic），其中，手势为辩证法提供意象。在此概念中，手势与语言是密切相关的，手势的作用是为语言与思想提供推动力，而不仅仅是语言的附属或是装饰。遵从列夫·维果茨基（Lev Vygotsky）对"单位"的定义，即保持整体性的最小包装，Mcneill 提出言语和手势结合在一起，构成了人类语言认知的最小单位，言语和手势共同表达了一个潜在含义，这个含义是说话中交流动能（Communicative Dynamism）的最高点，Mcneill 将其称为"成长点"（Growth Points）。成长点是语言转化的思想源头，开启了言语与手势的动态组织过程，而言语与意象范畴的内容相结合则进一步激发了认知事件。基于以上理论，Mcneill 提出，思想是多媒体的：既有声音语言，也有动作手势。

2. 计算时代

第二阶段是从20世纪80年代末到2000年，这一阶段也被称为"计算时代"。这一阶段主要利用一些浅层模型进行研究，典型应用如视听语音识别获得了大量关注，情感计算的概念被提出，多媒体计算如多媒体内容分析、视频摘要等研究也开始起步。

最早的跨媒体应用研究是视听语言识别（Audio Visual Speech Recognition，AVSR），"麦格克效应"的发现促使很多语音领域的研究人员在研究中引入视觉信息。20世纪末，视听语言识别的早期研究主要基于各种基于隐马可夫模型（Hidden Markov Model，HMM）的扩展模型。大量实验结果表明，当语音信息有噪声时，引入视觉信息表现出显著优势，而语音信息无噪声时，引入视觉信息则效果不佳。这些实验结果表明听觉与视觉这两种媒体所获得的信息本质是相同的，媒体间的交互是补充性的，而非互补的，由于两种媒体信息之间存在大量重复，引入视觉信息可以大大提高模型的鲁棒性，但对于无噪声场景下语音识别的性能改善有限。

与此同时，人机交互领域也对多媒体技术表现出了极大的兴趣：人机交互应该和人类之间的自然交互一样使用多种媒体信息。Rosalind W. Picard 在《Affective Computing》[12]一书中首次提出情感计算的概念，书中提出情绪在人类决策、感知、学习等方面都起着至关重要的作用，如果我们希望计算机真正智能，并与人类自然互动，则必须赋予计算机识别、理解，甚至拥有和表达情感的能力。

随着个人计算机和互联网的发展，多媒体信息呈爆炸式增长，基于关键词检索多媒体内容的方法已经无法满足人们的要求。1994年，卡内基·梅隆大学计算机学院创建了信息媒体数字视频图书馆（The Informedia Digital Video Library），该项目致力于集成语音、图像、自然语言理解以实现对视频媒体的机器理解，包括对同期和归档内容的检索、可视化和摘要等功能。该项目开启了多媒体计算和内容检索的先河。

3. 交互时代

第三阶段是从2000年到2010年左右，这一阶段也被称为"交互时代"，多媒体在人机交互应用领域大放异彩。

21世纪初，为了研究人类在社会生活中的多媒体行为，一类围绕交互领域的多媒体应用开始兴起。AMI（Augmented Multi-party Interaction，2003—2006）项目关注在智能会议室和远程会议助理的场景下，构建用于支持人类交互的多媒体技术。该项目构建了一个包含超过100小时的会议视频记录的数据集，所有记录均经过完整转录和注释，其目的是提高多媒体会议记录的价值，并使人与人之间的实时互动更加高效。CHIL（Computers in the Human Interaction Loop）项目旨在创造一个环境，在不分散人类注意力，保证其专注于与其他人互动的情况下，使用计算机提供隐式帮助。CALO（Cognitive Assistant that Learns and Organizes，2003—2008）致力于打造人性化的具有学习和组织能力的认知助手，苹果公司的语音助手 Siri 便是此项目的衍生应用。

4. 深度学习时代

第四阶段是从 2010 年左右至今，这一阶段也被称为"深度学习时代"。深度学习时代的到来已经彻底改变计算机科学和人工智能领域。在这个时代，机器学习算法和深度神经网络的快速发展不仅推动了自然语言处理、计算机视觉和声音识别等单一媒体任务的发展，还催生了跨媒体智能的繁荣。

2011 年，视听情感挑战赛（Audio-Visual Emotion Challenge，AVEC）首次举办。一系列大型多媒体情感数据集，包括 SEMAINE、CMU-MOSI 等，相继发布。情感计算在医疗领域的应用，如抑郁和焦虑的检测与评估等，也逐渐得到关注。

另一类受到广泛关注的跨媒体技术是媒体描述与生成，该技术聚焦于语言和视觉，代表性应用包括图像字幕生成、文本图像逆生成、视觉问答等。

此外，跨媒体技术的迅速发展促进了不同学科之间的交叉融合。例如，跨媒体医学影像分析技术结合了计算机视觉和生物医学信息学方法，可有效帮助医生诊断和预测疾病。

跨媒体智能取得了巨大进展得益于众多深度学习技术，其中包括以下关键技术和模型：

（1）卷积神经网络（CNN）：用于图像处理的深度学习模型，适用于图像的特征提取。

（2）循环神经网络（RNN）：用于序列数据处理的深度学习模型，适用于文本、音频和视频等时序性数据的处理和建模。

（3）注意力机制：允许模型集中关注输入数据中的特定部分，以便更好地处理不同媒体之间的关联信息。它有助于跨媒体模型在多媒体数据中识别重要元素，从而提高跨媒体分析的效率和精度。

（4）预训练模型：通过在大规模文本数据上学习通用的语言知识的深度学习模型，可以在各种具体任务上进行微调，以提高性能。

（5）跨媒体嵌入：一种将不同媒体数据（如文本、图像、音频）映射到共享向量空间的技术，以便计算机能够更好地理解和比较这些多媒体数据。

近两年大语言模型（Large Language Model，LLM）的迅猛发展为多模态领域带来了全新的机遇和挑战。大语言模型是指利用大规模的文本数据预训练的深度神经网络模型，如 GPT-3.5、LLaMA 等。这些模型具有强大的语言理解和生成能力，可以通过自然语言指令来执行各种自然语言处理任务，如文本分类、文本摘要、文本生成等。此外，这些模型还展现出一些令人惊讶的新能力，如上下文学习、指令跟随、思维链等。

跨媒体大语言模型（Crossmedia Large Language Model）是指将大语言模型扩展到跨媒体领域的模型，如 GPT-4、文心一言等，它们可以接收和推理多媒体信息，如图像、视频、音频等。得益于 LLM 丰富的知识储备以及强大的推理和泛化能力，跨媒体大语言模型目前已经涌现出一些令人惊叹的能力，如看图写作和看图写代码等。

当前跨媒体大语言模型的研究主要涉及以下四个方面[13]：

（1）跨媒体指令微调：这是一种在跨媒体指令格式化的数据集上微调预训练的大语言模型的技术，使其可以通过遵循新的指令来泛化到未见过的任务，从而提高零样本性能。

这种技术的核心思想是将跨媒体任务转化为自然语言指令，如"根据图像生成一首诗""根据文本生成一张图像"等，然后让大语言模型学习如何执行这些指令。

（2）跨媒体上下文学习：这是一种在推理阶段常用的有效技术，可以提高少样本性能。它通过在输入中添加一些上下文信息，如示例、提示、反馈等，来引导大语言模型生成合适的输出。这种技术的核心思想是利用大语言模型强大的记忆和泛化能力来模仿人类的学习过程。

（3）跨媒体思维链：这是一种通常用于复杂推理任务的重要技术。它通过将多个输入和输出连接起来，形成一个连贯的思维链，来实现多步推理。这种技术的核心思想是利用大语言模型强大的生成和推理能力来模拟人类的思维过程。

（4）大语言模型辅助的视觉推理：这是一种涉及大语言模型作为核心的跨媒体系统。它通常包括三个角色：视觉感知器、视觉翻译器和视觉推理器。视觉感知器负责从视觉输入中提取特征，视觉翻译器负责将视觉特征转换为自然语言，视觉推理器负责根据自然语言指令进行视觉推理。大语言模型可以扮演这三个角色中的一个或多个，来实现不同的视觉推理任务，如图像分类、图像检索、图像生成等。

跨媒体智能发展至今，深度学习技术的重大突破对跨媒体智能产生了巨大的推动作用，因此，本书后续内容均将聚焦于跨媒体智能在深度学习时代的进展与挑战。

1.3.2 跨媒体智能面临的挑战

跨媒体技术发展迅猛，以跨媒体信息融合与增强为基础的方法和模型已被广泛应用于多个领域，但是为了将上述应用成功落地，我们仍需要解决跨媒体智能面临的一系列技术挑战。

跨媒体智能技术研究包含了对不同类型媒体数据如视觉、文字、声音的处理与集成，这些媒体信息通常来源不同，构成方式和内部结构也存在着巨大的区别，例如，图像是天然存在的、连续的，而文本是人类创造与组织的、离散的，这些不同种类媒体数据的异质性（Heterogeneity）构成了跨媒体智能研究和应用中最具挑战性的课题。Tadas Baltrusaitis 将其归纳为五大核心挑战[14]：表示、转化、对齐、融合、协同学习。

1. 表示

表示学习（Representation Learning），即学习数据的表示；以计算模型可以处理的形式表示数据一直是机器学习界的一大难题，表示的优劣极大地影响着机器学习模型的性能。针对不同类别的数据实体，如图像、音频、文本，表示（或称特征表示）通常指每个数据实体的向量或张量表示。

数据异构性是指不同数据源之间的数据类型、格式和结构的差异，当数据异构时，模型很难学习到一个能够捕捉到所有重要特征的表示。跨媒体智能需要使用来自不同数据源的数据表示，这使得跨媒体智能天然地面临着异构性带来的多项挑战：如何结合不同来源的数据、如何应对不同程度的噪声，以及如何处理丢失的数据等。以良好的方式表示数据对于跨媒体智能的性能至关重要,是任何跨媒体模型的基础。

针对数据的特征表示,Bengio 等人[15]提出了许多表示应当具备的良好属性,例如:平滑性,即相近的输入投射到表示空间后仍应当相近;时间和空间一致性,在时间上连续或空间上相近的观测应当对应相同的分类;稀疏性,即特征表示仅与少部分因素相关,特征向量中存在大量的0;自然聚类,即不同类别的数据自然关联到不同的簇。针对多种媒体的表示,Srivastava 和 Salakhutdinov[16]提出了许多其他理想属性:表示空间中的相近性应反映相应概念的相似性;即使在缺少某些媒体的情况下,表示也应易于获得;给定观测到的其他媒体,应可以填充缺失的媒体。

为解决数据异构性带来的挑战,跨媒体表示旨在学习利用数据的互补性和冗余性来表示多种媒体数据,主要包含如图 1-1 所示的两大研究方向:联合表示和协同表示。

图 1-1 跨媒体表示的两种方式

联合表示(Joint Representation):将多个媒体的信息一起投影到一个共享的语义空间中,在该空间中融合多媒体特征。如图 1-2(a)所示,在共享语义空间中,不同媒体的相近概念应当自然聚簇到一起,例如,开心的语句和快乐的表情应当相近,而开心的语句和难过的语句应该存在一定距离。

协同表示(Coordinated Representation):在跨媒体相似度或跨媒体相关性的约束下,将每个媒体分别投影到各自的表示空间。协同表示学习分离但协调的媒体表示,如图 1-2(b)所示。

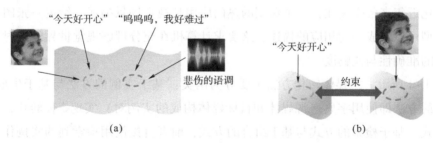

图 1-2 跨媒体表示的两种方式
(a)联合表示;(b)协同表示

协同学习到的特征向量之间满足加、减算术运算,根据这一特性,可以搜索出与给定图片满足"指定的转换语义"的图片。例如图 1-3(b)中,蓝车的图片的特征向量-蓝的文本的特征向量+红的文本的特征向量=红车的图片的特征向量,通过最近邻距离,可在特征向量空间检索得到红车的图片。

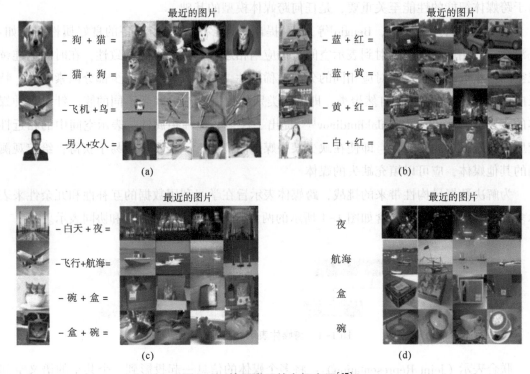

图 1-3 协同学习的有趣应用[17]

(a)一些简单示例；(b)颜色转变；(c)结构转变；(d)合理性检验

2. 转化

转化是指将一种媒体的数据映射到另一种媒体，换而言之，给定一个媒体的实体，转化是生成其他媒体类型的相同实体。例如，给定一段文本，生成对应的语音，或者给定一个文本描述，生成一个与之匹配的图片。由于自然语言处理和计算机视觉领域发展迅猛，跨媒体转化近年来备受关注，一个典型的热门应用是视觉场景描述，给定一张图像或一段视频，模型可以生成一句相应的描述，这要求计算机在充分理解视觉世界的同时还需保证生成语句的准确性与流畅度。

如图 1-4 所示，跨媒体转化方法主要分为两类：基于实例的方法与基于生成的方法。基于实例的方法即使用字典（源媒体和目标媒体构成的实例对）实现媒体转化，一般可分为两种方式：基于检索的方式与基于组合的方式，前者直接使用检索到的实例作为转化结果，后者则基于人工制定或启发式的规则以及检索到的大量实例构建转化结果。基于生成的方法即使用生成模型得到转化结果，生成模型一般可分为三种架构：基于语法的模型、编码器-解码器模型以及连续生成模型。基于语法的模型通过使用预设语法模板来限制目标域生成结果；编码器-解码器模型首先将源媒体数据编码为潜在表示，然后送入解码器生成目标媒体数据；连续生成模型基于源媒体输入流连续生成目标媒体数据。不难看出，基于实例的方法主要受限于字典数据，而基于生成的方法则受限于模型效果难以评估。

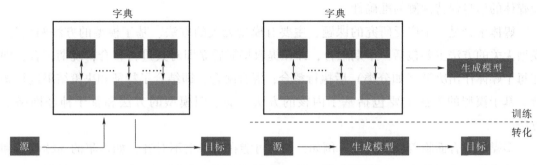

图 1-4 跨媒体转化的两种方式

在多媒体转化中,映射关系往往是开放式的或主观的。例如,一张图片可以用多种方式来描述,可能并不存在最好的或是标准的媒体转化。因此,媒体转化所面临的一大困难是转化结果难以评估,解决评估问题不仅可以更好地比较各种方法,还可以提供更好的优化目标,对于多媒体转化的发展至关重要。

3. 对齐

对齐是指识别多种媒体的元素(子元素)间的关系和联系。例如,给定一张图片与对应文字描述,描述中的词或短语应当和图片中的对应区域直接联系。

对齐主要分为显式对齐和隐式对齐,在显式对齐中,模型专注于将多种媒体间的子元素对齐,例如,将剧本中的章节与电影桥段对齐;隐式对齐则通常是其他任务的中间或潜在过程,例如,如图 1-5 所示,在文本描述与图像的双向检索[18]中,大量实验表明各媒体片段的明确对齐显著地提高了检索的性能。

图 1-5 跨媒体对齐方法

媒体对齐面临着许多困难,例如缺乏显式标注媒体对齐的数据集;媒体间的相似性度量难以衡量;存在多种可能的媒体对齐,且一个媒体中的元素在另一个媒体中可能没有对应等。

4. 融合

融合是指连接多种媒体的信息以完成预测推理。例如,在视听语音识别中融合唇部运动的视觉信息与音频的听觉信息来完成单词预测。媒体融合具有诸多好处,融合多种媒体信息可以使预测更加可靠;当至少一种媒体数据丢失或存在噪声时,系统依然能够依靠其他媒体的信息保持预测的准确性。

媒体融合是一个广泛研究的课题，主要有模型无关的方法、基于模型的方法两大类。模型无关的方法主要包括：早期融合，即在提取特征后立即对其进行整合；晚期融合，即在每个媒体作出决策（如分类）后执行整合；混合融合，即结合了特征和决策结果进行融合。基于模型的方法主要包括基于内核的方法、基于图模型的方法和基于神经网络的方法。

多媒体融合面临着较多挑战，例如，信号可能在时序上不对齐，如密集的连续信号和稀疏的事件；难以建立一个模型来充分发掘补充信息而不仅仅是辅助信息；每种媒体在不同时间点可能表现出不同类型、不同级别的噪声。

5. 协同学习

协同学习是指在不同媒体、表示、模型间进行知识迁移，旨在通过另一种媒体的信息来辅助当前媒体建模。在某一种媒体资源有限，如缺乏标注数据或标注数据存在大量噪声等场景，协同学习尤为重要。

协同学习主要分为并行、非并行和混合三类。并行数据方法需要训练集中来自一种媒体的观测与来自其他媒体的观测直接相关，例如，在一个图像描述数据集中，图像和描述样本互为对照。非并行数据方法不需要来自不同媒体的观测之间直接关联，通常通过使用类别重叠来实现协同学习，例如，在零样本学习中，使用维基百科的纯文本数据集扩展视觉对象识别数据集以提高对象识别的泛化能力。混合数据方法则通过共享媒体或数据集桥接。

协同学习是与任务无关的，因此它可以用于辅助跨媒体转化、融合及对齐等问题的研究。虽然协同学习方法能够生成更多标注数据，但是它会一定程度上引入噪声，或导致过拟合等问题。

1.4 跨媒体智能的应用场景

跨媒体智能的应用广泛，主要可以分为以下几个应用范畴。

1. 跨媒体检索

描述同一事物的不同方面的认知信号往往被记录在不同种类的媒体中，如文本、图像、视频、音频等。跨媒体检索通常指用户提交一种媒体对象，系统检索出其他类型不同、相似语义的媒体对象，例如，当用户对一张图像中的风景感兴趣时，可以向系统提交图片来检索与之相关的文字描述或视频以获取有用信息。

如图 1-6 所示，与以文本检索文本、图片检索图片等单媒体检索方式相比，跨媒体检索的信息来源更加丰富，检索方式更加灵活人性化。与融合多种媒体信息的多媒体检索相比，跨媒体检索可以跨越异构媒体检索，适用场景更加广泛，受限较少。虽然不同类型媒体数据在底层特征上彼此异构，但跨媒体检索系统可以使用统计学习和深度学习方法建模不同媒体信息之间的潜在相关性，并据此检索出相关的其他媒体信息。

图 1-6 三种检索方式的示例

(a) 单媒体检索；(b) 多媒体检索；(c) 跨媒体检索

跨媒体检索具有广阔的应用空间，以下是一些具体应用场景：

在信息技术领域，智能搜索引擎可以接受用户跨媒体形式输入（文本、图像、音频等）的查询，并返回跨媒体结果，通过融合不同媒体信息，提供更精确的搜索结果，对在线购物、旅行规划等场景都具有极大的促进作用。同时，跨媒体检索可用于社交媒体内容分析，如通过结合文本、图像和视频来跟踪趋势、评估用户情感以及检测虚假信息的传播，对于舆情分析和社交媒体营销至关重要。

在医疗领域，跨媒体检索可用于整合患者的医学图像、病历文本和实验室数据，以帮助医生更准确地诊断疾病，有助于早期疾病识别和治疗计划的制订。

在金融领域，金融分析师使用跨媒体检索来整合市场新闻、股票价格图表和财务报告，以支持投资决策。

2. 跨媒体生成

跨媒体生成是指用户输入一种媒体对象，系统根据其含义生成其他类型的媒体对象，例如，图片合成技术是从文字描述生成符合该描述的图像，图像描述生成技术是为给定图像生成符合其画面的文字标题或描述，视频语义生成技术是从视频数据生成对应文字概括等。跨媒体生成包括了众多不同类型的跨媒体数据相互转换生成的研究，其中，文本与图像领域的相互生成研究备受关注。

与跨媒体检索不同的是，跨媒体检索任务只需要检索数据库中存在的样本，而跨媒体生成任务则要求模型生成全新的、模型可能从未见过或听过的图像、文本和音频，这就要求模型必须学习一个复杂的生成函数，从一个媒体表示空间映射到另一个媒体表示空间，并确保输出结果有意义。例如，文本生成图片（Text-to-Image Generation）是跨媒体生成的经典应用之一，如图 1-7 所示，文本生成图片是指模型根据文本描述生成相应图像，模型在保证对文本的高理解度的同时，还需要保证生成图像的高真实度和多样性。由此可见，跨媒体生成要求模型具有一定的创造性，这使得它比跨媒体检索更具挑战性。

跨媒体生成近年来在 AI 等相关领域备受关注，展现出了极大的研究价值和应用潜力。

这种小鸟有粉红色的胸脯和冠，以及黑色的初级和次级飞羽。

这个漂亮的小家伙几乎全身黑色，有红色的冠和白色的面颊。

这种花有鲜艳的粉紫色花瓣和白色的柱头。

这种黄白相间的花有纤薄的白色花瓣和圆形黄色雄蕊。

图 1-7　文本生成图片示例

在医疗领域，图像生成文本技术可用于自动生成医学图像的描述，提高患者诊疗过程的效率。

在娱乐领域，文本生成图像技术极大地促进了数码艺术的发展，它不仅可以帮助画师或设计师进行创作，提高艺术创作、广告设计、游戏制作等工作的效率；还可以根据要求生成满足用户喜好的图片，极大地满足了普通人的创作需求。

在城市规划和交通领域，跨媒体生成技术可用于制作城市规划图模拟城市发展，以帮助市民和政府决策者更好地了解城市规划方案。

3. 跨媒体推理

跨媒体推理是指系统模拟人类的推理方式，从一种类型的媒体对象，经过思维和求解合理得出另一种类型的媒体对象。例如，视觉问答（Visual Question Answering，VQA）技术是从视频内容中推理出文本解答，文字识别（Optical Character Recognition，OCR）技术是从图片中识别出对应文本，指示表达理解（Referring Expression Comprehension，REC）技术是根据描述找出图像中最相符的对象。以视觉问答（VQA）为例，如图 1-8 所示，视觉问答的问题类型多种多样、难度不等，通常涉及广泛的经典计算机视觉任务，如物体识别（胡子是由什么做成的？）、物体检测（图片中有行人吗？）、属性分类（她的眼睛是什么颜色？）、场景分类（图中场景看起来在下雨吗？）、计数（这里有多少片比萨？）等。除此之外，计算机还需要解决一些更复杂的问题，如空间关系（树下有什么？）、常识推理（这个人的视力正常吗？）等。视觉问答往往需要文本或图像中并不存在的信息，这些额外信息涉及众多领域，类型从人类常识到图像特定元素的专业知识，因此，VQA 可以称为一项真正的通用人工智能（AI-complete）任务[19]。

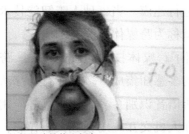

她的眼睛是什么颜色？　　　　　　　这里有多少片比萨？
胡子是由什么做成的？　　　　　　　这是一个素比萨吗？

这个人渴望陪伴吗？　　　　　　　　图中场景看起来在下雨吗？
树下有什么？　　　　　　　　　　　这个人的视力正常吗？

图 1-8　视觉问答示例

　　与跨媒体检索和跨媒体生成不同，跨媒体推理不仅需要强大的媒体信息表示能力，还需要利用一种媒体信息对另一种媒体信息进行特征增强和推理的能力，以及海量的外部先验知识和人类常识。例如，给定"花朵可能是各种不同颜色"的文本信息以及"一朵粉色的花"的图像，计算机应当能识别出一朵白色的花，在这一过程中，自然语言的符号化知识促进了视觉信息的泛化。

　　跨媒体推理具有强大的应用潜力，例如：

　　在医疗领域，跨媒体推理可以通过结合病历文本、图像、统计数据等，帮助医生预测患者病情发展，预测疾病流行趋势。

　　在工业领域，自动设备维护技术可以从跨媒体数据中推断设备的工作状态，以预测维护需求，并调整停机时间。

　　在教育领域，跨媒体推理技术可帮助教师从学生的跨媒体数据中推断学习进展和困难，以个性化调整教学内容。

1.5　本章小结

　　本章 1.1 节介绍了跨媒体智能的相关定义。人们生活的世界包含多种媒体，如人们看到的物体、听到的声音、闻到的气味等都是一种媒体。一般来说，媒体指的是信息表示和传输的载体，如常见的图像、声音等便是感觉媒体的一种。多媒体是指通过计算机对文字、数据、图形、图像、动画、声音等多种媒体信息进行综合处理和管理，使用户可以通过多种感官与计算机进行实时信息交互的技术。而跨媒体技术则更侧重于对多个媒体之间的关系以及与媒体类型无关的高层语义信息进行建模。当一种人工智能技术的研究对象跨越多个媒体并使用高层语义信息描述时，它就称为跨媒体智能技术。

1.2节从发展历史和未来挑战的视角介绍了跨媒体技术的研究概况。跨媒体技术的发展可分为4个阶段：在行为时代，心理学中的多感知集成、多媒体行为疗法等研究引起了人们对多媒体信息的关注；在计算时代，视听语音识别、多媒体计算等应用快速发展，情感计算的概念被提出；在交互时代，多媒体在人机交互应用领域大放异彩；在深度学习时代，各类应用如情感计算、媒体描述、事件检测和信息检索等都飞速发展。尽管当今跨媒体技术发展迅猛，但仍然面临着表示、转化、对齐、融合、协同学习五大挑战。

1.3节结合具体任务介绍了跨媒体技术的应用场景。跨媒体技术应用广泛，主要包括跨媒体检索、生成、推理三大场景。跨媒体检索是指系统根据用户提交的媒体数据检索出其他类型不同、语义相似的媒体数据，如以文搜图、以图搜文等；跨媒体生成是指系统根据用户提交的媒体数据生成其他类型的媒体数据，如根据描述生成图像、根据视频生成标题等；跨媒体推理是指系统模拟人类的推理方式，从一种类型的媒体对象，经过思维和求解合理得出另一种类型的媒体对象，如视觉问答。从早期的视听语音识别研究到最近自然语言和计算机视觉交叉领域的众多跨媒体研究，跨媒体智能初步具备了表示和推理跨媒体信息的能力，促使计算机更好地理解我们周围的世界，推动了计算机与人类更加自然地交互，在众多领域表现出了巨大的重要性，潜力不可估量。

从全书结构与内容布局上，本书首先介绍媒体、多媒体、跨媒体等跨媒体智能的基本概念，跨媒体智能的研究概况与应用场景，使读者对跨媒体智能有初步认识；接着通过对跨媒体信息表示技术的系统介绍，使读者对跨媒体信息的表示具有基本的了解；然后结合多个具体应用任务对跨媒体智能的模型和方法等进行详细介绍，使读者对跨媒体智能的发展与应用有更加全面和深刻的理解。

本书第1章为绪论，介绍跨媒体智能技术所涉及的基本概念、历史发展、当今挑战与应用场景；第2章为跨媒体信息表示方法，从联合表示、协同表示两大方式入手，介绍了主要的多媒体与跨媒体信息统一表示理论和技术，以及国内外最新研究成果；第3章为跨媒体检索技术介绍，对跨媒体信息检索技术的概念、模型、特点和应用等进行了详细描述；第4、5、6章为跨媒体生成技术介绍，分别从视频语义生成任务、图像描述任务、文本生成图像任务三个典型任务进行展开，系统地介绍了跨媒体生成的相关技术与方法；第7章为挑战与展望，系统地概括了跨媒体智能技术当前所遇到的挑战以及未来可能的发展方向。

1.6 参考文献

[1] https://handle.itu.int/11.1002/1000/1274.

[2] https://cmu-multicomp-lab.github.io/mmml-course/fall2020/.

[3] 赵英良,冯博琴,崔舒宁. 多媒体技术及应用[M]. 北京:清华大学出版社,2009.

[4] 鲁宏伟,汪厚祥. 多媒体计算机技术[M]. 2版. 北京:电子工业出版社,2004.

[5] 杨毅. 跨媒体信息技术与应用[M]. 北京:电子工业出版社,2014.

[6] 邱锡鹏. 神经网络与深度学习[M]. 北京:机械工业出版社,2020.

[7] Peng Y X, Zhu W W, Zhao Y, et al. Cross-Media Analysis and Reasoning:Advances and Directions[J]. 信息与电子工程前沿:英文版,2017,18(1):14.

[8] Yang Y, Zhuang Y T, Wu F, Pan Y H. Harmonizing Hierarchical Manifolds for Multimedia Document Semantics Understanding and Cross-Media Retrieval[M]. IEEE Trans Multimed 2008;10(3):437.

[9] 潘云鹤. 人工智能走向2.0[J]. Engineering,2016,2(04):51-61.

[10] Mcgurk H, Macdonald J. Hearing Lips and Seeing Voices[J]. Nature,1976,264(5588):746-748.

[11] Mcneill D. Gesture and Thought[M]. Chicago:The University of Chicago Press,2005.

[12] Picard R W. Affective Computing[M]. Cambridge:MIT Press,2000.

[13] Yin S, Fu C, Zhao S, et al. A Survey on Multimodal Large Language Models[J]. arXiv preprint arXiv:2306.13549,2023.

[14] Baltrusaitis T, Ahuja C, Morency L P. Multimodal Machine Learning:A Survey and Taxonomy[J]. IEEE Transactions on Pattern Analysis & Machine Intelligence,2017,PP(99):1-1.

[15] Bengio Y, Courville A, Vincent P. Representation Learning:A Review and New Perspectives[J]. IEEE Transactions on Pattern Analysis and Machine Intelligence,2013,35(8):1798-1828.

[16] Srivastava N, Salakhutdinov R. Multimodal Learning with Deep Boltzmann Machines[J/OL]. Advances in neural information processing systems,2012,25. https://api.semanticscholar.org/CorpusID:710430

[17] Kiros R, Salakhutdinov R, Zemel R S. Unifying Visual-Semantic Embeddings with Multimodal Neural Language Models[J]. Computer Science,2014. DOI:10.48550/arXiv.1411.2539.

[18] Karpathy A, Joulin A, Fei-Fei L F. Deep Fragment Embeddings for Bidirectional Image Sentence Mapping[J]. Advances in Neural Information Processing Systems,2014,27.

[19] Antol S, Agrawal A, Lu J, et al. Vqa:Visual Question Answering[C]//Proceedings of the IEEE international conference on computer vision. 2015:2425-2433.

第 2 章
跨媒体信息统一表示

与传统单一媒体智能相比，跨媒体智能包含多种模态的数据，如文本、图像、视频、三维模型等。虽然数据的来源不同、形式各异，呈现出迥然不同的特征，但是不同模态间的数据存在一定的语义关联，充分利用该语义关联能够更好地建模跨媒体信息。本章主要介绍跨媒体信息的统一表示（Unified Multi-media Representation），首先介绍跨媒体信息统一表示的理论，其次分别介绍三类不同的统一表示方法——联合表征（Joint Representation）、协同表征（Coordinate Representation）以及基于大语言模型（Large Language Model Based）的方法。

2.1 跨媒体信息统一表示理论介绍

2.1.1 背景与意义

文字、图像、视频、音频信号等多种模态尽管形式各不相同，但是本质上均为信息的载体，即各类模态是信息的不同表示形式[1]。人类智能通过综合不同模态提供的信息，利用先验知识建模跨模态语义关联解决问题，人脑处理时关注的重点并非媒体的形式，而是媒体所承载的信息。跨媒体智能算法的成功与否不仅取决于算法本身，也取决于数据的表示。数据的不同表示可能会导致有效信息的隐藏或是暴露，这也决定了算法是否能高效解决问题。

因此，本节介绍跨媒体统一表示的理论基础，并总结跨媒体统一表示的意义。

当使用计算机处理信息时，可以对各种模态的信息进行编码、解码，将信息转换为二进制信号存储，或将其表示为多维度的特征向量。尽管模态的表示形式不同，但是多种模态蕴含的信息可以是相同的，不同物体的信息的特征向量表示可以看作是其信息的一种编码，即相同的信息，其编码表示相同，这为跨媒体信息统一表示奠定了理论基础。如图2-1所示，金门大桥、金门大桥的图片、金门大桥的视频，所蕴含的信息"金门大桥"均能够被表示为相同的向量。

表征学习是跨媒体统一表示的基础，其目的是对复杂的原始数据化繁为简，把原始数据的无效信息剔除，对有效信息进行提炼，形成特征。传统的机器学习方法采用特征工程人为设计提取数据特征，而在深度学习中，通常采用表征学习的方式，借助算法让机器自动地学习有用的数据及其特征。

| 金门大桥又称"金门海峡大桥",是美国境内连接旧金山市区和北部的马林郡的跨海通道,位于金门海峡之上,是美国旧金山市的主要象征。 |  |  |

| 金门大桥是世界著名的大桥之一,被誉为近代桥梁工程的一项奇迹,也被认为是旧金山的象征。 |  |  |

文本　　　　　　　　　图像　　　　　　　　　视频

图 2-1　"金门大桥"不同模态表示形式

在跨媒体智能任务中存在多种模态数据之间的语义交互,包括图片到文本、视频到文本、语音信号到文本以及涉及两种以上模态之间的交互。然而,由于不同的媒体信息具备不同的特征,仅使用传统(或现有)的单一媒体分析处理手段来表示各类模态的信息,会使不同模态的表示存在较大的差异。因此在跨媒体智能的众多应用场景下,为实现跨媒体信息处理,充分利用不同模态之间的语义关联,首先需要剔除模态间的冗余信息,学习各类模态信息的统一表示。

单一模态的表征方法能够在单模态任务中取得较好的效果,但是各类模态信息的表征方式复杂多样,其对信息提取的侧重点各不相同,无法直接应用在跨媒体智能相关任务中。因此,跨媒体统一表示是所有跨媒体智能相关技术应用的基础,只有准确地对跨媒体信息进行表示,才能保证机器正确理解跨媒体信息,保障下游任务的顺利进行。

例如,在跨媒体检索任务中,统一的表示有助于简化文本与其他模态之间的相似性计算,从而获取更加准确的检索结果集合和候选结果排序;在跨媒体生成任务中,例如图文转换,统一的表示能够直接构建图像和文本信息的一一对应关系,保证生成的信息没有遗漏;在跨媒体推理任务中,统一的表示能够保证各个媒体信息在特征空间上的一致性,有助于模型进行决策。

2.1.2　媒体信息分类与单一媒体表示

在人类社会的发展中,媒体(Medium)作为信息的表现形式具有多样性、集成性、交互性的特点。随着科学技术的不断发展,多媒体的内涵被不断丰富,其分类也在不断被扩充和细化。媒体信息包括了文字、声音、图形、图像、视频、三维模型等多种类别,对多媒体信息的处理则涉及了计算机、图形学、图像处理、影视技术、音乐、美术、网络通信、信号处理等众多学科与技术。

随着人工智能的发展,针对不同媒体的相应特征,学者们对单一媒体的表示方式进行了深入研究。在跨媒体智能领域,主要的研究对象是文本、图像、视频以及音频,本节将对上述类别的媒体及其表示进行介绍。

2.1.2.1 文本信息

文本信息,在人工智能领域称为自然语言,由字符集中字符的不同排列组合构成。在计算机系统中,自然语言通常以字符串的形式存储。文本信息的表示则是将文本处理成在数学上更加方便的向量,也即文本特征提取,常见的方法如下:

1. 基于统计的文本表征

由于基于统计的方法不是本书介绍的重点,因此本节仅对词袋模型和词频-逆文档频率两种方法进行介绍。

词袋模型(Bag of Words)[2,3]:将语料库中的词抽取出来构造成一个大型词表,表中的每个词对应一个索引,从而每个词都能够被表示为唯一确定的独热向量(One-Hot)。在此基础上可以将字符串表示为包含的每个词的向量之和。文档词汇构成了一个矩阵,该矩阵每一行代表该文档的向量表示,每一列为对应词在各个文档中出现的次数。如表2-1所示,文档1为"我爱北京天安门",文档2为"你去北京出差",则在表中所示的词表上,文档1可以表示为 [1, 0, 1, 1, 0, 1, 0],而文档2表示为 [0, 1, 0, 1, 1, 0, 1]。

因此通过统计方法能够得到文档的向量表示。

表2-1 词袋模型示例

	我	你	爱	北京	去	天安门	出差
文档1	1	0	1	1	0	1	0
文档2	0	1	0	1	1	0	1

词频-逆文档频率(TF-IDF):词频(Term-Frequency,TF)表示词语在文档中出现的频率,逆文档频率(Inverse Document Frequency,IDF)用于衡量词在多个文档中出现的频繁程度。将二者相乘所得的分数即TF-IDF值,它表示某个词在当前文档中的重要性。其计算公式如式(2-1)所示。每个文档都可以表示为词表长度的向量,将其作为文档表示,向量各个位置的值为各个词对当前文档的TF-IDF值。

$$\text{tf}(t) = \frac{\text{词语}\,t\,\text{在当前文档中出现的次数}}{\text{当前文档词语总数}}$$

$$\text{idf}(t) = \log \frac{\text{总的文档数量}}{\text{包含词语}\,t\,\text{的文档数量}} \quad (2-1)$$

$$\text{TF-IDF}(t) = \text{tf}(t) \times \text{idf}(t)$$

2. 基于神经网络的文本表征

如今,基于神经网络的方法受到广泛关注,众多模型被提出用来提取文本信息,其基本思路是,首先将序列中的词转换为可训练的词向量,再利用模型综合序列对应词向量同时进行信息的过滤去噪,从而提取文本序列的特征。本节仅对其中典型且常用的两类经典方法作简要介绍。

Word2Vec:该方法由 Google 在 2013 年提出[14],由于传统方法将词用 One-Hot 向量表示时,词表大部分位置都为 0,词表存在维度较高且稀疏的问题,因此 Word2Vec 方法考虑将词表示为低维且稠密的向量。

该方法提供了两类词向量的学习思路:CBOW 和 Skip-gram。两种学习思路的结构如图 2-2 所示,模型的输入均为由独热编码表示的词。其中 CBOW 方法通过序列中的语境词预测中心词,具体实现是在输入端将中心词上下文中指定数量(i)的词的编码 $w_{n\pm i}$ 进行加和,将加和结果 h_n 送入神经网络,神经网络的输出是中心词的概率,训练目标是最大化中心词的概率 p_n;Skip-gram 利用中心词预测语境词,该模型定义了一个概率分布,表示在给定中心词时,某个单词在其上下文中出现的概率,神经网络的输入是中心词的编码 w_n,而输出 p_i 是词表中的词在上下文中出现的概率,训练目标是最大化预测的周边词的概率值。

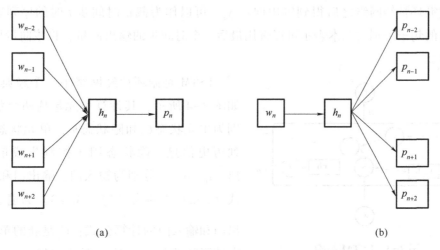

图 2-2 Word2Vec 两种学习思路的结构
(a) CBOW;(b) Skip-gram

训练参数包括两个投影矩阵:其一是输入的独热向量到词向量的 $N \times K$ 维投影矩阵,将输入投影至隐藏层,其中每一行代表一个词的词向量;其二是从词向量到输出向量的 $K \times N$ 维投影矩阵,负责将隐藏层投影至输出层,其中每一列可以看作额外的一种词向量。其中 N 为词表大小,K 为编码维度。实验证明,CBOW 和 Skip-gram 这两种训练方法均能使在语义上相似的词的向量表示也相近。

循环神经网络(Recurrent Neural Network,RNN):循环神经网络能够很好地建模长距离信息,适用于捕捉序列形式的文本信息,因此基于循环神经网络的模型被广泛应用于文本编码。常用的循环神经网络模型包括长短时记忆网络(Long-Short Term Memory,LSTM)和门控循环单元神经网络(Gated Recurrent Unit,GRU),其中最为典型的是 LSTM。基于 RNN 的模型的核心是一个共享的计算单元(Cell),可以是简单的神经元,也可以是改进的 LSTM 单元或 GRU 单元，该计算单元在每个时间步逐个读取序列中词的信息x_t，并通过门控机制对上一个时间步传递的历史信息和当前时间步的信息x_t进行综合计算，最终决定当前时间步的输出信息y_t以及传递到下一个时间步的信息，循环利用该计算单元达到了降低参数量的问题。循环神经网络的结构如图 2-3 所示。由于循环神经网络的执行过程是序列化的，因此该网络十分适合处理文本等序列化程度较高的信息。

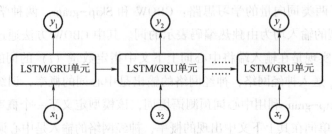

图 2-3 循环神经网络的结构

经过循环神经网络之后得到输出向量 y_t，可以作为截止时间步 t 时的序列表示。因此，最终的句子级别的文本表示可以选用最后一个时间步的输出向量，将该向量用于下游任务的计算。

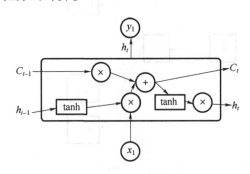

图 2-4 LSTM 结构

LSTM 是循环神经网络中一个经典的模型，如图 2-4 所示，其计算单元包括两个状态，分别为单元状态C_t和隐状态h_t，单元状态带有序列历史信息，隐状态用于控制生成最终的输出。i_t、o_t、f_t分别为输入门、输出门和遗忘门，式（2-2）中的式（1）~式（3）为遗忘门、输出门和输入门的计算公式；$\tilde{C}_t$是新的单元状态，存储了新的信息，其更新公式如（2-2）的式（4）所示；根据式（2-2）的式（5），利用上一个时间步的细胞单元状态$\tilde{C}_{t-1}$和新的单元状态$\tilde{C}_t$，得到当前细胞单元状态C_t；最后利用式（2-2）的式（6）计算得到当前步的隐状态h_t，该隐藏状态即可作为当前细胞的输出。

$$
\begin{aligned}
&(1) f_t = \delta(W^f x_t + U^f h_{t-1}) \\
&(2) o_t = \delta(W^o x_t + U^o h_{t-1}) \\
&(3) i_t = \delta(W^i x_t + U^i h_{t-1}) \\
&(4) \tilde{C}_t = \tanh(W^c x_t + U^c h_{t-1}) \\
&(5) C_t = f_t \cdot \tilde{C}_{t-1} + i_t \circ \tilde{C}_t \\
&(6) h_t = o_t \circ \tanh(C_t)
\end{aligned}
\quad (2-2)
$$

其中，$\delta(\cdot)$ 为 Sigmoid 激活函数。

从而 LSTM 的输出即可作为模型对输入的序列信息的表示，用于不同的下游任务计算。

基于循环神经网络的模型还能够引入注意力（Attention）机制，该方法最早由 Bahdanau 等人提出并应用在机器翻译任务上[5]。其基本思路为，通过编码获得输入文本的特征表示，在解码阶段希望能够有效地利用这些文本特征，因此在解码时考虑计算该时刻的隐状态 h_t 对输入序列隐状态的相关程度，该相关程度表示为当前时刻的隐状态对输入序列各个时刻的"注意力"。此时将当前时间步解码器的隐状态作为查询向量 q_t，将编码器的隐状态作为键向量 $\boldsymbol{K}=(k_1,k_2,\cdots,k_n)$ 和值向量 $\boldsymbol{V}=(v_1,v_2,\cdots,v_n)$。注意力值的计算公式为

$$a = \mathrm{softmax}\left(\frac{q_t \boldsymbol{K}^{\mathrm{T}}}{\sqrt{d_k}}\right) \tag{2-3}$$

其中，$\sqrt{d_k}$ 为缩放系数，d_k 为键向量 $\boldsymbol{K}$ 的维度，缩放的作用是保证点乘结果的方差不受维度的变化影响，从而值向量经过注意力聚合后的结果为

$$\boldsymbol{H} = a\boldsymbol{V} = \mathrm{softmax}\left(\frac{q_t \boldsymbol{K}^{\mathrm{T}}}{\sqrt{d_k}}\right)\boldsymbol{V} \tag{2-4}$$

此处得到的 $\boldsymbol{H}$ 可以作为 LSTM 的输入，也可以在循环神经网络的计算单元中参与计算，最终得到循环神经网络的输出，作为聚合了值向量信息的文本表示。

3. 基于 Transformer 的文本表征

2017 年 Google 在《Attention Is All You Need》[6] 中提出了 Transformer 架构，该架构以其强大的表示能力和并行计算的结构特征引发了大规模的研究，众多研究者基于该架构提出了适用于各类媒体的预训练模型。随后，2018 年 BERT 这一大规模预训练模型被提出并在多项自然语言处理任务中超越了当时最好的模型[7]，从此开启了"预训练-微调"的智能表征时代。BERT 是以 Transformer 编码器为基本单元，采用掩码语言模型进行训练的大规模预训练语言模型。

图 2-5 中展示了 Transformer 的基本组成，包括位置编码模块、编码器和解码器。本章仅涉及表示，因此，此处仅详细介绍位置编码与编码器。

1）位置编码（Positional Encoding）

Transformer 提出的思想是基于这个假设：词的含义完全由其所在上下文决定。与前文介绍的循环神经网络不同，Transformer 接受的是并行的输入，需要显式地额外提供每个输入的先后顺序信息，因此 Transformer 引入位置编码来提供输入序列的位置信息，该编码可固定也可设置为可学习的。

2）Transformer 编码器

编码器由位置编码与多层 Transformer 基本单元叠加而成。Transformer 的基本组成单元包括下述部分：多头自注意力（Multi-Head Self-Attention）机制、残差连接（Residual

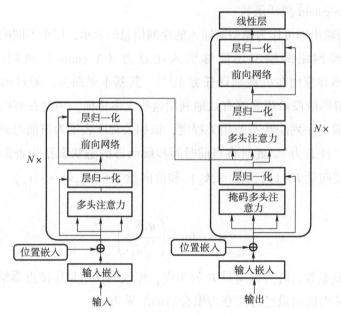

图 2-5　Transformer 整体架构

Connection）、层归一化（Layer Normalization）、全连接网络（Feed Forward Network）。接下来逐一介绍各个组成部分。

（1）多头自注意力机制。

注意力机制在 LSTM 部分已进行初步介绍，Transformer 架构为注意力进行了更加普适的定义。注意力的计算通常涉及两个对象：查询向量（Query）和键-值向量（Key-Value），查询矩阵记为 $Q=[q_1,q_2,\cdots,q_N]\in\mathbb{R}^{d\times N}$，由 N 个维度为 d 的列向量组成；键-值序列包含两个矩阵，键矩阵 $K=[k_1,k_2,\cdots,k_M]\in\mathbb{R}^{d\times M}$ 和值矩阵 $V=[v_1,v_2,\cdots,v_M]\in\mathbb{R}^{d\times M}$，一般 k_i 与 v_i 具有对应关系。

利用查询矩阵和键矩阵计算注意力分数，最简单的方法是直接计算点乘结果 $\beta_{i,j}=q_i\cdot k_j$，即点乘注意力（Dot Product Attention），这里的注意力分数还需要经过 softmax 归一化。

$$\alpha_{i,j}=\frac{\exp(q_i\cdot k_j)}{\sum_{j'=1}^{M}\exp(q_i\cdot k_{j'})} \tag{2-5}$$

在 Transformer 中引入多头注意力，将查询矩阵和键-值矩阵映射到多个不同的子空间中，在不同的子空间中进行点乘注意力操作，如式（2-6）、式（2-7）所示，其中 W_i^q，W_i^k，$W_i^v\in\mathbb{R}^{d/h\times d}$，这里 i 表示第 i 个注意力头。

$$\text{Attention}(Q,K,V)=\text{softmax}\left(\frac{K^TQ}{\sqrt{d}}\right)V \tag{2-6}$$

$$H_i=\text{Attention}(W_i^qQ,W_i^kK,W_i^vV) \tag{2-7}$$

将多个注意力头的结果沿子空间维度进行拼接即可得到多头注意力计算结果。

(2) 残差连接 (Residual Connection)。

残差连接一般作用于计算模块之上,其作用是将该模块的输入 x 与该模块的输出 $f(x)$ 相加作为最终输出结果 $x+f(x)$。在模型层数较多的情况下,该连接方法能够将底层的信息在衰减较少的情况下传递向更高的层次。

(3) 层归一化 (Layer Normalization)。

为了使特征的方差在不同层保持在一定范围,对每一层进行均值和方差归一化操作。即对于每一个样本特征 x,层归一化的公式是:$\text{LayerNorm}(x) = \hat{x} = \frac{x-\mu}{\sqrt{\sigma^2+\varepsilon}}$,其中 μ 和 σ^2 分别是 x 的均值和方差,其中 $\mu = \frac{1}{M}\sum_{i=1}^{M} x_i$,$\sigma^2 = \frac{1}{M}\sum_{i=0}^{M}(x_i-\mu)^2$。

(4) 全连接网络 (Feed Forward Network)。

该部分是最基本的两层线性层的全连接网络 $\text{FFN}(x) = \max(0, xW_1+b_1)W_2+b_2$。

在处理文本序列时,Transformer 编码器接受文本输入 $X = (x_1, x_2, \cdots, x_N)$,并输出该序列对应的隐状态矩阵 $H^{L_e} \in \mathbb{R}^{d \times N}$,其中 L_e 为 Transformer 计算单元层数。

2.1.2.2 图像信息

图像数据在计算机中以数字图像的方式进行表示,即使用有限的数值表示二维图像。数字图像在计算机中的存储方式有两种:位图存储和矢量存储。位图存储将每个像素点作为一个存储单元记录下其颜色信息,一系列像素点构成的矩阵描述了可识别的图像。矢量存储则使用数学方程、形状参数等对图像进行描述,图像中的图形元素为存储单元,其描述信息包括颜色、形状、轮廓、大小、位置等。在图像处理领域主要的研究对象是位图。

数字图像根据灰度级数可以分为:黑白图像、灰度图像和彩色图像,其差异如下:

(1) 黑白图像,又称二值图,图像的每个像素只能是黑或白,没有中间的过渡。

(2) 灰度图像,每个像素的信息是一个量化的灰度,没有彩色信息,每个像素使用一个字节表示,即 256 级灰度 (0~255)。

(3) 彩色图像,每个像素的信息由 RGB 分量构成,RGB 分别表示红色、绿色和蓝色的灰度级。

针对图像信息的表征主要目标是对图像进行特征提取,传统的机器学习方法能够提取出部分信息并对信息进行一定程度的过滤,随着深度学习被引入图像处理领域,图像的表征迎来了跨越式的进展。

1. 传统图像表征

传统的图像特征提取方法大部分基于灰度直方图。图像的灰度直方图描述了图像中灰度的分布情况,可以很直观地展示出图像中各个灰度级所占的比例。其中,横坐标是灰度级,纵坐标是对应灰度像素出现的频率。经典的传统图像特征提取模型有尺度不变特征变换 (SIFT)[8]、方向梯度直方图 (HOG)[9]、ORB 特征描述算法[10]等。

主成分分析算法（Principal Component Analysis，PCA），是一种对图像特征进行降维的方法，将数据从原始的高维空间转换到新的低维特征空间中，从而可以用新的坐标系来表示原始数据，如 $(x,y,z) \rightarrow (a,b)$，新的坐标系组成了新的特征空间。在新的特征空间中，可能所有的数据在某一维度上的投影都接近于 0，则可以直接使用 (a,b) 来表示数据，这样数据就从三维的 (x,y,z) 降到了二维的 (a,b)。在进行数据降维时应当满足如下条件：使降维后样本的方差尽可能大；使降维后数据的均方误差尽可能小。对于一个 n 维列向量 x，构造一个 $m \times n$ 维的矩阵 A 和一个 m 维列向量 b，使得 $y = Ax + b$，得到的 y 是 m 维的列向量，从而可以用 y 代替原来的 x，实现降维。其计算流程如下：

（1）求均值 $\bar{x}$ 和协方差矩阵 Σ；

（2）求解 Σ 的特征值和特征向量；

（3）归一化特征向量并取前 m 个特征向量得到 $A = [\alpha_1, \alpha_2, \cdots, \alpha_m]^T$；

（4）根据公式 $y = A(x_i - \bar{x})$ 计算得到降维后的特征。

2. 基于深度学习的图像表征

卷积神经网络（Convolutional Neural Network，CNN）是许多深度图像特征提取模型的基础，包括卷积层、池化层和全连接层，接下来分别介绍这些层的结构及其作用。

卷积层（Convolutional Layer）中，图像是以二维矩阵的形式输入的，将其记为 $X \in \mathbb{R}^{M \times N}$，将滤波器（也称为卷积核）记为 $W \in \mathbb{R}^{U \times V}$，且有 $U < M$，$V < N$，那么该图像中的每个像素点的卷积计算公式为 $y_{ij} = \sum_{u=1}^{U} \sum_{v=1}^{V} W_{uv} X_{i-u+1, j-v+1}$，图 2-6 所示为其计算过程的示例。

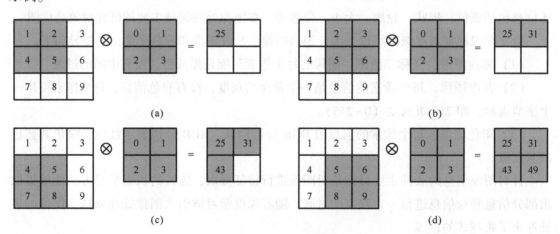

图 2-6 卷积计算过程

(a) 1×0+2×1+4×2+5×3=25；(b) 2×0+3×1+5×2+6×3=31；
(c) 4×0+5×1+7×2+8×3=43；(d) 5×0+6×1+8×2+9×3=49

卷积核以滑动窗口的形式遍历整张图，遍历的方式可能有所不同。例如，为避免经过多次卷积之后图像尺寸不断缩小，可以通过在图像外围进行填充（Padding），在图像第一行的上方、第一列的左侧、最后一行的下方以及最后一列的右侧分别添加指定的行数和列数并将其中的值置为0。又如，可以选择滑动的步幅（Stride），控制卷积核每次滑动的像素数。每次对图片进行卷积操作会采用多个卷积核，每个卷积核对应一类特征，卷积的操作能够根据卷积核对原始图像进行特征匹配。例如在人脸识别中，卷积核为眉毛、眼睛、鼻子、嘴，卷积操作能够将匹配上的特征所在位置赋予较大的值，而未匹配位置的值较小。

池化层（Pooling Layer）的作用是降维，在上一层卷积得到的特征基础上，进行特征的选取和信息过滤，使用某一区域的相邻像素输出的统计特征来代替该区域的特征，其计算示例如图2-7所示。池化操作分为两类，分别是平均池化（Average Pooling）和最大池化（Max Pooling）。与卷积操作相同，池化也能够为输入进行填充（Padding），同时也可以选择窗口的步幅（Stride）。在人脸识别中，池化操作能够提取出眉毛、眼睛、鼻子、嘴的信息而忽略面部其他未匹配位置的信息。

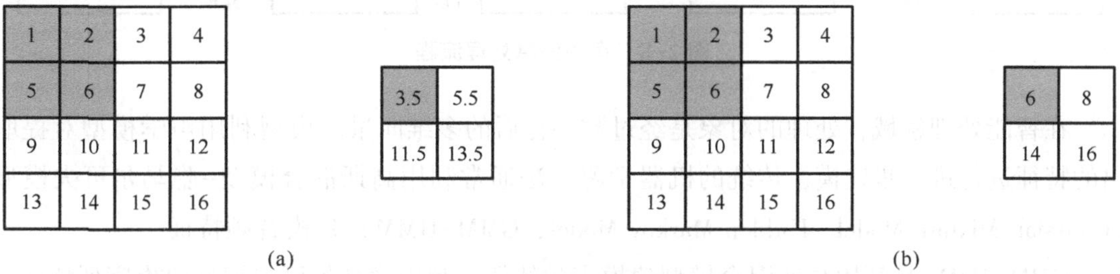

图 2-7 卷积的池化操作过程
（a）平均池化；（b）最大池化

全连接层（Fully-connected Layer）则是对提取的特征进行非线性组合以得到输出，其结构是最简单的神经网络，该层能够将二维或多维的图像信息展开成向量，便于表示和后续的计算。

多层卷积层、池化层叠加，并在最终连接上全连接层搭建起了卷积神经网络，该神经网络全连接层的输出即可作为图像信息的表示，从而用于下游任务的计算。

在卷积神经网络的基础上，研究者们搭建了许多图像表示模型，包括 AlexNet[11]、VGGNet[12]、ResNet[13]。

3. 基于 Transformer 的图像表征

在自然语言处理领域，Transformer 的输入是一个文本序列，许多研究者也尝试将 Transformer 应用到图像和计算机视觉领域，针对由像素点构成的图像数据，处理思路是将图片切分成切片，将这些切片作为 Transformer 的输入，该算法被称为 Vision Transformer（ViT），其基本处理步骤为以下 4 步。

（1）基于图像的特征提取和下采样；
（2）根据图像特征进行位置编码并与图片特征结合，得到输入序列；

(3) 将序列送入 Transformer 运算单元执行计算过程;

(4) 针对下游任务设计特定的训练目标。

2.1.2.3 音频信息

声音信息在物理学领域是以波形表示的,其基本参数为频率和幅度。当使用计算机存储声音信号时,则需要将模拟信号转换成数字信号,该过程主要涉及音频的采样、量化和编码。编码阶段将声音信号按照很短的时间间隔切割成小段,称其为帧,对于每一帧通过某种规则提取信号中的特征并将其转换为多维向量。梅尔频率倒谱系数(Mel-scale Frequency Cepstral Coefficients,MFCC)是常用的特征提取方法[14],该方法包括了预处理、快速傅里叶变换、Mel 滤波器组、对数运算、离散余弦变换、动态特征提取等步骤。音频信息处理流程如图 2-8 所示。

图 2-8 音频信息处理流程

在智能处理领域,处理的对象是经过数字化后的多维向量。模型利用声学模型对提取出的特征进行进一步建模,传统的机器学习方法通常利用高斯混合模型-隐马尔可夫模型(Gaussian Mixture Model- Hidden Markov Model,GMM-HMM)建模音频特征。

GMM-HMM 是利用高斯混合模型建模声学特征,利用隐马尔可夫模型建模序列特征。

高斯混合模型:每个 GMM 由 K 个高斯分布组成,多个高斯分布线性加成在一起组成了 GMM 的概率密度函数 $p(x)$,其计算公式如下:

$$p(x) = \sum_{k=1}^{K} \pi_k \mathcal{N}(x \mid \mu_k, \Sigma_k) \tag{2-8}$$

模型需要求解的参数包括每个高斯分布的概率 π_k,以及各个高斯分布的均值 μ_k 和方差 Σ_k,$\mathcal{N}$ 表示的是高斯分布。

隐马尔可夫模型:这是一种具有隐藏状态的马尔可夫过程。马尔可夫过程是一个序列化的过程,包括多个状态以及状态转移矩阵,状态转移矩阵的元素表示的是从某一状态转换为另一状态的概率。在马尔可夫决策过程中,假设当前状态的转移只依赖于前 n 个状态,从而称该过程为 n 阶过程。隐马尔可夫模型中,隐藏状态遵循马尔可夫过程的假设,而输出由隐藏状态决定。

对于 HMM,有三个重要假设:

(1) 马尔可夫假设,即状态构成 1 阶马尔可夫链;

(2) 不动性假设,即状态与具体时间无关;

(3) 输出独立性假设,输出仅与当前状态有关。

利用 GMM 建模声学特征时,每一个特征是由一个音素确定的,即不同特征可以按音素来聚类。在 HMM 中的隐藏状态被用来描述音素。因此训练过程是，在得到 MFCC 提取的特征后，送入 GMM 得到预测的音素，多个音素（一般是三个）组成马尔可夫链，根据音素的观测结果来确定 HMM 的状态转移矩阵，此处训练使用的是期望最大算法。

经过 GMM-HMM 进行声学特征提取后得到的音频表示为隐状态对应的音素序列。

获得音频的音素序列后，需要根据不同的下游任务使用不同的神经网络做进一步处理，包括使用前馈神经网络、卷积神经网络或循环神经网络建模。

2.1.2.4 视频信息

视频信息包括图像特征和声音特征，视频中声音信息的表示可以参照 2.1.2.3 节中的介绍，下面主要介绍画面信息的表示，视频在计算机中的存储方式与图像相似，为位图存储，因此在处理视频数据时可以从视频提取关键帧，将视频表示为一系列图像信息的集合。

与图像信息表示不同，视频信息增加了一个维度的信息，因此在图像特征表示基础上的视频特征表示有如下两种范式：

其一为，使用 3D 卷积抽取特征，将时间看作第 3 个维度，对连续的多帧图像同时处理。

3D 卷积在传统的二维卷积的基础上增加了一个深度通道，因此在 3D 卷积中的卷积核为三维的，前两维是空间的卷积，后一维是时间的卷积。图 2-9 展示了经典的使用 3D 卷积进行视频分类任务的模型结构，模型输入为视频中的图像帧，C2、C4 和 C6 分别为经过不同的三维卷积核卷积得到的结果，最终经过全连接层得到用于分类的图像表示。

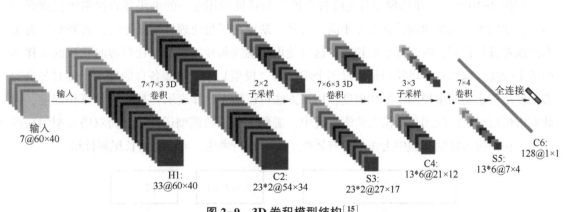

图 2-9　3D 卷积模型结构[15]

其二为，将帧级别的图像特征提取与前文所述序列模型（如 RNN）结合，在计算单元的每一个时间步输入不同帧的图像特征，通过序列编码方式获取视频表示。

因此，可以用经过 3D 卷积得到最后一层输出特征向量作为视频信息的表示，或使用序列模型在各个时间步的输出结果作为视频信息的表示。此外，还有学者在 3D 卷积的基础上提出了 4D 卷积的方法，通过多个通道来对视频信息进行建模。

2.1.3 跨媒体信息表示面临的挑战

在关于单一媒体表示的介绍中，各类媒体在计算机中的存储方式各不相同，因此也需要不同的算法对这些媒体的特征进行抽取，最终媒体被表示为特征向量。尽管这些特征向量在单一媒体的任务中均表现出很强的特征表示能力，然而由于建模方法不同，从而导致这些特征向量所属的特征空间不同，特征分布不同，它们的特征向量在各自的特征空间中也相对稀疏。在跨媒体任务中，无法直接利用这些特征向量对多模态的信息进行语义对齐。因此需要引入跨媒体统一表征任务，其主要解决的是模态异质性的问题。

Srivastava 和 Salakhutdinov 在 2012 年提出，好的跨模态的表示除满足第 1 章提到的平滑性、时域和空间一致性、稀疏性、自然聚类外，还需要满足以下两个特性——概念相似性，表示空间中的相似度应该反映对应概念的相似度；完备性，在给定观测到的模态的情况下，能够填充缺失的模态。[16]

基于上述要求，为解决多模态间的模态异质性问题，直观的思路为利用目标的语义关联，拉近同类目标的距离。在跨媒体统一表征任务中，主要分三个研究方向，分别是联合表征、协同表征以及基于大语言模型的表征。联合表征注重多模态的互补性，一般为单塔模型；协同表征建模数据间的相关性，将各个模态的表示映射到协作空间，一般为双塔模型或多塔模型；基于大语言模型的表征方式，将多种模态的信息在大语言模型空间中统一表征，利用大语言模型在下游任务上的强大能力，辅助跨模态下游任务，这类模型的整体思路与联合表征相似，但融入了协同表征的相关技术，进而提升表征效果。

如图 2-10 所示，单塔模型首先将各个模态的特征使用唯一的编码器直接编码得到联合表示，使用单塔模型建模的优点在于简单有效，缺点在于当处理检索任务时，需要对所有文本图像对进行计算，时间复杂度较高，这也使得在挑选负样本进行对比学习时获取的负样本的成本较高；双塔或多塔模型是经过多个编码器（模型）学习得到各自的表示，再对各自的表示使用特定的约束控制，如相似度，用该方法可以预先计算表示并且在线计算相似度，因此双塔模型被广泛应用于跨模态检索系统中，避免了复杂的模型运算。然而双塔模型的缺点在于，在训练表征的过程中无法对所有属性的组合进行考虑，导致忽略长尾属性组合。

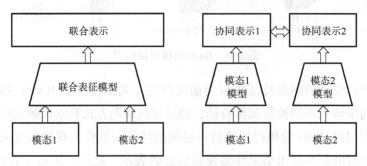

图 2-10 联合表征与协同表征结构图示

2.2 联合表征方法

2.2.1 联合表征的形式化定义

联合表征（Joint Representation）将多种媒体表示在同一个特征空间中，该方法采用的是单塔结构，通过同时编码多种模态来实现各个模态的信息交互，其目的是统一各模态的表示，是一种大一统的思想。下面给出联合表征的形式化定义，将单一模态的表示记为 $x_1,x_2,\cdots,x_n$，x_i 为第 i 种模态，n 为模态的数量，使用函数 f 来进行多模态的表征计算，那么联合表征可以表示为 $x_m=f(x_1,x_2,\cdots,x_n)$，这里的函数 f 可以是传统模型，也可以是深度神经网络模型。当多种模态的数据在训练阶段和验证阶段均需要被表示时，常用联合表征的方法。

最简单的联合表征方法是直接将多种模态的特征向量进行拼接，但这种方法无法捕获来自不同模态之间向量的关系，本节将介绍一些改进的跨模态联合表征方法。

2.2.2 基于概率图模型的方法

2012 年，Srivastava 和 Salakhutdinov 首先将深度信念网络（Deep Belief Network，DBN）和深度玻尔兹曼机（Deep Boltzmann Machines，DBM）引入多模态的表示。由于 DBN 和 DBM 的生成特性，能够很好地处理模态缺失的问题，因此适用于跨模态的检索和生成问题。

受限玻尔兹曼机（Restricted Boltzmann Machines，RBM）是十分经典的概率图模型[17]，其理论来源于统计力学，带有电荷的粒子具有能量，但由于电荷之间的作用力会使粒子之间存在一定的距离，从而让整个系统的能量最低，因此该模型属于基于能量的网络，其训练目标为使能量函数保持最低。RBM 假设事件的发生不仅受可见因素影响，还受不可见因素影响，因此 RBM 包括两层，即显性层和隐性层。显性层的可见节点只能与隐性层的隐藏节点相连，同层之间的节点不相连，同时每个节点都是二值的，即每个节点非 0 即 1。

按照该概率图（见图 2-11），定义能量函数计算公式为式（2-9），可见节点 v 和不可见节点 h 的联合概率分布可以由式（2-10）计算得到，其中 $\mathcal{Z}(\theta)$ 为正则化常数，W 是可学习的权重矩阵，a、b 为偏置项。

$$E(v,h) = -a^{\mathrm{T}}v - b^{\mathrm{T}}h - h^{\mathrm{T}}Wv \tag{2-9}$$

$$P(v,h;\theta) = \frac{1}{\mathcal{Z}(\theta)}\exp(-E(v,h;\theta)) \tag{2-10}$$

将多个受限玻尔兹曼机叠加起来就得到了深度玻尔兹曼机[16]，其概率图如图 2-12 所示，同层节点无连接，相邻层节点互相连接。

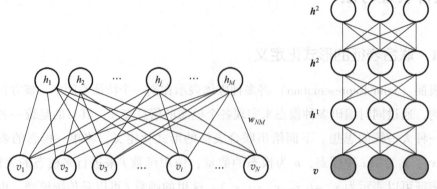

图 2-11 受限玻尔兹曼机概率图　　图 2-12 深度玻尔兹曼机概率图

然而图像数据是连续的，因此无法直接用 RBM 来处理图像数据，因此考虑使用高斯 RBM 对实值可见节点 $v=[v_1,v_2,\cdots]\in\mathbb{R}^D$ 建模，能量函数计算公式如下：

$$E(v,h;\theta)=\sum_{i=1}^{D}\frac{(v_i-b_i)^2}{2\sigma_i^2}-\sum_{i=1}^{D}\sum_{j=1}^{F}\frac{v_i}{\sigma_i}W_{ij}h_j-\sum_{j=1}^{F}a_jh_j \tag{2-11}$$

由此可以引出可见节点的条件概率分布，公式如下：

$$P(v_i\mid h;\theta)=\mathcal{N}\left(b_i+\sigma_i\sum_{j=1}^{F}W_{ij}h_j,\sigma_i^2\right) \tag{2-12}$$

式中，$\mathcal{N}(\mu,\sigma^2)$ 表示正态分布，μ 为均值，σ^2 为方差。

为了建模离散的文本计数数据，如每个词在文档中出现的次数，可以利用 Replicated Softmax Model 来建模，可将节点定义为 $v\in\mathbb{N}^K$，能量函数的计算公式如下：

$$E(v,h;\theta)=-\sum_{k=1}^{K}\sum_{j=1}^{J}W_{kj}h_jv_k-\sum_{k=1}^{K}v_kb_k-M\sum_{j=1}^{J}h_ja_j \tag{2-13}$$

其中，$M=\sum_k v_k$ 为一个文档中的词的总数。

条件概率则可以用式（2-14）表示：

$$P(v_k=1\mid h;\theta)=\frac{\exp\left(-b_k+\sum_{j=1}^{J}W_{kj}h_j\right)}{\sum_{k'=1}^{K}\exp\left(-b_{k'}+\sum_{j=1}^{J}W_{k'j}h_j\right)} \tag{2-14}$$

将受限玻尔兹曼机的连边变换为有向边后，就能得到贝叶斯信念网络[18]。在深度玻尔兹曼机的基础上，深度信念网络保留顶层的两个隐性层之间的边为无向边，并将余下的其他连边均改成有向边。基于概率图的多模态表示模型结构如图 2-13 所示。

下面以针对图像和文本两类媒体的联合表示为例，介绍利用深度信念网络对跨媒体信息进行联合表征。分别对图像和文本搭建的 DBN 的可见节点概率计算公式如下：

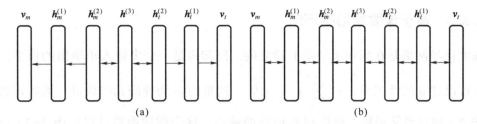

图 2-13 基于概率图的多模态表示模型结构
(a) 多模态深度信念网络；(b) 多模态深度玻尔兹曼机

$$P(v_m) = \sum_{h^{(1)},h^{(2)}} P(h^{(2)},h^{(1)}) P(v_m \mid h^{(1)})$$
$$P(v_t) = \sum_{h^{(1)},h^{(2)}} P(h^{(2)},h^{(1)}) P(v_t \mid h^{(1)}) \tag{2-15}$$

其中，$P(v_m)$ 表示图像可见节点概率，$P(v_t)$ 表示文本可见节点概率，$h^{(1)}$、$h^{(2)}$ 表示的是隐藏节点。

将两种媒体结合的深度信念网络，在各自的网络基础上，添加一层公共隐性层节点 $h^{(3)}$。

根据概率图可以得出可见层的联合概率分布如式（2-16）所示。

$$P(v_m,v_t) = \sum_{h_m^{(2)},h_t^{(2)},h^{(3)}} P(h_m^{(2)},h_t^{(2)},h^{(3)}) \times \sum_{h_m^{(1)}} P(v_m \mid h_m^{(1)}) P(h_m^{(1)} \mid h_m^{(2)}) \times$$
$$\sum_{h_t^{(1)}} P(v_t \mid h_t^{(1)}) P(h_t^{(1)} \mid h_t^{(2)}) \tag{2-16}$$

各层的参数可以通过对比散度（Contrastive Divergence，CD）的优化方法逐层贪心训练来拟合。

将顶高层的隐藏层表示作为多种模态的特征表示，该表示剔除了与媒体相关的特征，抽取出与媒体无关的信息，该方法得到的表示具有更高层次的抽象，是"媒体无关"的。

深度信念网络的优势在于其生成的特性，在跨媒体生成任务中能够很好地处理数据缺失的问题，以图像描述为例，首先给定图像的显性层的向量 v_m，经过计算可以推断得到它的隐性表示 $h_m^{(2)}$，接着根据条件概率公式（2-17）利用交错吉布斯采样计算得到 $h_t^{(2)}$，从而继续传向底层得到文本的初始特征。

$$P(h^{(3)} \mid h_m^{(2)},h_t^{(2)}) = \sigma(W_m^{(3)} h_m^{(2)} + W_t^{(3)} h_t^{(2)} + b)$$
$$P(h_t^{(2)} \mid h^{(3)}) = \sigma(W_t^{(3)\mathrm{T}} h^{(3)} + a_t) \tag{2-17}$$

深度信念网络避免了反向传播算法因权重随机初始化而陷入局部最优或训练时间过长的缺点；其缺陷在于涉及采用变分推断的方法训练每一层受限玻尔兹曼机，以及作为生成模型进行精调的过程，训练步骤十分困难，计算量大。

2.2.3 基于深度学习的方法

深度神经网络是在感知机基础上建立的。感知机是一个多输入单输出的模型，根据输入 x 可以建立线性关系 $z = \sum_{i=1}^{m} w_i x_i + b_i$，这里的 m 为神经元的数量，然后再将隐藏层的输出 z 通过激活函数，进而得到最终的输出。这个激活函数可以是图 2-14 中展示的一种。

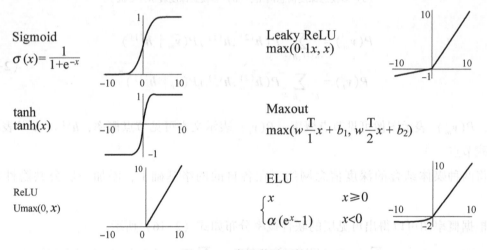

图 2-14 常见激活函数

多个神经元叠加组合就得到了深度神经网络（DNN），其可能的结构如图 2-15 所示，与感知机不同的是，DNN 包括了多层隐藏层，同时输出也可以是多个值而不局限于单值，图中所示模型是一个包括四个输入通道、两个隐藏层和两个输出通道的深度神经网络，实际应用中层数和层中的神经元个数会更多。

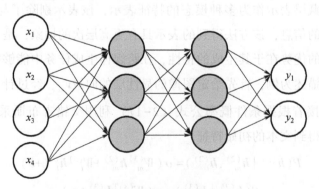

图 2-15 深度神经网络结构

基于深度学习的联合表征方法的思路是利用神经网络多层的特性来在每一层进行数据抽象，常见的模型首先利用独立的神经网络层分别单独处理各个模态，随后添加若干隐藏层将各个模态的高层次表示投影到统一的空间中，最终得到的多模态向量表示用来执行下游任务[19-21]，其模型结构如图 2-16 所示。训练目标通常是最小化依据分类的类别标签定义的交叉熵损失，训练得到的最后一层神经元的值可以作为多模态的联合表征。

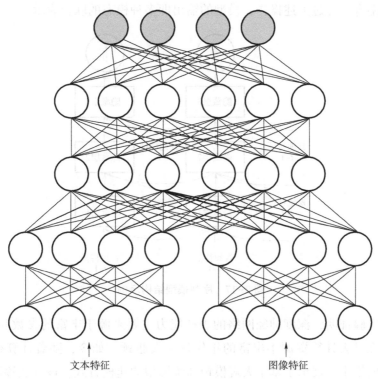

图 2-16　基于深度学习的联合表征模型结构

根据上述分析可知，由于涉及的神经元众多，且模型层次较多，因此利用深度神经网络的方法需要使用大量的带有标注的数据进行训练。为缓解对于标注的需求，有学者考虑使用自编码器（Auto-Encoder）在未标注的数据集上进行无监督预训练。

自编码器利用数据本身作为监督信号指导训练，其训练目标是利用编码结果重建初始数据。将神经网络划分为两个子网络，分别为编码过程和解码过程，编码部分的网络将原始数据 x 进行特征抽取和降维得到隐藏表示 z，解码部分的网络将恢复原始的输入 x'，优化目标为最小化 x 与 x' 之间的距离 $\text{dist}(x, x')$，这个距离函数需要根据下游任务设计。同时还有方法直接使用现有的自编码器进行特征表示，随后根据下游任务目标对自编码器进行微调，让联合表征更好地适应于特定的任务。

基于深度网络的模型的优势在于其强大的表征能力，另外自编码器的提出使无监督的训练成为可能，大大缓解了训练数据较少的问题。然而，上述介绍的基于深度网络的联合表征模型不能够解决如文本或图像数据缺失其一的问题。

对于时间序列的媒体如音频、文本和视频，可以通过基于 RNN 的深度网络来学习联合表征[22-24]。由于 RNN 的时序特性，可以在对应的时间输入对应的特征，例如，可以将两个 LSTM 计算单元叠起来，每个 LSTM 单元作为一个隐藏层（Hidden Layer），其输入为一种模态的特征，如图 2-17 所示，由此来学习多种模态的联合表示[25]。还有方法针对 LSTM 的计算单元内部节点进行了扩充[26]，从而使得不同的模态输入可以在同一个计算单元中进行运算融合。经过上述操作，模型的输出即多种模态的联合表示。

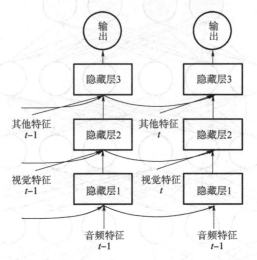

图 2-17　序列模型结构示例

经过大量实验证明，深度神经网络的表征能力主要来源于丰富的参数和大量的数据，因此其计算量在过去计算资源不丰富的年代是一大瓶颈，如今，随着计算机算力不断提升，深度神经网络中发展出了基于大规模预训练模型的建模方式，该方法逐渐成为跨媒体信息统一表示主流方法，将在下一节单独介绍。

2.2.4　基于预训练模型的方法

基于预训练的模型均以 Transformer 作为基本框架，Transformer 的基本原理已在 2.1.2.1 节详细介绍，本节将介绍几种典型的基于预训练模型的联合表征方法。

基于预训练模型联合表征方法基本框架如图 2-18 所示，通常使用单一模态的表示方式对不同媒体的信息做初始表示，再将它们送入跨模态的 Transformer 中。同时设计不同的预训练任务来辅助训练过程，使最终的表示能够尽可能多地融合多模态有效信息。

2023 年 3 月，OpenAI 发布 GPT-4，引发了大量研究者讨论和研究。GPT-4 是一个基于大语言模型的多模态模型，该模型的发布提出了一种新的跨媒体表征方法，具体内容将在 2.4 节中详细介绍，本节主要介绍基于预训练的联合表征方法。

本节将以几个经典的预训练模型为例介绍常见的基于预训练模型的跨模态联合表征方法，此处介绍的模型均以图像和文本这两类模态为例，图像为二维特征，而文本为序列特征，以这两种模态为例能够基本覆盖多种跨媒体类型。

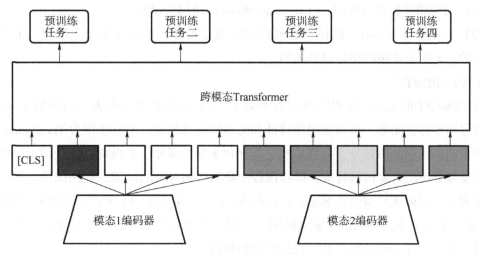

图 2-18 基于预训练模型联合表征方法基本框架

1. LXMERT[27]

LXMERT 使用 Faster RCNN 来提取图像的视觉特征，得到目标识别的对象区域及其表示；使用基于 Transformer 的词级别的文本表征。随后将视觉表征和文本表征均输入跨模态编码器中，执行跨模态的注意力计算。对于文本表征，计算每个 token 对每个对象区域的注意力值；对于视觉表征，计算每个对象区域对每个 token 的注意力值。

该模型预训练包括如下 5 个任务：

（1）掩码跨模态语言模型（Masked Cross-modality LM）：与 BERT 的掩码语言模型类似，以 15%的概率屏蔽单词，并要求模型使用跨模态编码结果预测这些被掩码屏蔽的单词。

（2）屏蔽对象类别预测（Detected-Label Classification）：以 15%的概率屏蔽图像中的对象，并要求模型预测被屏蔽的对象类别。

（3）掩码图像特征回归（ROI-Feature Regression）：以 L2 损失回归预测目标 ROI 特征向量。

（4）跨模态匹配（Cross-Modality Matching）：以 50%的概率替换图像和对应文本，要求模型判断图像和文本是否存在对应关系，即图像文本关系预测。

（5）图像问答（Image Question Answering）：利用视觉问答的数据集，当图像和文本问题匹配时，要求模型预测这些图像有关的文本问题的答案。

2. Oscar[28]

该模型将词符、对象标签、区域特征这个三元组作为输入，借助对象标签这一文本数据搭建两种模态之间的桥梁。在跨模态 Transformer 中的自注意力与 LXMERT 不同，该模型将文本中 token 的表示以及视觉区域特征同等对待，不做区分，依照这种方式对每个输入数据进行自注意力计算。该模型设计的预训练任务包括：

(1) 掩码语言模型（Masked Language Model），同 LXMERT。

(2) 三元组对比学习：把标签序列以 50% 概率换掉，然后在输出上进行二分类，判断此时的三元组是正确的还是被破坏的。

3. VL-BERT[29]

在 LXMERT 的文本嵌入和图像嵌入基础上，VL-BERT 在文本表示后添加了［IMG］特殊符号用于标注图像，从而将图像特征和文本特征拼接成一个整体作为 Transformer 的输入。图像的表示则分两部分，分别是视觉部分和非视觉部分：非视觉部分是整个图像的特征，视觉部分则是对象区域特征，即将图像中提取出的对象的区域，使用图像的相应视觉特征来表示。同时该模型引入 Segment embedding 层，定义了 A、B、C 三种类型的标记，A、B 指示来自文本，分别指示输入的第一个句子和第二个句子，C 指示来自图像。对于输入时图像各个部分的表征，其位置编码的值相同。

与 LXMERT 不同，该模型的预训练任务仅包括掩码语言模型（Masked Language Model）和掩码图像类别预测（Mask Region Classification），删去了句子-图像关系预测（ITM）任务。

4. SOHO[30]

该模型中图像特征的输入不是区域特征而是整个图片的特征，由于无须使用目标检测，从而大大提升了推理速度。该方法提出了便于跨模态理解的视觉字典（Visual Dictionary, VD）提取全面而紧凑的图像特征。视觉词典能够将图像特征映射到一个视觉语义特征空间，从而使视觉语义相同的图像能被表示为相似的视觉语义特征。该视觉语义特征将被用于完成后续预训练任务。模型中跨模态 Transformer 部分与 Oscar 相同。

预训练任务包括掩码语言模型（MLM）、文本图像关系预测模型（ITM）以及掩码视觉建模（Masked Visual Modeling），其中掩码视觉建模使用视觉词典（VD）。

2.2.5 其他方法

除上述介绍的方法外，还有一些模型不能被划分在上述分类中，例如有学者提出了一种基于翻译学习的联合表征方法 Multimodal Cyclic Translation Network（MCTN）[31]，该方法使用编码器-解码器（Encoder-Decoder）模型进行两个模态之间的联合表征。首先使用编码器-解码器的结构执行从源模态到目标模态的翻译，随后再进行目标模态到源模态的反向翻译，正向翻译和反向翻译用到的编码器和解码器均相同，因此能够保证编码器同时具有对两种模态的编码和解码能力。此处反向翻译的输入并不是真实值，而是正向翻译的输出结果。用正向翻译的输出结果作为最终模型的联合表征。训练损失为正向翻译、反向翻译和面向具体任务的预测损失三者之和，从而得到能够同时编码多种模态的编码器。

2.3 协同表征方法

2.3.1 协同表征的形式化定义

协同表征（Coordinated Representation）分别学习多种模态的表示，采用双塔或多塔结构，通过某种约束来协调优化这些模态的表示。其形式化定义如下，将 n 种单一模态的表示记为 $x_1, x_2, \cdots, x_n$，利用各自模态对应的投影函数 $f, g, \cdots$，将模态映射到协同空间中，使用 $f(x_1) \sim g(x_2) \cdots$ 来约束各个模态，这里的约束可以是最小化余弦相似度[32]、最大化相关性[33]、执行部分命令[34]等。

2.3.2 基于相似度的协同表征方法

基于相似度的协同表征方法均采用相同的范式，仅仅是在模型的细节上略有差异，差异体现在单一模态编码方式、映射方式、相似度度量方式和优化方式上，其基本框架如图 2-19 所示。本节将以 4 个模型为例介绍这些模型的协同表征训练思路。

2.3.2.1 DeViSE[32]

该方法将图像标签看作自然语言，利用标签的向量表示与图像的表示之间的相似度进行协同表征的学习，通过词嵌入之间的相关性作为视觉神经网络监督信号训练网络。首先利用 Bag of Words 的方法得到文本的向量表示，再使用 AlexNet 作为视觉模型的预训练模型。移除视觉模型的 softmax 层，加入一个映射层使得通过该映射层后的视觉表示维度与词嵌入维度一致。随后将图片生成的向量经过线性映射后与标签的表示做点积运算。该方法采用的损失函数是 hinge rank loss：

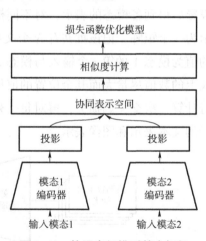

图 2-19 协同表征模型基本框架

$$\mathrm{loss}(\mathrm{image}, \mathrm{label}) = \sum_{j \neq \mathrm{label}} \max[0, \mathrm{margin} - t_{\mathrm{label}} \boldsymbol{M} v_{\mathrm{image}} + t_j \boldsymbol{M} v_{\mathrm{image}}] \quad (2\text{-}18)$$

此处 v_{image} 指视觉模型的输出，$\boldsymbol{M}$ 是可学习的参数，t_{label} 是标签的词嵌入表示，t_j 是其他文本的词嵌入表示。

通过该方法得到的文本向量表示和图像表示能够在公共空间满足相似性约束。

2.3.2.2 基于渐进式投影的模型[35]

该方法针对文本和视频表征，采用三元组形式的文本表示，即将文本表示为 [Subject,

Verb, Object]。该模型提出了渐进式的投影方式，首先将 Subject 和 Verb 的表示 m_s、m_v 进行融合得到 $m_{sv} = f(W_m[m_s; m_v] + b_m)$，再利用 m_{sv} 和 m_o 融合得到 $m_{svo} = f(W_m[m_{sv}; m_o] + b_m)$，这里的 $f(\cdot)$ 为 $\tanh(\cdot)$ 激活函数。视频的信息使用 ImageNet 进行编码。两种模态的编码经过投影后得到在协同空间的编码，再使用欧氏距离来衡量两者之间的相似度，如式（2-19）所示：

$$E_{embed}(V,T) = \| W_1 f(W_2 x_i) - CLM(m_{s,i}, m_{v,i}, m_{o,i} | W_m) \|_2^2 \qquad (2-19)$$

其中，$W_1 f(W_2 x_i)$ 是视频的表示，$CLM(m_{s,i}, m_{v,i}, m_{o,i} | W_m)$ 是经过渐进式投影得到的文本编码表示，W_1、W_2、W_m 均为可学习的参数矩阵。

该方法得到的融合表示即文本和视频进行语义对齐后的表征结果。

2.3.2.3 CLIP（Contrastive Language-Image Pre-training）[36]

该方法使用 Transformer 处理文本数据，使用 ResNet[13] 和 Vision-Transformer 处理图像数据。通过线性映射将文本和图像数据投影到协同表示空间。在对协同表示空间的特征向量进行相似度度量时，该方法将模态的表示作为另一模态的标签。

具体实现方法如图 2-20 所示，首先将一个训练批次（Batch）中的两种模态经线性层投影后得到各模态的表示，对不同模态的样本表示两两之间做相似度计算，并将相似度表示为一个矩阵。记该批共有 N 个文本图像对，则这个矩阵就为 $N \times N$ 的大小，第 i 行第 j 列的值为模态 1 的第 i 个输入与模态 2 的第 j 个输入的相似度，训练的目标是使该矩阵对角线上的数值尽量大而其余位置的值尽量小，因此使用交叉熵损失，在该模型中直接对每一行计算一次交叉熵损失，再对每一列计算一次交叉熵损失。经过上述优化后即可得到协同后的文本表示和图像表示。

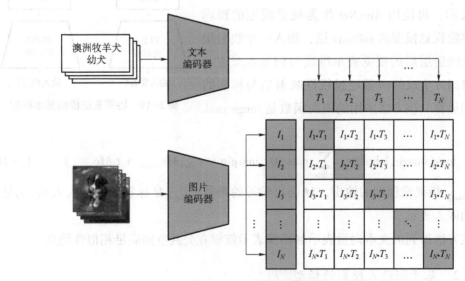

图 2-20 CLIP 模型结构

2.3.2.4 ALIGN (A Large-scale ImaGe and Noisy-text embedding)[37]

ALIGN 使用带有全局池化的 EfficientNet 作为图像编码器，使用带有 [CLS] token embedding 的 BERT 作为文本编码器。图像和文本的编码器通过一个对比损失来学习表示，从而使图像文本对能够匹配。

最后使用 softmax 来进行对比学习的损失计算，将语义相关的数据作为正例，而不相关的向量作为负例，其公式如式（2-20）：

$$\min -\frac{1}{N}\sum_{i=0}^{N}\log\frac{\exp\left(\frac{s(\boldsymbol{x}_i,\boldsymbol{v})}{\sigma}\right)}{\sum_{j=1}^{N}\exp\left(\frac{s(\boldsymbol{x}_i,\boldsymbol{v}_j)}{\sigma}\right)} \tag{2-20}$$

其中，$s(\boldsymbol{x},\boldsymbol{v})$ 为相似度计算函数，ALIGN 使用两个向量的点积来衡量相似度，σ 是温度控制因素，i、j 分别代表来自第 i 或第 j 个文本图像对，N 是一个批次（Batch）的样本对数量。

使用对比学习的方法进行损失函数的计算的另一方法是按照式（2-21）进行优化。

$$\min_{\theta}\sum_{x}\sum_{k}\max\{0,\alpha - s(\boldsymbol{x},\boldsymbol{v}) + s(\boldsymbol{x},\boldsymbol{v}_k)\} \tag{2-21}$$

在定义衡量相似度的函数基础上，训练目标为最大化正例的相似度，最小化负例的相似度，这里的 v 指的是正例，v_k 为负例，$s(\boldsymbol{x},\boldsymbol{v})$ 为相似度计算函数，α 为正负样本的最小距离，需要根据数据集特性选择合适的值。

ALIGN 模型最终得到的图像和文本的表示即可以作为协同表征的结果。

基于相似度的协同表征方法强调多种媒体信息表征向量之间的相似程度，适用于检索相关的情景，利用某一模态的向量能够快速地在公共表征空间中检索得到语义相似的相同或不同模态的实例。

2.3.3 基于结构化的协同表征方法

基于结构化的协同表征方法与特定的任务相关，针对不同的任务，如哈希检索、图像描述等设计不同的约束，从而使多种模态的表示在协同空间中更好地为下游任务提供有效信息。本节将介绍三类常见的方法。

2.3.3.1 跨模态哈希

一个常见的例子是在跨模态哈希上，跨模态哈希将高维数据压缩成紧凑的二进制代码，对相似的对象使用相似的二进制代码[38]。哈希对跨模态的表示空间有进一步的要求：一是该空间必须为 N 维汉明空间（Hamming Space）；二是不同模态下的同一对象有相同的汉明码；三是该空间必须能够保持模态间的相似性[39]。

有方法将端到端的深度学习方法应用在基于哈希的公共二值空间中[40]，利用深度学习方法先对文本和图像分别进行编码，表示为实值向量，再对这些实值向量做哈希映射。该方法的损失函数定义如式（2-22）：

$$\min_{B,\theta_x,\theta_y} J = -\sum_{i,j=1}^{n}(S_{ij}\Theta_{ij} - \log(1+e^{\Theta_{ij}})) + \\ \gamma(\|B-F\|_F^2 + \|B-G\|_F^2) + \\ \eta(\|F1\|_F^2 + \|G1\|_F^2)$$

$$\text{s.t. } B \in \{-1,+1\}^{c\times n} \qquad (2\text{-}22)$$

其中，F 是图像的实值表示，G 是文本的实值表示，S 是一个 $n\times n$ 的矩阵，$S_{i,j}$ 表示当前模态的第 i 个样本与另一模态的第 j 个样本之间的相似关系，$S_{i,j}=1$ 表示相似，-1 表示不相似，B 为 $n\times c$ 的矩阵，存储每个样本的哈希表示，Θ_{ij} 表示两个模态不同样本在实值特征空间的相似关系，第三项的目的在于尽可能使 F 与 G 中的正数和负数的个数差不多，从而使通过 sign($F+G$) 得到的二值表示所蕴含的信息量更大，式中 1 是一个数值全部为 1 的矩阵。

基于哈希的跨媒体协同表征方法所计算得到的表示是汉明空间中的二进制代码，常应用于跨媒体检索中，二进制表示能够极大地降低检索所需时间，更详细的介绍请参考 3.2.1.2 节内容。

2.3.3.2 典型相关分析

另一个基于结构化的协同表示的例子是典型相关分析（Canonical Correlation Analysis，CCA），将多个模态投影到公共空间中，该方法能够最大化模态间的相关性，同时增加新的空间的正交性。CCA 常被用在跨模态检索任务中。其基本处理步骤如下：

假设两组数据 $X=(x_1,x_2,\cdots,x_p)$ 和 $Y=(y_1,y_2,\cdots,y_q)$ 均符合正态分布，首先在每组变量中找出变量的线性组合 U_i、V_j，使两组的线性组合之间具有最大的相关系数 $\rho(U_i,V_j)$。

$$U_i = a_1 x_1 + a_2 x_2 + \cdots + a_p x_p \qquad (2\text{-}23)$$

$$V_j = b_1 y_1 + b_2 y_2 + \cdots + b_q y_q \qquad (2\text{-}24)$$

然后选取和最初挑选的这对线性组合不相关的线性组合，即保证 cov(U_1,U_2) = cov(V_1,V_2) = 0，使其配对，并选取相关系数最大的一对；如此继续下去，直到两组变量之间的相关性被提取完毕为止。被选出的线性组合配对称为典型变量，它们的相关系数称为典型相关系数。典型相关系数度量了这两组变量之间联系的强度。文献中使用引入了核方法的 CCA（KCCA）来处理图文检索任务[41]，该方法将在 3.2.1.1 节详细介绍。

CCA 是一种无监督的学习方法，由于其只能优化表示间的相似性，抽取出模态间的公共特征，因此改进的方法将自编码器（Auto Encoder）引入 CCA 从而使模型能够捕获模态相关的信息[42]。为捕获语义相关信息，还有学者将 CCA 与跨模态哈希方法相结合[43]。

2.3.3.3 顺序嵌入

在图像描述任务中,有方法强调图像和文本的顺序之间的关系,因此会在公共协同空间中对表示的顺序进行一定的约束,从而提出利用视觉语义层次结构的局部顺序对对象进行特征表示的方法,因此模型定义了顺序嵌入(Order Embedding),并将其应用在图像和文本顺序对应关系的建模上[44-46]。通过学习对象在视觉语义层次结构和嵌入空间上的局部顺序来得到顺序嵌入的映射,强制一个不对称的相似度量,并在多模态空间中实现偏序的概念。对于对象 x 和 y,它们之间的顺序惩罚函数如下,$E(x,y) = \| \max(0, y-x) \|^2$,如果 x 是 y 的上位词,那么这个惩罚函数的值就为 0。模型的损失函数为

$$\sum_{(u,v) \in \text{WordNet}} E(f(u), f(v)) + \max\{0, \alpha - E(f(u'), f(v'))\} \quad (2\text{-}25)$$

训练同样是在对比学习的框架下实现的,其中 f 是投影函数,u'、v' 为负例。例如对于图像标题检索任务,视觉语义层次结构如图 2-21 所示,将标题图像视为两级偏序,将描述视为图像的抽象,将文本视为图像的上位词,在训练图像和文本表示时对这一偏序关系进行约束。此处正例为正确的图像文本对,负例为其余文本图像组合结果。

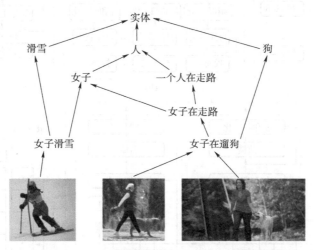

图 2-21 顺序嵌入方法的视觉语义层次结构

利用上述方法训练得到的图像表示和文本表示即满足顺序约束的图像及文本的表示。

2.4 基于大语言模型的表征方法

2023 年 3 月 14 日,OpenAI 发布 GPT-4,该模型能够接受文本和图像输入,并且允许将二者混合在一起同时作为输入。据微软报告展示,GPT-4 能够很好地理解和融合图片及文本的信息,并同时根据融合后的信息生成相应的文本回复[47]。GPT-4 的发布将跨模态的理解、表示和生成引入大模型时代,众多优秀的工作随之涌现。基于大语言模型的跨媒

体信息统一表示方法采用的思路是,将多种模态的信息统一至大语言模型的表征空间中,进而利用大语言模型在语义理解、生成及推理等任务上的强大能力,辅助跨媒体下游任务。本节将以视觉-语言两种模态为例,着重介绍该表征方法中视觉和语义信息的对齐及融合技术,此类大模型主要由三部分组成:图像编码器、文本编码器以及融合两个编码器信息的策略。

2.4.1 常见架构

基于大语言模型的跨模态表征方法常见架构继承了联合表征和协同表征的模型架构,其类型可以概括为以下 5 类,如图 2-22 所示[48]。

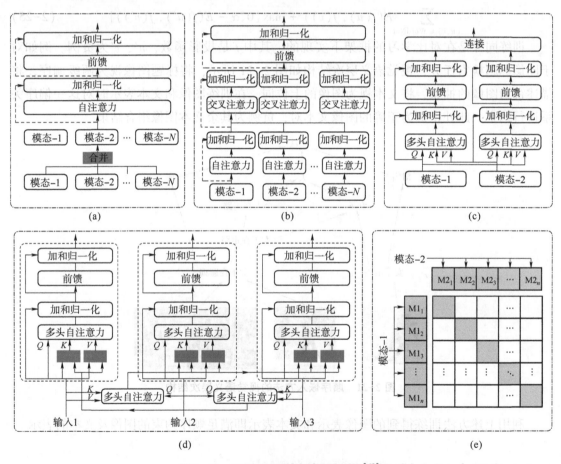

图 2-22 预训练多模态大模型架构[63]

(a) 合并注意力架构;(b) 共同注意力架构;(c) 交叉注意力架构;
(d) 三角 Transformer 架构;(e) 模态间对比学习架构

(1) 合并注意力架构(Merge-Attention):输入为多种模态各自的信息表征结果,首先使用 2.1.2 节中所介绍的方法获得各个单一模态的表示,随后将多个输入模态的表示连接起来,送入融合网络进行自注意力计算,最终得到融合多种模态信息的表示,ViLT 和

Oscar 均采用这种架构。该方法实现简单,但忽略了多种模态之间表征的差异。

(2) 共同注意力架构(Co-Attention):输入为多种模态各自的信息表征结果,但每个输入的模态的表示都具有各自的自注意力通道,用于模态独立特征的导入,随后再使用共同的交叉注意力层融合多模态特征,得到融合了多种模态信息的表征。这种架构的代表模型是 MCAN[49]。该方法利用了注意力机制对单一模态信息的融合提取能力,但存在参数量较大、模型结构复杂的问题。

(3) 交叉注意力架构(Cross-Attention):输入为多种模态各自的信息表征结果,但其中一个注意力网络中,将图像表示作为 Query,文本表示作为 Key 和 Value,在另一个注意力网络中,将图像和文本位置互换,从而实现交叉注意力。LXMERT、GPT-4 均为该架构的代表。该方法在减少训练参数量的同时,对不同模态进行了区分。

(4) 三角 Transformer 架构(Tangled-Transformer):使用三组 Transformer 模块同时处理动作、图形对象和语言特征,通过特定的三角连接关系,额外添加两个交叉注意力层进行约束,从而注入其他模态的 Transformer 网络,最终得到各个输入的融合了其他模态信息的表示。ActBERT[50]是该架构的代表模型。该方法能够融合三种信息源,且得到不同模态的各自独立的表示。

(5) 模态间对比学习架构(Inter-Modality Contrastive Learning):输入为一个 batch 的不同模态的表示,两两之间计算相似度,得到相似性度量矩阵,通过矩阵结构建立多模态对比学习关联,构造对比损失函数进行优化,其中最具代表性的模型为 2.3.2 节中的 CLIP。该方法训练速度较快,但训练需要使用的数据量较大。

2.4.2 多模态预训练技术

预训练多模态大模型(Multi-media Large Language Model,MLLM)由预训练大语言模型(Large Language Model,LLM)扩展而来,其中常见的技术手段包括四类[51]:自监督预训练任务、多模态指令微调、多模态上下文学习和多模态思维链。本章将介绍这四类任务。

1. 自监督预训练任务

单一模态的自监督训练任务较为直接,无须进行标注,直接利用原始数据设计对应的目标函数进行优化。但在多模态预训练中更为复杂,因为模态和标签的作用变得模糊,与具体的下游任务相关,如在视觉问答中,文本和图像作为输入,目标则是自回归的预测生成答案,而在文生图任务中,目标则是文本和图像的匹配。下面介绍三种常见的多模态目标函数。

(1) 实例判别。判断来自不同输入模态的表示是否来自同一个实例,即配对。通过这种方式,可以对齐成对的两种表示空间,同时使不同实例对的表示空间距离推远。根据输入的采样方式不同,有两种类型的实例识别目标:对比预测和匹配预测。

(2) 聚类。聚类方法假设,应用经过训练的端到端聚类将根据语义显著特征对数据进行分组。在实践中,这些方法迭代地预测编码表示的聚类分配,并使用这些预测(也称为伪标签)作为监督信号来更新特征表示。多模态聚类提供了学习多模态表示的机会,还通过使用每个模态的伪标签监督其他模态来改进传统聚类。

（3）掩码预测。该任务与自然语言处理中 BERT 使用的随机掩码预测或 GPT 的自回归预测相似，不同的是掩码或预测的对象不再是文本 token 而是不同模态的表示单元。

2. 多模态指令微调（Multimodal Instruction Tuning，M-IT）

指令（Instruction）指的是对任务的描述，最早被使用在大语言模型的微调过程中。指令微调技术是通过按照指令格式的数据（Instruction-formatted Data）来微调预训练模型的技术，该技术可以使预训练大模型跟随新的指令泛化到未见过的任务上。数据集中的每个实例由三个元素组成：一个指令（使用自然语言描述的任务）、为上下文提供补充信息的输入，以及基于指令的期望输出。多模态指令微调则是在此基础上添加了多模态输入。指令通常包括指令和输入/输出对，形式化表示为 $(\mathcal{I},\mathcal{M},\mathcal{R})$，指令 $\mathcal{I}$ 通常是描述任务的自然语言，多模态输入 $\mathcal{M}$ 由图像和文本数据构成，$\mathcal{R}$ 为响应。模型在给定指令和多模态输入时，通过建模 $\mathcal{A}=f(\mathcal{I},\mathcal{M};\theta)$ 预测响应 $\mathcal{R}$、θ 为参数。训练目标通常为自回归目标：

$$\mathcal{L}(\theta) = -\sum_{i=1}^{N} \log p(\mathcal{R}_i \mid \mathcal{I},\mathcal{M},\mathcal{R}_{<i};\theta) \tag{2-26}$$

3. 多模态上下文学习（Multimodal In-Context Learning，M-ICL）

该技术的思想是从类比中学习，从训练 LLM 使用的上下文学习中拓展而来。在训练 LLM 时，通过在输入中增加一个或多个示例输入/输出以提供足够多的背景知识，并要求模型对输入中的测试用例预测正确的结果输出。其优势在于，不需要额外的下游任务微调，直接根据上下文中给出的模式作出正确的预测。引入多模态后，需要在多模态指令微调输入的基础上，对输入数据额外添加一个包含多种模态数据的演示集，将该演示集作为上下文示例，从而实现多模态上下文学习。但与 LLM 不同，M-ICL 仍需要进行一定的训练和微调才能够拥有泛化能力。

4. 多模态思维链（Multimodal Chain-of-Thought，M-CoT）

思维链（CoT）是一系列中间推理步骤，该技术在复杂推理的自然语言处理任务中得到广泛应用，在上下文学习的基础上在示例中额外添加自然语言描述的推理过程，从而提升模型的推理能力。但当融入多种模态时需要解决模态桥接的问题，即将视觉输入转换为文本描述。该技术可以分为可学习的界面和专家模型两种方法。

可学习的界面将视觉嵌入映射到单词嵌入空间，随后将映射的嵌入作为文本提示（prompt）从而引发 M-CoT 推理。专家模型直接将视觉输入转换为文本描述。

2.4.3 经典模型

本节将介绍基于大语言模型的多模态模型，包括 BLIP2、MiniGPT-4、LLaVa、Flamingo 和 PaLM-E。这些模型均融合了现有的大规模预训练语言模型，并将多种模态的表示对齐至统一的表示空间，通过冻结部分训练参数或增加新的训练损失来达到对齐与融合的目的。对于除 BLIP2 外的模型，其训练损失均为语言模型的自回归损失。

1. BLIP2[52]

BLIP 是 Saleforce 在 2021 年提出的多模态预训练模型[53]，预训练过程中同时优化三个损失函数：图像文本对比损失（Image-Text Contrastive Loss，ITCLoss）、图像文本匹配损失（Image-Text Matching Loss，ITMLoss）、语言建模损失（Image-Grounded Text Generation Loss，ITGLoss）。

在此基础上 BLIP2 提出了一种两阶段的多模态预训练方法，分别为表征学习阶段和生成学习阶段。表征学习阶段，利用预训练模型提供的零样本学习能力，实现了在冻结视觉模型和文本模型的参数后，仍能够实现图像文本表征之间的对齐。BLIP2 中提出了 Q-Former（Query-Transformer）作为视觉-语言对齐的转换层。该架构由两个 Transformer 子模块构成，其中自注意力层的参数是共享的。两个 Transformer 子模块分别处理图像特征和文本特征。预训练阶段的训练优化目标函数与 BLIP 的损失函数相同。BLIP2 模型架构如图 2-23 所示。

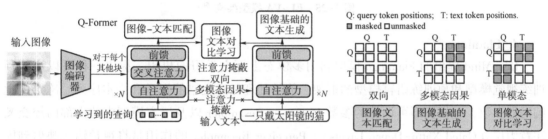

图 2-23　BLIP2 模型架构[52]

在 BLIP2 的基础上，Instruct-BLIP[54]通过高质量指令数据微调训练，提升多模态模型在下游任务的表现。

2. MiniGPT-4[55]

结构上与 BLIP2 相似，预训练阶段冻结 ViT、Q-Former 以及文本生成大模型只训练线性层进行对齐，使用了高质量、对齐良好的数据集进行训练。MiniGPT-4 模型架构如图 2-24 所示。

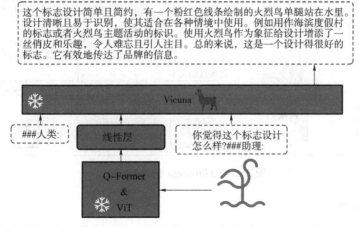

图 2-24　MiniGPT-4 模型架构[55]

3. LLaVA[56]

该模型使用的视觉编码器来自 CLIP，通过简单的线性投影层将图像特征映射到语言模型空间。随后将图像和 prompt 文本拼接后作为序列输入给语言模型。该方法与 MiniGPT-4 的区别在于不需要复杂的 Q-Former 结构，而是通过微调语言模型来达到对齐图像表征与文本表征的目的。LLaVA 模型架构如图 2-25 所示。

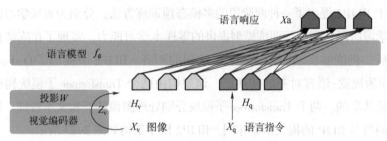

图 2-25　LLaVA 模型架构[56]

4. Flamingo[57]

DeepMind 提出的 Flamingo 模型利用多模态上下文学习的思想，提出一种可以连接预训练视觉模型和预训练语言模型的框架，能够处理任意交错的视觉和文本序列。冻结视觉编码器参数，包括模型可训练的参数 Perceiver Resampler 以及语言模型中的内部门控交叉注意力层（Gated Xattn-Dense Layers）。Perceiver Resampler 的作用是将视觉输入映射到固定数量的视觉标记输出。在 LLM 内每层中插入交叉注意力层，该层从头开始训练用以对齐视觉和文本特征。Flamingo 提出了一种视觉文本对应的掩码策略，保证对于给定的文本标记，模型仅关注交错序列中对应的视觉标记而非全部图像。Flamingo 模型架构如图 2-26 所示。

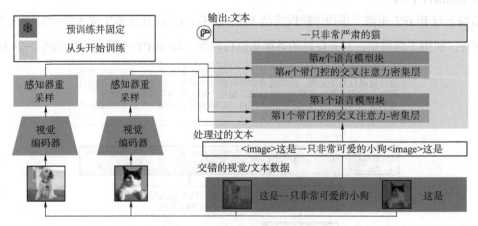

图 2-26　Flamingo 模型架构[57]

5. PaLM-E[58]

Google Research 团队在 2023 年 3 月推出了 PaLM-E，这是一个多模态具象化视觉语言模型，其参数规模达到了 5 620 亿个。该模型在语言模型的基础上训练了一个编码器，将除文字之外的观测量（即其他模态）映射到文本的嵌入空间中，允许将图像等信息动态地插入到文本的任意对应位置。该模型的设计思路在于，利用巨大的语言网络从而避免灾难性遗忘。该方法在机器人任务上取得了较优效果。

2.5 本章小结

本章介绍了跨媒体信息统一表示的相关知识，包括跨媒体信息统一表征的理论背景、单一媒体的分类及表征方法、跨媒体统一表示的联合表征方法、跨媒体统一表示的协同表征方法以及基于大语言模型的表征方法。其中对于联合表征方法的介绍，从传统统计机器学习方法到基于深度网络的方法再到如今的大规模预训练模型，这些方法为跨模态智能提供了通用的多种模态的表示，充分利用了模态间的信息互补性。对于协同表征的方法，重点介绍常见的关于协同空间表示的约束条件，该方法为跨模态智能在特定下游任务上提供了更具适应性的表示。

联合表征的重点在于利用模态之间的不同信息的互补性进行建模，使用该方法得到的表征通常具有通用性，更多地保留了不同模态下的语义信息，剔除了与特定模态特征相关的信息；而协同表征将各个模态的特征投影协同空间进行协同表示，因此其模态相关性的特征仍保留在各自的编码中；基于大语言模型的表征方法的重点在于将多种模态的表示与语言模型进行对齐和融合，利用联合表征及协同表征的技术，将大语言模型在下游任务的强大能力迁移至跨媒体下游任务中。

尽管现有的基于深度网络的模型已经能够学习得到较好的跨媒体信息表示，但该领域仍存在一定的挑战。首先，多种媒体之间的语义对齐仍存在可提升的空间，需要找到更好的跨媒体语义对齐方法；其次，对于跨媒体信息表示，现有模型依赖于人工标注数据，因此在小样本学习方面仍有可以挖掘的空间；最后，目前较优的模型规模均较大，如何使用较少的参数和更加精简的模型实现相同的表示效果也是亟须研究解决的问题。

跨媒体信息统一表示是跨媒体智能的基础，一个好的跨媒体统一表示能够为下游任务提供丰富的相关性和模态特殊性信息，因此该领域在跨模态智能领域具有十分重要的地位和广泛的应用范围。

2.6 参考文献

[1] Shannon C E. A Mathematical Theory of Communication [J]. Bell System Technical Journal, 1948, 27 (4).

[2] Mikolov T, Chen K, Corrado G, et al. Efficient Estimation of Word Representations in Vector Space [J]. Computer Science, 2013.

[3] Galvez-Lopez D, Tardos J D. Real-time Loop Detection with Bags of Binary Words [C] //2011 IEEE/RSJ International Conference on Intelligent Robots and Systems. IEEE, 2011: 51-58.

[4] Mikolov T, Chen K, Corrado G, et al. Efficient Estimation of Word Representations in Vector Space [J]. arXiv preprint arXiv: 1301. 3781, 2013.

[5] Bahdanau D, Cho K, Bengio Y. Neural Machine Translation by Jointly Learning to Align and Translate [J]. arXiv preprint arXiv: 1409. 0473, 2014.

[6] Vaswani A, Shazeer N, Parmar N, et al. Attention Is All You Need [J]. Advances in neural information processing systems, 2017, 30.

[7] Kenton J D M W C, Toutanova L K. BERT: Pre-training of Deep Bidirectional Transformers for Language Understanding [J].

[8] Lowe D G. Distinctive Image Features from Scale-Invariant Keypoints [J]. International journal of computer vision, 2004, 60 (2): 91-110.

[9] Dalal N, Triggs B. Histograms of Oriented Gradients for Human Detection [C] //2005 IEEE computer society conference on computer vision and pattern recognition (CVPR'05). Ieee, 2005, 1: 886-893.

[10] Rublee E, Rabaud V, Konolige K, et al. ORB: An Efficient Alternative to SIFT or SURF [C] //2011 International conference on computer vision. Ieee, 2011: 2564-2571.

[11] Krizhevsky A, Sutskever I, Hinton G. ImageNet Classification with Deep Convolutional Neural Networks [J]. Advances in neural information processing systems, 2012, 25 (2).

[12] Simonyan K, Zisserman A. Very Deep Convolutional Networks for Large-Scale Image Recognition [J]. arXiv preprint arXiv: 1409. 1556, 2014.

[13] He K, Zhang X, Ren S, et al. Deep Residual Learning for Image Recognition [C] // Proceedings of the IEEE conference on computer vision and pattern recognition. 2016: 770-778.

[14] Hasan M R, Jamil M, Rahman M. Speaker Identification Using Mel Frequency Cepstral Coefficients [J]. variations, 2004, 1 (4): 565-568.

[15] Ji S, Xu W, Yang M, et al. 3D Convolutional Neural Networks for Human Action Recognition [J]. IEEE transactions on pattern analysis and machine intelligence, 2012, 35 (1): 221-231.

[16] Srivastava N, Salakhutdinov R. Multimodal Learning with Deep Boltzmann Machines [J]. Journal of Machine Learning Research, 2012, 15.

[17] Hinton G E. Training Products of Experts by Minimizing Contrastive Divergence [J]. Neural computation, 2002, 14 (8): 1771-1800.

[18] Srivastava N, Salakhutdinov R. Learning Representations for Multimodal Data with Deep Belief Nets [C] //International conference on machine learning workshop. 2012, 79 (10.

1007): 978-1.

[19] Ouyang W, Chu X, Wang X. Multi-Source Deep Learning for Human Pose Estimation [C] //Proceedings of the IEEE conference on computer vision and pattern recognition. 2014: 2329-2336.

[20] Ngiam J, Khosla A, Kim M, et al. Multimodal Deep Learning [C] //ICML. 2011.

[21] Mroueh Y, Marcheret E, Goel V. Deep Multimodal Learning for Audio-Visual Speech Recognition [C] //2015 IEEE International Conference on Acoustics, Speech and Signal Processing (ICASSP). IEEE, 2015: 2130-2134.

[22] Cosi P, Caldognetto E M, Vagges K, et al. Bimodal Recognition Experiments with Recurrent Neural Networks [C] //Proceedings of ICASSP'94. IEEE International Conference on Acoustics, Speech and Signal Processing. IEEE, 1994, 2: II/553-II/556 vol. 2.

[23] Nicolaou M A, Gunes H, Pantic M. Continuous Prediction of Spontaneous Affect from Multiple Cues and Modalities in Valence-Arousal Space [J]. IEEE Transactions on Affective Computing, 2011, 2 (2): 92-105.

[24] Kahou S E, Bouthillier X, Lamblin P, et al. Emonets: Multimodal Deep Learning Approaches for Emotion Recognition in Video [J]. Journal on Multimodal User Interfaces, 2016, 10 (2): 99-111.

[25] Chen S, Jin Q. Multi-Modal Dimensional Emotion Recognition Using Recurrent Neural Networks [C] //Proceedings of the 5th International Workshop on Audio/Visual Emotion Challenge. 2015: 49-56.

[26] Rajagopalan S S, Morency L P, Baltrusaitis T, et al. Extending Long Short-Term Memory for Multi-View Structured Learning [C] //European Conference on Computer Vision. Springer, Cham, 2016: 338-353.

[27] Tan H, Bansal M. LXMERT: Learning Cross-Modality Encoder Representations from Transformers [C] //Proceedings of the 2019 Conference on Empirical Methods in Natural Language Processing and the 9th International Joint Conference on Natural Language Processing (EMNLP-IJCNLP). 2019: 5100-5111.

[28] Li X, Yin X, Li C, et al. Oscar: Object-Semantics Aligned Pre-Training for Vision-Language Tasks [C] //European Conference on Computer Vision. Springer, Cham, 2020: 121-137.

[29] Su W, Zhu X, Cao Y, et al. VL-BERT: Pre-training of Generic Visual-Linguistic Representations [C] //International Conference on Learning Representations. 2019.

[30] Huang Z, Zeng Z, Huang Y, et al. Seeing out of the box: End-to-End Pre-Training for Vision-Language Representation Learning [C] //Proceedings of the IEEE/CVF Conference on Computer Vision and Pattern Recognition. 2021: 12976-12985.

[31] Pham H, Liang P P, Manzini T, et al. Found in Translation: Learning Robust Joint Representations by Cyclic Translations Between Modalities [C] //Proceedings of the AAAI Conference on Artificial Intelligence. 2019, 33 (01): 6892-6899.

[32] Frome A, Corrado G S, Shlens J, et al. Devise: A Deep Visual-Semantic Embedding Model [J]. Advances in neural information processing systems, 2013, 26.

[33] Andrew G, Arora R, Bilmes J, et al. Deep Canonical Correlation Analysis [C] //International conference on machine learning. PMLR, 2013: 1247-1255.

[34] Vendrov I, Kiros R, Fidler S, et al. Order-Embeddings of Images and Language [J]. arXiv preprint arXiv: 1511. 06361, 2015.

[35] Xu R, Xiong C, Chen W, et al. Jointly Modeling Deep Video and Compositional Text to Bridge Vision and Language in a Unified Framework [C] //Proceedings of the AAAI Conference on Artificial Intelligence. 2015, 29 (1).

[36] Radford A, Kim J W, Hallacy C, et al. Learning Transferable Visual Models from Natural Language Supervision [C] //International Conference on Machine Learning. PMLR, 2021: 8748-8763.

[37] Jia C, Yang Y, Xia Y, et al. Scaling up Visual and Vision-Language Representation Learning with Noisy Text Supervision [C] //International Conference on Machine Learning. PMLR, 2021: 4904-4916.

[38] Cao Y, Long M, Wang J, et al. Deep Visual-Semantic Hashing for Cross-Modal Retrieval [C] //Proceedings of the 22nd ACM SIGKDD International Conference on Knowledge Discovery and Data Mining. 2016: 1445-1454.

[39] Bronstein M M, Bronstein A M, Michel F, et al. Data Fusion Through Cross-Modality Metric Learning Using Similarity-Sensitive Hashing [C] //2010 IEEE computer society conference on computer vision and pattern recognition. IEEE, 2010: 3594-3601.

[40] Jiang Q Y, Li W J. Deep Cross-Modal Hashing [C] //Proceedings of the IEEE conference on computer vision and pattern recognition. 2017: 3232-3240.

[41] Hardoon D R, Szedmak S, Shawe-Taylor J. Canonical Correlation analysis: An Overview with Application to Learning Methods [J]. Neural computation, 2004, 16 (12): 2639-2664.

[42] Wang W, Arora R, Livescu K, et al. On Deep Multi-View Representation Learning [C] //International conference on machine learning. PMLR, 2015: 1083-1092.

[43] Zhang D, Li W J. Large-Scale Supervised Multimodal Hashing with Semantic Correlation Maximization [C] //Proceedings of the AAAI conference on artificial intelligence. 2014, 28 (1).

[44] Vendrov I, Kiros R, Fidler S, et al. Order-Embeddings of Images and Language [C] // ICLR. 2016.

[45] M. H. P. Young, A. Lai, J. Hockenmaier. From Image Descriptions to Visual Denotations: New Similarity Metrics for Semantic Inference over Event Descriptions [D]. TACL, 2014.

[46] Zhang H, Hu Z, Deng Y, et al. Learning Concept Taxonomies from Multi-modal Data [C] //ACL (1). 2016.

[47] OpenAI. GPT-4 Technical Report [R/OL] ArXiv https://arxiv.org/pdf/2303.08774.pdf 2023.3.15.

[48] Wang X, Chen G, Qian G, et al. Large-scale Multi-modal Pre-trained Models: A Comprehensive Survey [J]. Machine Intelligence Research, 2023, 20: 1-36.

[49] Yu Z, Yu J, Cui Y, et al. Deep Modular Co-attention Networks for Visual Question Answering [C] //Proceedings of the IEEE/CVF conference on computer vision and pattern recognition. 2019: 6281-6290.

[50] Zhu L, Yang Y. Actbert: Learning Global-local Video-text Representations [C] //Proceedings of the IEEE/CVF conference on computer vision and pattern recognition. 2020: 8746-8755.

[51] Yin S, Fu C, Zhao S, et al. A Survey on Multimodal Large Language Models [J]. arXiv preprint arXiv: 2306.13549, 2023.

[52] Li J, Li D, Savarese S, et al. Blip-2: Bootstrapping Language-image Pre-training with Frozen Image Encoders and Large Language Models [J]. arXiv preprint arXiv: 2301.12597, 2023.

[53] Li J, Li D, Xiong C, et al. BLIP: Bootstrapping Language-Image Pre-training for Unified Vision-Language Understanding and Generation [J]. 2022. DOI: 10.48550/arXiv.2201.12086.

[54] Dai W, Li J, et al. InstructBLIP: Towards General-purpose Vision-Language Models with Instruction Tuning [J]. arXiv preprint arXiv: 2305.06500, 2023.

[55] Zhu D, Chen J, Shen X, et al. MiniGPT-4: Enhancing Vision-Language Understanding with Advanced Large Language Models [J]. arXiv preprint arXiv: 2304.10592, 2023.

[56] Liu H, Li C, Wu Q, et al. Visual Instruction Tuning [J]. arXiv preprint arXiv: 2304.08485, 2023.

[57] Alayrac J B, Donahue J, Luc P, et al. Flamingo: A Visual Language Model for Few-shot Learning [J]. Advances in Neural Information Processing Systems, 2022, 35: 23716-23736.

[58] Driess D, Xia F, Sajjadi M S M, et al. Palm-e: An Embodied Multimodal Language Model [J]. arXiv preprint arXiv: 2303.03378, 2023.

第3章
跨媒体检索

3.1 跨媒体检索的任务概述

3.1.1 研究背景与意义

随着互联网技术和存储介质性能的飞速发展,社交应用、短视频平台等多媒体软件得到广泛使用,由此产生的数字多媒体数据(图像、文本、视频、音频等)极速增长。面对种类繁多、规模巨大的多媒体数据,用户对信息检索的需求日益增加,对检索质量也提出了更高的要求。越来越多的用户希望通过一个查询,就能获得所有媒体类型的检索结果[1],在此基础上,跨媒体检索应运而生并得到空前发展。如图3-1所示,当用户任意给定一种媒体类型数据(本节以北京理工大学图片为例)作为查询内容,经过跨媒体检索后,用户将得到与北京理工大学有关的各种媒体类型数据,包括北京理工大学学校概况、视频介绍、音频资料等。

图 3-1 跨媒体检索结果示例

跨媒体检索与传统信息检索不同,跨媒体检索可以通过单一媒体信息或多种媒体信息描述的用户查询,和不同类型的媒体信息之间进行关联性匹配或相似度分析,从而实现跨越不同媒体信息的综合检索[2],这样的检索方式不仅有效地克服了传统信息检索中信息内容局限、媒体类型单一等问题,而且和人类通过多种感官感知客观世界的过程相一致,一定程度上提升了用户检索信息的效率。目前,跨媒体检索技术已经在多个实用场景中得到应用,如Google、Yahoo!等搜索引擎、在线教育等。随着跨媒体检索技术的进一步发展,该技术将在物联网、信息医疗等重要领域发挥巨大的作用。

3.1.2 研究内容

跨媒体检索任务是人工智能、人机交互、模式识别、图像处理、统计分析等多个领域的综合，与数学、计算机科学、概率论与数理统计、线性代数等科目密切相关，这一任务旨在通过其中一种媒体对象检索得到另外一种或几种语义相同但类型不同的媒体对象。

不同的媒体数据具有底层特征异构性、高层语义特征相关性的特点[3]，在通常情况下，文本信息由词向量表示，图像信息由特征向量表示，音频信息由梅尔语谱图表示，这些特征空间各不相同。如何度量不同媒体数据之间的高层语义特征，跨越"异构鸿沟"，是跨媒体检索任务中一项重要课题，弥合异构性差距的方法需要对各种媒体数据进行建模，在高层语义空间中进行相似度计算，从而实现跨媒体检索。因此，跨媒体检索任务的核心为媒体数据的特征提取以及不同媒体数据之间的相关性度量。其中，媒体数据特征提取的内容请参考第 2 章联合表征和协同表征的部分，本章不再赘述。

3.1.3 技术发展现状

最初，跨媒体检索任务主要通过关键词标注的方法[4]，对各个媒体数据进行分析并对关键词进行标注，从而把跨媒体检索转化成对文本数据检索的任务，但是这个方法十分依赖人工进行标注，因此会消耗大量的人力、物力和财力，而且人工标注带来的噪声内容和主观内容会对检索性能造成一定的影响。

于是，部分研究者意识到跨媒体检索技术的核心任务是对各种媒体数据进行相关性分析，以实现不同媒体数据之间的跨媒体检索，当前，跨媒体检索最主流的方法是学习一个公共空间，这一方法对应本书第 2 章的联合表征方法，即将各种媒体数据映射到该公共空间中，进而计算各种媒体数据之间的相关性，这一方法也被称为基于公共空间映射的跨媒体检索，代表方法有典型关联分析、哈希编码等。典型关联分析（Canonical Correlation Analysis，CCA）主要通过寻找两组基向量，以最大化两组变量的特征之间的相关性。PL 等人[5]将核函数引入典型关联分析中，将数据映射到更高维的空间中，并在该高维空间中学习媒体数据之间的语义关联。Rasiwasia 等人[6]将聚类思想引入典型关联分析中，对聚类中所有数据点对之间建立一对一的对应关系。哈希编码方法将各个媒体的特征信息映射到统一的二值汉明空间中，低维度的汉明码在一定程度上可以保持原始数据之间的领域关系。Gao 等人提出标签一致矩阵分解哈希的方法[7]（Label Consistent Matrix Factorization Hashing for Large-Scale Cross-Modal Similarity Search，LCMFH），引入标签信息矩阵指导媒体数据特征矩阵分解以获得公共信息，并且利用这些标签数据监督构建语义空间，最后对这一语义空间进行量化获得哈希码。

随着深度学习的不断兴起，深度神经网络也被广泛应用到跨媒体检索任务中，不仅在各种媒体数据的特征提取上有着很好的性能，而且在公共子空间的学习中也扮演着重要的角色。Lu 等人[8]使用多次卷积神经网络对不同的媒体数据进行特征提取和特征融合。Wang 等人[9]将生成对抗网络的思想引入跨媒体检索任务中，通过对抗学习的方法不断减小各个媒体公共表征之间的差异，从而将各种媒体数据投影到公共空间。

除公共空间映射的方法之外，目前使用比较多的是基于度量异构数据的跨媒体检索，这一方法对应本书第 2 章的协同表征方法，即通过分析已知数据之间的关系，在特殊的数据结构或向量空间上直接计算各种媒体数据之间的相关性，而无须将其映射到同一空间中。代表方法有图结构建模和邻域分析方法等。Peng 等人[10]改进了图结构建模形式，同时应用媒体数据之间的正相关性和负相关性进行图的构建。Zhai 等人[11]提出计算属于同一语义类别的两个媒体对象的概率来获得异构相似性。

虽然跨媒体检索得到巨大的发展并取得了广泛的应用，但在技术层面还存在一些不足：

（1）数据集的局限。数据集的选取对跨媒体检索的性能十分重要，但是现有的用于跨媒体检索任务中的开源数据集十分有限，并且还存在数据量小、数据类别少、语义重叠和混乱等问题。

（2）忽视了检索效率的提升。虽然部分跨媒体模型在检索精度上得到很好的结果，但是大部分研究者往往因为有限的数据集而忽视了检索效率的提升。

（3）未利用上下文关联信息。通常情况下，互联网上的跨媒体数据并不是单独存在的，而跨媒体的相关性也和上下文信息有关，例如，如果一段音频和一个视频剪辑来自两个具有链接关系的网页，那么它们很可能会相互关联。但是现有的很多方法只将共存关系和语义类别标签作为训练信息，没有考虑到当前媒体信息的语境，从而忽略丰富的上下文信息。

（4）忽视了细粒度跨媒体检索。虽然跨媒体检索任务上取得了一定的突破，但是大多研究成果均是基于粗粒度进行检索，没有考虑类间差异小、类内差异大的数据对跨媒体检索任务带来的影响。

（5）异构鸿沟。异构鸿沟是跨媒体检索任务所面临的经典难题，是指不同媒体类型的数据有着不同的分布和特征表示，导致相似度计算困难进而影响跨媒体检索性能。

（6）忽视了丰富信息的融合。在跨媒体检索任务中，可以融入情感、背景、环境等丰富信息，从而有效地区分不同数据之间的差异性，进一步提升检索结果的准确率。

3.2　跨媒体检索模型

跨媒体检索模型本质是挖掘不同媒体数据之间的语义关联，完成模态之间的数据建模，进而实现检索任务。本节根据不同媒体的语义特征信息是否在同一空间表征，将模型分为基于公共空间映射的模型和基于度量异构数据的模型，其中，基于公共空间映射的模型进一步分为典型关联分析、哈希编码方法以及深度学习方法；基于度量异构数据的模型进一步分为图结构建模和邻域分析方法。我们将选取具有代表性的模型作为实例，对其进行具体介绍。

3.2.1 基于公共空间映射的模型

基于公共空间映射的模型是解决跨媒体数据之间"语义鸿沟"的重要方法。这一方法通过将不同类别的媒体数据的底层特征投影到一个公共空间中，然后在该公共空间中学习不同类别媒体数据之间的语义关联映射，进而计算它们之间的相似度[12]，如图3-2所示。其中，基于公共空间映射的模型方法可以分为典型关联分析方法、基于哈希编码的方法、基于深度学习的方法等。本节将对这几种方法中的典型模型做细致讲解。

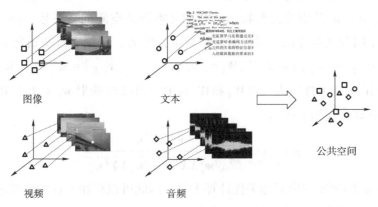

图 3-2 公共空间映射示意图

3.2.1.1 典型关联分析

传统的统计相关分析方法是常用的基于公共空间映射方法的基本范式和基础，主要通过优化统计值来学习线性或非线性投影矩阵。典型关联分析是该方法中最具代表性的工作之一，它通过学习一个子空间，使各种异构媒体数据之间的成对相关性最大化。

假设$\mathbb{R}^I$和$\mathbb{R}^T$分别代表特征空间中图像的特征向量和文本的特征向量，以图文检索任务为例，给定一个查询图像（或文本）$I_q \in \mathbb{R}^I$（$T_q \in \mathbb{R}^T$），该任务的目标是返回在文本特征空间中（或图像特征空间中）相关性最大的结果。

典型关联分析通过建立映射转换到相同的公共子空间中进行进一步的相关性检索，

$$M_I : \mathbb{R}^I \rightarrow \mathbb{U}^I \tag{3-1}$$

$$M_T : \mathbb{R}^T \rightarrow \mathbb{U}^T \tag{3-2}$$

其中，M_I代表图像从特征空间到公共子空间的映射，M_T代表文本从特征空间到公共子空间的映射，$\mathbb{U}^I$和$\mathbb{U}^T$分别代表公共子空间中图像的向量和文本的向量。此外，$\mathbb{U}^I$和$\mathbb{U}^T$是同构的，即存在一个双射使得$\mathbb{U}^I$和$\mathbb{U}^T$中的元素一一对应，即

$$M : \mathbb{U}^I \leftrightarrow \mathbb{U}^T \tag{3-3}$$

因此，在跨媒体检索任务中，典型关联分析的目标是学习公共子空间的表示，进而在公共子空间中计算相关性给出检索结果，具体地，给定$T_q \in \mathbb{R}^T$，返回最近匹配的图像

$$M_I^{-1} \circ M \circ M_T(T_q) \tag{3-4}$$

给定$I_q \in \mathbb{R}^I$，返回最近匹配的文本

$$M_T^{-1} \circ M \circ M_I(I_q) \tag{3-5}$$

典型关联分析主要分为以下几种方法。

1. 相关匹配（Correlation Matching，CM）

该方法的主要目标为最大化媒体信息之间的相关性，以图文检索为例，令$X = [x_1, x_2, \cdots, x_N] \in \mathbb{R}^{d_x \times |\mathbb{R}^I|}$，$Y = [y_1, y_2, \cdots, y_N] \in \mathbb{R}^{d_y \times |\mathbb{R}^T|}$，其中，$X$、$Y$分别代表图像特征空间和文本特征空间，$d_x$、$d_y$分别为图像特征空间和文本特征空间的特征数，$|\mathbb{R}^I|$和$|\mathbb{R}^T|$分别代表图像特征空间和文本特征空间中的向量数量，然后，分别随机初始化K个线性映射，即$W_X = [w_{x,1}, w_{x,2}, \cdots, w_{x,K}] \in \mathbb{R}^{d_x \times K}$，$W_Y = [w_{y,1}, w_{y,2}, \cdots, w_{y,K}] \in \mathbb{R}^{d_y \times K}$，CM方法的主要目标是使$W_X^T X$和$W_Y^T Y$相关性最大，以$W_X$和$W_Y$其中一组线性映射$w_x \in \mathbb{R}^{d_x \times 1}$和$w_y \in \mathbb{R}^{d_y \times 1}$对为例，相关性计算公式如下[13]：

$$\rho = \max_{w_x \neq 0, w_y \neq 0} \frac{w_x^T XY^T w_y}{\sqrt{w_x^T XX^T w_x} \sqrt{w_y^T YY^T w_y}} \tag{3-6}$$

因为w_x和w_y的伸缩变换对相关性计算无关，因此可以将相关性的计算过程进行简化，即将分母固定，求解分子的最大化。

$$\max_{w_x \neq 0, w_y \neq 0} w_x^T XY^T w_y \tag{3-7}$$

$$\text{s.t. } w_x^T XX^T w_x = 1, w_y^T YY^T w_y = 1 \tag{3-8}$$

求解该问题可以使用拉格朗日乘数法，令

$$L = w_x^T XY^T w_y - \frac{\lambda}{2}(w_x^T XX^T w_x - 1) - \frac{\theta}{2}(w_y^T YY^T w_y - 1) \tag{3-9}$$

对该式求偏导，并分别令其等于0，得

$$\begin{cases} XY^T w_y - \lambda XX^T w_x = 0, \\ YX^T w_x - \theta YY^T w_y = 0 \end{cases} \tag{3-10}$$

分别使用w_x^T和w_y^T乘以上述方程组，并利用约束条件可以得到$\lambda = \theta$。因此，方程组可以转化为一个求解特征值的问题，最终求得λ、w_x和w_y。

$$\begin{pmatrix} 0 & \sum_{XY} \\ \sum_{YX} & 0 \end{pmatrix} \begin{pmatrix} w_x \\ w_y \end{pmatrix} = \lambda \begin{pmatrix} \sum_{XX} & 0 \\ 0 & \sum_{YY} \end{pmatrix} \begin{pmatrix} w_x \\ w_y \end{pmatrix} \tag{3-11}$$

根据上述公式得到学习到的子空间后，通过线性映射将文本T和图像I投影到子空间$\mathbb{U}^T$和$\mathbb{U}^I$中，得到对应的向量为P_T和P_I，因此，在检索任务中，给定文本T_q后，通过公式

返回最相似的匹配 I_q，给定图像查询与之类似，其中，d 为距离度量的公式，常用的距离计算公式有欧几里得距离、曼哈顿距离、余弦相似度等，具体公式分别为式（3-13）、式（3-14）以及（3-15）。

$$D(I,T) = d(P_I, P_T) \tag{3-12}$$

$$d(X,Y) = \sqrt{\sum_{i=1}^{k}(x_i - y_i)^2} \tag{3-13}$$

$$d(X,Y) = \sum_{i=1}^{k}|x_i - y_i| \tag{3-14}$$

$$d(X,Y) = \cos(\theta) = \frac{X \cdot Y}{\|X\| \; \|Y\|} \tag{3-15}$$

2. 语义匹配（Semantic Matching，SM）

和 CM 方法不同，SM 需要建立两个非线性映射，将媒体信息投影到语义空间中，以增加公共子空间的语义抽象能力。

$$L_T : \mathbb{R}^T \rightarrow \mathbb{S}^T \tag{3-16}$$

$$L_I : \mathbb{R}^I \rightarrow \mathbb{S}^I \tag{3-17}$$

在学习公共子空间之前，需要对数据集中的所有媒体信息的语义类别进行定义并形成一个词典 $V = \{V_1, V_2, \cdots, V_N\}$，其中 N 为语义类别的总数量。SM 通过多类逻辑回归算法将图像、文本等媒体特征信息映射到后验概率向量中，这些向量形成的空间为语义空间，具体地，回归函数如下：

$$P_{V|X}(j|x;w) = \frac{1}{Z(x,w)} \exp(w_j^T x) \tag{3-18}$$

$$Z(x,w) = \sum_j \exp(w_j^T x) \tag{3-19}$$

其中，V 是语义类别集合，X 为输入的媒体信息的特征向量，w_j 代表 j 类语义类别的参数向量。

根据上述公式得到学习到的子空间后，通过逻辑回归将文本 T 和图像 I 投影到子空间 $\mathbb{S}^T$ 和 $\mathbb{S}^I$ 中，得到对应的概率向量为 π_T 和 π_I，因此，在检索任务中，给定文本 T_q 后，通过公式返回最相似的匹配 I_q，给定图像查询与之类似，其中，d 为距离度量的公式。

$$D(I,T) = d(\pi_I, \pi_T) \tag{3-20}$$

3. 语义关联分配（Semantic Correlation Matching，SCM）

顾名思义，SCM 将 CM 和 SM 联合在一起，即先通过线性映射最大化不同模态的媒体数据之间的相关性，将各个媒体数据的特征空间映射到公共子空间 U，这时只是利用了两个特征空间中的相关信息，并没有利用训练样本中的标签信息，因此，SCM 使用多类逻辑回归算法学习不同模态数据各自的语义空间 $\mathbb{S}$，将公共子空间 U 映射到语义空间 $\mathbb{S}$ 中。在 $\mathbb{S}$ 中，每一个维度均代表一个语义概念，最后根据距离度量公式进行计算，对相似的媒体信息进行检索，以图文检索为例，检索公式为

$$D(I,T) = d(L_I(P_I(I)), L_T(P_T(T))) \tag{3-21}$$

其中，L 为公共空间U到语义空间S的映射，P 为特征空间$\mathbb{R}$到公共空间U的映射，具体的映射公式可见相关匹配和语义匹配的内容。

4. 基于核方法的典型关联分析

基于核方法的典型关联分析（Kernel CCA，KCCA）的主要思想是将原始的媒体信息特征空间通过非线性的核函数映射到高维的核函数特征空间，最后应用传统的典型关联分析隐含地实现了原始空间非线性问题的求解。KCCA 可以提高原始特征空间的维度，并一定程度上增加其灵活性。其中，常用核函数有 q 阶多项式核函数、高斯径向基础函数（RBF）核函数、多层感知机（MLP）核函数等[14]。

取核函数为 Φ_x、Φ_y，则所得到的高维核函数特征空间为 $\boldsymbol{\Phi}_X = [\phi_x(x_1), \phi_x(x_2), \cdots, \phi_x(x_N)]$ 和 $\boldsymbol{\Phi}_Y = [\phi_y(y_1), \phi_y(y_2), \cdots, \phi_y(y_N)]$，经过传统典型关联分析，KCCA 的目标函数为

$$\max_{w_x \neq 0, w_y \neq 0} \boldsymbol{W}_X^T \boldsymbol{\Phi}_X \boldsymbol{\Phi}_Y^T \boldsymbol{W}_Y \tag{3-22}$$

$$\text{s. t. } \boldsymbol{W}_X^T \boldsymbol{\Phi}_X \boldsymbol{\Phi}_X^T \boldsymbol{W}_X = 1, \boldsymbol{W}_Y^T \boldsymbol{\Phi}_Y \boldsymbol{\Phi}_Y^T \boldsymbol{W}_Y = 1 \tag{3-23}$$

将 $\boldsymbol{W}_X$ 和 $\boldsymbol{W}_Y$ 用高维核函数特征空间中的向量进行线性表示得

$$\boldsymbol{W}_X = \sum_{i=1}^N a^i \varphi_x(x_i) = \boldsymbol{\Phi}_X \boldsymbol{A} \tag{3-24}$$

$$\boldsymbol{W}_Y = \sum_{i=1}^N b^i \varphi_y(y_i) = \boldsymbol{\Phi}_Y \boldsymbol{B} \tag{3-25}$$

其中，$\boldsymbol{A}$ 和 $\boldsymbol{B}$ 是含有 N 个向量的线性无关组，目标函数因此可以改写为

$$\max_{A, B} \boldsymbol{A}^T \boldsymbol{\Phi}_X^T \boldsymbol{\Phi}_X \boldsymbol{\Phi}_Y^T \boldsymbol{\Phi}_Y \boldsymbol{B} \tag{3-26}$$

$$\text{s. t. } \boldsymbol{A}^T \boldsymbol{\Phi}_X^T \boldsymbol{\Phi}_X \boldsymbol{\Phi}_X^T \boldsymbol{\Phi}_X \boldsymbol{A} = 1, \boldsymbol{B} \boldsymbol{\Phi}_Y^T \boldsymbol{\Phi}_Y \boldsymbol{\Phi}_Y^T \boldsymbol{\Phi}_Y \boldsymbol{B} = 1 \tag{3-27}$$

对上式进行化简，定义核函数矩阵为[15] $\boldsymbol{K}_x = \boldsymbol{\Phi}_X^T \boldsymbol{\Phi}_X$，$\boldsymbol{K}_y = \boldsymbol{\Phi}_Y^T \boldsymbol{\Phi}_Y$，其中，$(K_X)_{ij} = \kappa(x_i, x_j)$，$\kappa$ 为核函数，因此目标函数为

$$\max_{A, B} \boldsymbol{A}^T \boldsymbol{K}_x \boldsymbol{K}_y \boldsymbol{B} \tag{3-28}$$

$$\text{s. t. } \boldsymbol{A}^T \boldsymbol{K}_x \boldsymbol{K}_x \boldsymbol{A} = 1, \boldsymbol{B} \boldsymbol{K}_y \boldsymbol{K}_y \boldsymbol{B} = 1 \tag{3-29}$$

将其转化成一个求解特征值的问题，其中，加入了正则化约束，避免因为核函数特征空间的维度过高导致结果的不稳定，即将 $\boldsymbol{K}_x \boldsymbol{K}_x$ 替换成 $\boldsymbol{K}_x \boldsymbol{K}_x + r_x \boldsymbol{K}_x$，将 $\boldsymbol{K}_y \boldsymbol{K}_y$ 替换成 $\boldsymbol{K}_y \boldsymbol{K}_y + r_y \boldsymbol{K}_y$。

$$\begin{pmatrix} 0 & \boldsymbol{K}_x \boldsymbol{K}_y \\ \boldsymbol{K}_y \boldsymbol{K}_x & 0 \end{pmatrix} \begin{pmatrix} \boldsymbol{A} \\ \boldsymbol{B} \end{pmatrix} = \lambda \begin{pmatrix} \boldsymbol{K}_x \boldsymbol{K}_x + r_x \boldsymbol{K}_x & 0 \\ 0 & \boldsymbol{K}_y \boldsymbol{K}_y + r_y \boldsymbol{K}_y \end{pmatrix} \begin{pmatrix} \boldsymbol{A} \\ \boldsymbol{B} \end{pmatrix} \tag{3-30}$$

5. 基于聚类的典型关联分析

上述典型关联分析均需要媒体数据之间是配对的，即同一类别的各个媒体数据之间存在一对一的关系，如果每个类别中部分媒体数据有两种不同的方式进行配对，上述典型关

联分析则会存在一定的局限性,无法直接应用到跨媒体检索任务中,因此基于聚类的典型关联分析(Cluster Canonical Correlation Analysis,Cluster-CCA)针对这一问题对模型算法进行改进,具体区别可见图 3-3。Cluster-CCA 的主要思想是在两个媒体数据集合中所给定聚类中对所有数据点对之间建立一对一的对应关系,然后使用标准 CCA 来学习预测[7]。

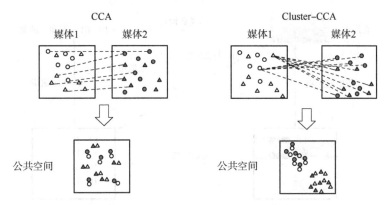

图 3-3 Cluster-CCA 和 CCA 区别示意图

假设存在两组数据 $T_x = [X_1, X_2, \cdots, X_C]$ 和 $T_y = [Y_1, Y_2, \cdots, Y_C]$,其中,$X_C = [x_1^C, x_2^C, \cdots, x_{|X_C|}^C]$,$Y_C = [y_1^C, y_2^C, \cdots, y_{|Y_C|}^C]$ 分别代表 C 类不同媒体数据中的所有数据点的特征信息,$|X_C|$ 和 $|Y_C|$ 分别代表 C 类不同媒体数据中的数据点个数。根据传统典型关联分析公式,可得 Cluster-CCA 的目标函数为

$$\rho = \max_{W_X \neq 0, W_Y \neq 0} \frac{W_X^T \sum_{XY} W_Y}{\sqrt{W_X^T \sum_{XX} W_X} \sqrt{W_Y^T \sum_{YY} W_Y}} \tag{3-31}$$

$$\sum_{XY} = \frac{1}{M} \sum_{c=1}^{C} \sum_{j=1}^{|X_C|} \sum_{k=1}^{|Y_C|} x_j^c y_k^{c\,T} \tag{3-32}$$

$$\sum_{XX} = \frac{1}{M} \sum_{c=1}^{C} \sum_{j=1}^{|X_C|} |Y_C| x_j^c x_j^{c\,T} \tag{3-33}$$

$$\sum_{YY} = \frac{1}{M} \sum_{c=1}^{C} \sum_{k=1}^{|Y_C|} |X_C| y_k^c y_k^{c\,T} \tag{3-34}$$

其中,$M = \sum_{c=1}^{C} |X_C||Y_C|$,代表数据对的个数。后续步骤和 CCA 中求解特征值步骤一致,本方法中不再赘述。

3.2.1.2 哈希编码方法

基于哈希编码的跨媒体检索的主要思想是通过哈希变换将各种媒体数据的特征空间映射到一个公共的汉明二值空间中,然后利用这一汉明空间进行快速相似度计算和检索[16],具体如图 3-4 所示。在哈希编码的方法中,每个媒体数据均使用二值码进行表示,因此,数据大小较大的图像、视频、音频等媒体信息只需要占用较小的内存空间就可以完成存储，达到了空间存储的指数级降低。此外，计算机计算二进制的数据十分快速，并且部分检索任务中只需要通过异或运算就可得到数据之间的相似度，这使得检索的时间复杂度降低为常数或线性级别，模型算法十分高效。

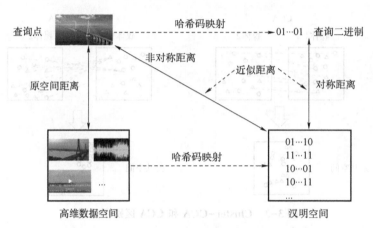

图 3-4　基于哈希编码的跨媒体检索示意图[17]

目前，基于哈希编码的跨媒体检索已经有了广泛的应用以及重大发展，越来越多的哈希编码模型被提出，这些模型大致可以分为两类，分别是无监督跨媒体哈希和有监督跨媒体哈希[17]，本节将对这两类中较为经典的几种模型进行介绍。

1. 无监督跨媒体哈希

无监督学习是指通过无标记的训练样本学习数据集中数据之间的内在性质和规律。因此基于无监督哈希编码方法的跨媒体检索主要通过学习媒体内部数据之间的关系以及媒体间数据之间的关系，以将特征信息映射到汉明二值空间中。基于无监督哈希编码方法的跨媒体检索对输入的媒体数据的要求较低，有效地减少了标注数据的人力、物力，因此得到学者和业界的广泛关注[18]。

近年来，应用到跨媒体检索任务中的无监督哈希编码方法层出不穷，其中，比较具有代表性的几种方法有：

（1）基于协同矩阵分解的哈希（Collective Matrix Factorization Hashing for Multi-modal Data，CMFH），该方法通过矩阵分解对各个媒体数据集中的数据提取潜在的语义信息，进而将随机初始化的投影映射矩阵、源数据特征矩阵以及提取到的语义矩阵加入正则化和平衡约束形成总的目标函数[19]。

$$\underset{U_1,U_2,P_1,P_2,V}{\text{minimize}} G(U_1,U_2,P_1,P_2,V) \tag{3-35}$$

$$\begin{aligned}G=&\lambda \parallel X^{(1)}-U_1V \parallel_F^2 +(1-\lambda) \parallel X^{(1)}-U_2V \parallel_F^2 +\\ &\mu(\parallel V-P_1X^{(1)} \parallel_F^2 + \parallel V-P_2X^{(2)} \parallel_F^2) +\\ &\gamma R(U_1,U_2,P_1,P_2,V)\end{aligned} \tag{3-36}$$

其中，λ、γ 代表平衡系数，U_1，U_2，V 为语义矩阵，P_1、P_2 为投影映射矩阵，$X^{(t)}$ 代表第 t 种媒体信息，R 代表 $\|\cdot\|_F^2$ 为 Frobenius 范数。然后通过梯度下降的方法更新矩阵参数，从而学习如下的哈希函数，最后通过异或运算计算二进制码之间的汉明距离完成跨媒体检索任务。

$$f_t(X^{(t)}) = P_t X^{(t)} + a_t, \forall t \tag{3-37}$$

（2）基于隐式语义稀疏的哈希（Latent Semantic Sparse Hashing for Cross-Modal Similarity Search，LSSH）主要使用稀疏编码的方法来捕获图像等媒体数据的显著结构，并对文本使用矩阵分解方法学习其中的潜在概念，即将各个媒体数据的原始特征空间映射到潜在语义空间。然后，将学习到的潜在语义特征映射到一个联合抽象空间，即一个公共的语义空间。最后，对高级抽象空间进行量化以生成统一的二进制码。LSSH 使用迭代算法得到目标函数最优解，这使得 LSSH 可以自动并且高效地计算各种媒体数据之间的相关性[20]。其中，目标函数的建立过程如下：

①原始特征空间映射到潜在语义空间。设 $X=[x_1,x_2,\cdots,x_N]$ 为图像描述符，$Y=[y_1,y_2,\cdots,y_N]$ 为文本描述符，则分别使用稀疏编码和矩阵分解学习语义特征空间为

$$O_{SC}(B,S) = \|X-BS\|_F^2 + \sum_{i=1}^n \lambda |s_i|_1 \tag{3-38}$$

$$O_{MF}(U,A) = \|Y-UA\|_F^2 \tag{3-39}$$

其中，B 为过完备字典，S 为图像信息的稀疏表示，λ 是平衡重构误差和稀疏度的参数，A 为文本中潜在的特征语义，U 为原始数据的高级语义特征。

②图文模态相关性表示，即令相同实例的图像和文本的潜在的语义空间相等。

$$R_I P_I(x_i) = R_T P_T(y_i), \forall i \tag{3-40}$$

其中，P 为原始数据特征空间到潜在语义空间的映射，R 为潜在语义空间到联合抽象空间的映射。

③最终目标函数为

$$\operatorname*{minimize}_{B,A,R,U,S} O(B,A,R,U,S) = O_{SC} + \mu O_{MF} + \gamma O_{CC} \tag{3-41}$$

$$\text{s.t.} \|B_{\cdot i}\|^2 \leq 1, \|U_{\cdot j}\|^2 \leq 1, \|R_{\cdot t}\|^2 \leq 1, \forall i,j,t \tag{3-42}$$

其中，$R = R_T^{-1} R_I$，$O_{CC} = \|A-RS\|_F^2$，即将图像的显著结构特征和文本的潜在语义结合以获得两种媒体数据之间的相关性。

除上述方法外，部分学者将图结构引入基于无监督哈希编码的跨媒体检索中，进而根据不同媒体数据之间的相似度进行建模，如相似度融合哈希（Cross-Modality Binary Code Learning via Fusion Similarity Hashing，FSH）[21]；部分学者将聚类算法引入基于无监督哈希编码的跨媒体检索中，即通过聚类质心体现媒体数据点，有效地缩小了检索的时间，如线性跨模态哈希方法（Linear Cross-Modal Hashing for Efficient Multi-media Search，LCMH）[22]。

2. 有监督跨媒体哈希

有监督学习是指在给定标签的数据集中发现并总结输入和输出之间的关系。在基于有

监督哈希编码的跨媒体检索任务中，该方法会利用数据集中的语义、类别等标签信息学习哈希函数，使各种媒体数据映射在汉明二值空间上的相似度逼近原始特征空间上的相似度，这一方法可以更好地指导空间映射的学习，进一步提升跨媒体检索的性能，因此得到广泛的关注。

最早应用有监督学习方法在基于哈希编码的跨媒体检索上的是跨模态哈希方法（Data Fusion Through Cross-Modality Metric Learning Using Similarity-Sensitive Hashing，CMSSH），这一方法引入标签信息并使用集成学习方法，将各个媒体数据的特征信息进行分解并映射为哈希码，最后令相似样本距离最小，不相似样本距离最大以学习哈希函数[23]。

语义保持哈希（Semantics-Preserving Hashing for Cross-View Retrieval，SePH）提出使用相似性矩阵作为概率分布对各个媒体数据之间的语义相似性学习进行指导，并引入 K-L 散度将媒体数据之间的相似信息映射到汉明空间中[24]，具体如图 3-5 中实线框内。

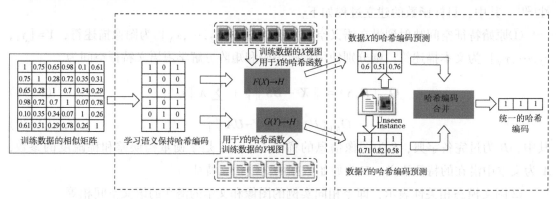

图 3-5　SePH 模型架构图[24]

令 $p_{i,j}$ 为媒体数据实例 o_i 和 o_j 之间的语义相似度，$q_{i,j}$ 为媒体数据实例在汉明空间的相似度，为了学习语义保持的哈希矩阵 $\boldsymbol{H}$ 具体的目标函数如下：

$$\psi = \min_{\boldsymbol{H} \in \{-1,1\}^{n \times d_c}} D_{\mathrm{KL}}(\boldsymbol{P} \| \boldsymbol{Q}) = \min_{\boldsymbol{H} \in \{-1,1\}^{n \times d_c}} \sum_{i \neq j} p_{i,j} \log \frac{p_{i,j}}{q_{i,j}} \quad (3-43)$$

其中，n 为媒体实例的个数，d_c 为媒体实例的汉明码位数，$\boldsymbol{P}$ 和 $\boldsymbol{Q}$ 均为相应的相似度矩阵。此外，SePH 使用基于核的逻辑回归作为非线性的哈希函数，并通过分布学习策略对哈希函数进行学习。对于不可见的媒体实例，即训练集以外的数据，SePH 使用一种新的概率方法将来自不同观察视图的相应输出概率和所预测的哈希码结合起来，以确定任何不可见媒体实例的统一哈希码。具体公式如下：

$$c_k = \mathrm{sign}\left(\prod_{i=1}^{m} p(c_k = 1 \mid z^i) - \prod_{i=1}^{m} p(c_k = -1 \mid z^i)\right) \quad (3-44)$$

其中，c_k 代表第 k 位哈希码，z^i 代表第 i 种视图，m 为视图总数，一般为媒体类型种类数量。

此外，有监督矩阵分解哈希（Supervised Matrix Factorization for Cross-Modality Hashing，

SMFH）是在 CMFH 的基础上加入了标签信息进行监督，并使用了图正则化以及非负协同矩阵方法对各个媒体数据特征之间的相似性进行学习，有效地提升了跨媒体检索的性能[25]。

3.2.1.3 深度学习方法

随着深度学习技术的发展，深度神经网络（Deep Neural Network，DNN）可以更好地获取图像、文本等媒体数据的特征信息，并在语义理解上表现出巨大的潜力，因此，DNN 在计算机视觉、自然语言处理等领域取得了巨大的突破。近年来，部分学者将深度学习和跨媒体检索任务结合起来，依靠其强大的非线性关系学习能力，以挖掘各种媒体数据之间的关联关系以及特征空间到公共空间的映射。一般来说，基于深度学习的跨媒体检索分为三个步骤，第一步对各种媒体数据进行特征提取，即将原始的数据空间映射到特征空间上，具体内容可见第 2 章；第二步使用深层网络将不同媒体特征的相关性最大化[26]，即获取其语义信息，将特征空间映射到高阶语义空间；第三步根据查询内容计算相似度得到检索结果。

深度学习的兴起，为跨媒体检索提供了新的思路，并逐渐成为该领域的主流方法，本节将对几个比较经典的框架进行介绍。

1. 基于卷积神经网络和循环神经网络的方法

卷积神经网络（Convolutional Neural Networks，CNN）是包含卷积运算的深度神经网络，这种网络结构具有很强的提取特征的能力，因而被广泛用在跨媒体检索任务中以获取各种媒体信息特征。

在这一方法中，部分模型通过多次使用卷积神经网络对各种媒体数据进行特征提取，以将原始数据空间映射到特征空间，即对数据的特征进行表征学习，最后在特征空间中使用距离函数或匹配函数对相似性进行计算以得到检索结果。例如 m-CNN（Multi Modal Convolutional Neural Networks for Matching Image and Sentence）是一个直接检索模型，它提出了使用两个卷积层分别对不同信息进行提取[8]，具体模型结构如图 3-6 所示。

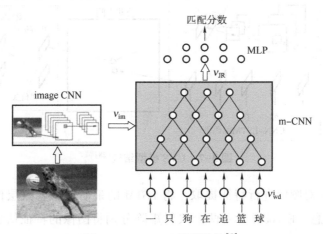

图 3-6　m-CNN 模型结构[8]

模型中的图像 CNN 用于生成图片的特征向量 ν_{im}，即

$$\nu_{\text{im}} = \sigma(W_{\text{im}}(\text{CNN}_{\text{im}}(I)) + b_{\text{im}}) \tag{3-45}$$

其中，$\sigma(\cdot)$ 为非线性激活函数，W_{im} 为可学习的参数，b_{im} 为偏置量，I 为图像信息。另一个匹配 CNN 用于提取文本中语义片段和图片进行向量空间的融合，得到图片-文本联合表示 ν_{JR}，最后通过一个多层感知机（Multi Layer Perceptron，MLP）学习特征和语义之间的模态关联，并输出匹配分数，以充分学习图像和文本之间的匹配关系，具体公式如下：

$$S_{\text{match}} = W_s(\sigma(W_h(\nu_{\text{JR}}) + b_h)) + b_s \tag{3-46}$$

其中，W_s 和 b_s 分别为用于计算匹配分数的可学习参数和偏置量，W_h 和 b_h 分别为用于融合表征的可学习参数和偏置量。

除单独使用 CNN 之外，部分模型将 CNN 和循环神经网络结合起来，以对不同类型的媒体数据进行特征提取。循环神经网络（Recurrent Neural Network，RNN）是以序列数据作为输入，并在该序列的演进方向进行递归且网络上所有节点按链式连接的递归神经网络[27]。这样的网络具有一定的"记忆性"，在文本、音频等媒体数据上可以很好地提取其语义信息。此外，为了克服 RNN 梯度消失等问题，长短期记忆网络（Long Short-Term Memory networks，LSTM）、门控循环单元（Gate Recurrent Unit，GRU）等变种 RNN 应运而生。

在跨媒体检索任务中，RNN 主要对文本、音频等媒体数据提取其语义信息，在模型中 RNN 一般不会单独出现，而是会和 CNN 或者其他网络框架搭配使用以将提取到的语义信息融入高阶特征空间中，最后计算媒体数据之间的相似度获得检索结果，如视觉语义联合嵌入模型（Unifying Visual-Semantic Embeddings with Multimodal Neural Language Models，UVS）提出使用 Encoder-Decoder 框架对文本和图像信息进行融合[28]，不仅可以实现图文检索，而且可以实现图像描述等下游任务。UVS 模型结构如图 3-7 所示。

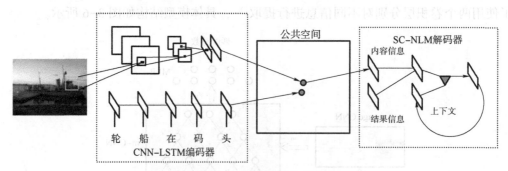

图 3-7　UVS 模型结构[28]

UVS 通过 CNN 对图像进行特征提取，将 LSTM 的最后一个隐藏层作为文本的编码以获取文本的语义信息。Encoder 学习两个映射矩阵分别将图像的特征信息和文本的语义信息映射到一个公共空间中，以实现图文检索任务，如图 3-7 所示，中间的紫色实线框方块；Decoder 由一些语言模型组成，可以对图像的特征表示进行解码，以实现图像描述任

务。在模型训练过程中，UVS 首先对图像文本对进行负采样，并使用 pairwise ranking loss 对图像表示和文本表示之间的相似度进行训练，相似度得分使用余弦相似度进行计算。

2. 基于生成对抗网络的方法

生成对抗网络（Generative Adversarial Network，GAN）是生成模型中的一种，顾名思义，这个网络的训练是一种博弈的过程，即生成模型 G 不断产生更加真实的样本用于欺骗判别器 D，而判别器 D 则不断对生成模型 G 产生的样本进行真假鉴别，最终生成模型 G 所生成的样本不断逼近真实样本。

基于对抗学习的跨模态检索方法（Adversarial Cross-Modal Retrieval，ACMR）是第一个将生成对抗网络应用到跨媒体检索任务中的[9]。ACMR 通过将各种媒体数据投影到公共空间并通过对抗学习的方法不断减小各个媒体公共表征之间的差异，在模型收敛后，进行相似度计算即得到检索结果[29]。图 3-8 展示了 ACMR 模型结构。

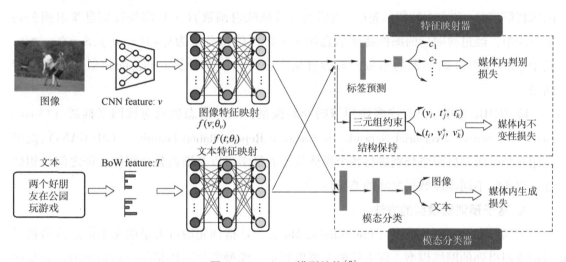

图 3-8 ACMR 模型结构[9]

ACMR 模型的核心是特征映射器和模态分类器之间的相互对抗。特征映射器为来自不同媒体类型的数据生成具有相同分布的向量，以混淆模态分类器。并且通过标签预测和结构保持的联合作用，使得不同语义的特征信息可以彼此区分并令相同语义的特征信息保持一致。为了保证样本语义标签在样本被映射到公共子空间时不发生改变，标签预测利用投影到公共空间的特征来输出该数据属于某一类的概率，进行语义标签的分类，相应的损失函数如下：

$$\mathcal{L}_{\mathrm{imd}}(\theta_{\mathrm{imd}}) = -\frac{1}{n}\sum_{i=1}^{n}(y_i \cdot (\log \hat{p}_i(v_i) + \log \hat{p}_i(t_i))) \quad (3\text{-}47)$$

其中，y_i 为语义标签向量，$\hat{p}_i(v_i)$ 和 $\hat{p}_i(t_i)$ 分别为图像和文本的生成概率分布，n 为实例数量。为了保证模态间的不变性，结构保持的目标是最小化来自不同模态的所有语义相似之间的距离，同时最大化相同模态的语义不同项之间的距离，相应的损失函数如下：

$$\mathcal{L}_{\text{imi}},\nu(\theta_v) = \sum_{i,j,k} (\ell_2(v_i,t_j^+) + \lambda \cdot \max(0,\mu - \ell_2(v_i,t_k^-))) \qquad (3-48)$$

$$\mathcal{L}_{\text{imi}},t(\theta_t) = \sum_{i,j,k} (\ell_2(t_i,v_j^+) + \lambda \cdot \max(0,\mu - \ell_2(t_i,v_k^-))) \qquad (3-49)$$

其中，ℓ_2 为 L2 范数，t_i、v_i 分别为文本和图像的特征信息，t_j^+、v_j^+ 为对应的正样本，t_k^-、v_k^- 为对应的负样本，λ 和 μ 为超参数。

ACMR 模型中的模态分类器主要基于特征映射器所产生的特征表示信息对不同媒体数据进行区分，以控制特征映射器的学习，对应的损失函数如下：

$$\mathcal{L}_{\text{adv}}(\theta_D) = -\frac{1}{n}\sum_{i=1}^{n}(m_i \cdot (\log D(v_i;\theta_D) + \log(1 - D(t_i;\theta_D)))) \qquad (3-50)$$

其中，n 为实例数量，m_i 为真实模态标签，$D(\cdot)$ 为模态的判别概率。

ACMR 首先对图像数据和文本数据分别使用 VGG 和简单的 BoW（TF-IDF）模型获得图像特征信息 v_i 和文本特征信息 t_i，然后通过特征映射函数 $f(\cdot)$ 将特征信息映射到公共子空间中，经过映射后的图像特征信息和文本特征信息分别为 $S_v = f(v_i;\theta_v)$，$S_t = f(t_i;\theta_t)$，其中 θ_v 和 θ_t 为特征映射器的参数，最后直接在公共空间中计算 S_v 和 S_t 的相似度得到检索结果。

除 ACMR 之外，仍有许多该领域的经典模型，如跨模态生成对抗网络框架（Cross-modal Generative Adversarial Networks for Common Representation Learning，CM-GANs）提出使用多个生成对抗网络分别进行各个媒体数据表征学习以及增强各个媒体表征之间的相似性，以消除不同媒体数据之间的差异性[30]。

3. 基于预训练模型的方法

顾名思义，预训练模型（Pre-training Model）是指预先通过大量的文本信息或语料进行训练而得到的网络模型。该方法的主要思想是，模型参数不再是随机初始化的，而是通过一些任务进行预先训练，得到一套模型参数，然后用这套参数对模型进行初始化，根据不同的下游任务再进行微调（Fine-tuning）。由于预训练模型庞大的参数量以及更好的模型初始化，这一方面通常会带来更好的泛化性能，并加速下游任务目标的收敛。

预训练模型的提出极大地推动了人工智能相关领域的发展，同样，在跨媒体检索领域，预训练模型也得到广泛的使用。跨媒体预训练模型能够学习到各种媒体信息之间的内在关联，并用于生成它们的统一向量表示。以 Unicoder-VL 预训练模型为例，Unicoder-VL 模型以多层 Transformer 结构为主，使用大规模的图像-文本对进行训练[31]，模型结构如图 3-9 所示。

Unicoder-VL 模型中首先使用 Fast-RCNN 对图像进行特征提取，并使用 [IMG] 符号对特征进行标记，然后将提取到的图像特征和对应的匹配文本共同输入编码器中进行嵌入，随后使用多层 Transformer 进行跨媒体的表征学习。该模型的预训练任务分为以下三种：

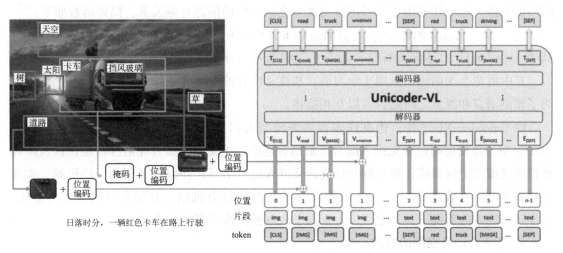

图 3-9 Unicoder-VL 模型结构[31]

（1）基于文本的掩码语言模型（Masked Language Modeling，MLM）。该任务将数据集中词语以 15% 的概率进行随机遮挡。为保证预训练过程与微调过程的一致性（微调时不做遮挡），每次选中的遮挡词以 80% 的概率进行真正遮挡，即将词语替换成特殊符号 [MASK]，以 10% 概率将该词语随机替换成词典中的其他词语，以 10% 的概率保持不变。该任务的主要目标是根据上下文推断所遮挡的单词，损失函数如下：

$$\mathcal{L}_{\text{MLM}}(\theta) = -E_{(w,v) \sim D} \log P_\theta(w_m \mid w_{\setminus m}, v) \tag{3-51}$$

其中，θ 为可训练的参数，w、v 分别代表文本和图像数据，$w_{\setminus m}$ 为被掩码后的文本数据，并且每个图像-文本对 (w, v) 均从数据集 D 中进行采样。

（2）基于图像区域的掩码类别预测（Masked Object Classification，MOC）。该任务首先使用 Faster R-CNN 提取图像中每个区域的特征，包括视觉特征（池化后的 ROI 特征）以及空间特征（表示其空间位置信息的坐标值）。然后，将提取到的两种特征分别输入全连接层，将它们映射到和文本表征维度相同的向量空间中，并与该区域对应的文本类别标签向量相加，从而得到每个图像区域对应的输入向量表示。和文本掩码类似，该任务同样对图像区域做掩码操作，即以 15% 的概率选中遮挡区域，并在遮挡时以 80% 的概率将特征随机替换为全 0 向量，以 10% 的概率随机替换成其他区域对应的特征向量，以 10% 的概率保持不变。该任务的目标是对图像进行分类，损失函数如下：

$$\mathcal{L}_{\text{MOC}}(\theta) = -E_{(w,v) \sim D} \sum_{i=1}^{M} \text{CE}(c(v_m^{(i)}), g_\theta(v_m^{(i)})) \tag{3-52}$$

其中，$v_m^{(i)}$ 代表第 i 个图像区域，$c(v_m^{(i)})$ 代表该图像区域类别的真实标签，g_θ 代表概率的归一化分布，$\text{CE}(\cdot)$ 为交叉熵函数。

（3）图像文本匹配（Image-Text Matching，ITM）。该任务基于图像-文本对进行随机负采样，并判别两者是否匹配。Unicoder-VL 模型保留了 BERT 模型中的特殊符号 [CLS]。这一特殊符号在最后一层的输出向量经过 MLP 层映射后，可以直接用于预测输入图文之间的匹配关系。这一任务用于学习图像与文本之间的全局信息对应关系，损失函数如下：

$$\mathcal{L}_{\text{VLM}}(\theta) = -E_{(w,v)\sim D}[y\log s_\theta(w,v) + (1-y)\log(1-s_\theta(w,v))] \quad (3-53)$$

其中，$y \in \{0,1\}$ 代表匹配标签，$s_\theta(\cdot)$ 为匹配得分函数。

其中前两个预训练任务用于学习语言和视觉内容的上下文感知表示，而第三个任务是为了预测语言和视觉之间是否可以互相描述。

除 Unicoder-VL 之外，仍有许多预训练模型可以完成跨媒体检索任务，如 Lightning DOT 模型，该模型通过视觉嵌入融合掩蔽语言建模、语义嵌入融合掩蔽区域建模以及跨媒体检索建模三个预训练任务对联合视觉语义嵌入进行学习，并设计了新的门控机制，实现了检索速度的有效提升[32]。TFS 模型设计了新的注意力机制，并加入知识蒸馏的方法，在保证准确率的前提下，一定程度上提高了大规模图像检索的效率[33]。

4. 基于大语言模型的方法

自 2022 年末 ChatGPT 被发布以来[34]，大语言模型（Large Language Model，LLM）在各个任务上的优异性能得到广泛的关注。顾名思义，大语言模型是指通过深度学习算法在大量的数据集上训练得到的具有庞大规模参数的人工智能模型[35]。而基于跨媒体技术的大模型是由大语言模型扩展而来具有接收与推理多模态信息能力的模型[36]。通常情况下，大模型依靠其复杂的网络结构以及高质量的数据，在跨媒体检索的下游任务中，可以提供更高质量的表征，以提升模型对各个模态数据的理解能力。以 BLIP-2[37]为例，该模型通过图像编码器和文本编码器分别获得图像和文本对应的表征，并将其拼接起来输入到模型的 Q-Former 模块中，将两种表征进行融合对齐，进而使用 MLP 等结构输出图文的匹配得分，得到检索结果。为了更好地适应下游任务，BLIP-2 使用图文检索相关的数据集对模型参数进行微调，具体模型内容可参考第 2 章多模态预训练技术相关部分。FROMAGe[38]集成了带有视觉编码器 CLIP 的大型语言模型 ViT/14，利用多回合对话中的图像-文本对等多模态信息进行训练，提供了一种更动态、更交互式的检索方法。

由于跨媒体大语言模型对各个模态语义信息强大的理解能力，许多工作尝试利用跨媒体大语言模型进行数据增强，以进一步提升检索模型的性能。例如，Cap4Video[39]利用大语言模型为视频生成标题、字幕等相关的说明文字，既有效地减少了人工标注的成本，又丰富了视频的语义信息，有效地辅助了后续的视频检索任务。FashionLOGO[40]为大语言模型设计了不同的提示词（prompt）生成对应的文本知识信息，以提供更稳健更具判别力的图片的视觉表征，并在保证推理速度的前提下有效地提升了图文检索的性能。

3.2.2 基于度量异构数据的模型

和基于公共空间映射的方法不同，基于度量异构数据的方法是指在不同空间中直接度量不同媒体数据之间的相似性而无须将媒体数据映射到同一个公共空间中，但是，由于各种媒体数据被映射到了不同的空间，无法直接应用距离函数或普通分类器等方法对相似度进行计算。因此，基于度量异构数据的方法之一就是利用数据集中已知的媒体实例和它们的相似度学习不同空间上相似度的计算。

现有的跨媒体相似度度量方法通常采用图中的边来表示媒体实例与多媒体文档（MMDs）之间的关系，根据方法的不同侧重点，将其主要分为两类，分别为基于图结构的跨媒体检索和基于邻域分析方法的跨媒体检索[12]。

3.2.2.1 基于图结构的跨媒体检索

基于图结构的跨媒体检索主要将各种媒体数据信息表示为一个或者多个图中的节点，把媒体数据之间的相关性信息作为图中的边，这个方法侧重于利用媒体数据中的特征、语义、标签等信息进行图结构的构建，因而检索任务转化成了图结构的学习并根据相关约束信息进行推断。

基于图的多模态学习（Graph Based Multi-modality Learning）[41]所提出的图学习模型中将各个媒体数据的特征信息作为图的节点，引入相关性矩阵和标签信息，通过约束融合对计算相关性的函数进行学习，基于跨模态相关传播的跨媒体检索（Cross-Modality Correlation Propagation for Cross-Media Retrieval，CMCP）[10]提出同时应用媒体数据之间的正相关性和负相关性进行图的构建，如图 3-10 所示。

图 3-10 CMCP 数据标注示意图[10]

根据图 3-10 的标注方法，CMCP 定义了语义相关矩阵 $Y=\{Y_{ij}\}_{m\times n}$，m 和 n 分别为文本和图像的数量。

$$Y_{ij}=\begin{cases}+1, & C(I_i)=C(T_j), i\in\{1,2,\cdots,m\}, j\in\{1,2,\cdots,n\}\\ -1, & C(I_i)\neq C(T_j), i\in\{1,2,\cdots,m\}, j\in\{1,2,\cdots,n\}\\ 0, & C(I_i) \text{ or } C(T_j) \text{ is unknown.}\end{cases} \quad (3-54)$$

其中，$C(I_i)$ 和 $C(T_j)$ 分别代表图像 I_i 和文本 T_j 的语义标签。CMCP 的目标是利用异构对象之间的语义相关性来进行跨媒体查询，主要通过基于 k-最近邻图的半监督学习实现语义的传播，获得语义相关矩阵。图 3-11 所示为 CMCP 语义传播示意图。

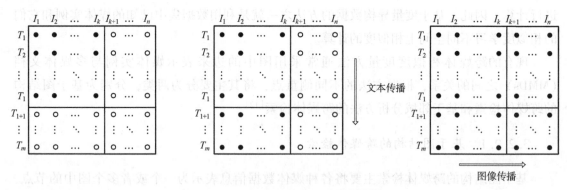

图 3-11 CMCP 语义传播示意图[10]

除 CMCP 之外,基于异构多媒体数据的语义相关性挖掘(Mining Semantic Correlation of Heterogeneous Multimedia Data for Cross-media Retrieval)[42]构建了一个统一的跨媒体相关图,它整合了所有的媒体类型。图结构的边的权值由单媒体数据的相似性和共存关系决定。

图结构可以很好地构造合并各种媒体的相关信息,进而用在检索任务中,但是图的构造过程比较复杂,时间复杂度和空间复杂度较高。此外,基于图结构的跨媒体检索对于相关性的数据要求较高,如果相关性数据不全或者存在噪声,则会对图的构造过程造成较大的影响进而影响检索效率。

3.2.2.2 基于邻域分析方法的跨媒体检索

由于图结构对于邻域的查询比较便利,因此基于邻域分析方法的跨媒体检索通常依靠图结构,但是和基于图结构的跨媒体检索不同的是,该方法侧重于利用图结构中的紧邻关系进行相似性度量。基于邻域分析方法的跨媒体检索通过查询在数据集中的最近邻,得到检索结果。这些邻居可以用作扩展查询,并作为处理数据集中以外的查询的桥梁。

最近邻的有效异构相似性度量(Effective Heterogeneous Similarity Measure with Nearest Neighbors for Cross-Media Retrieval,HSNN)[11]通过计算属于同一语义类别的两个媒体对象的概率来获得异构相似性,该概率是通过分析每个媒体对象的齐次最近邻来实现的,具体计算公式如下:

$$P(l_i = l_j \mid I_i, T_j) = \sum_c P(l_i = c \mid I_i) P(l_j = c \mid T_j) \tag{3-55}$$

$$P(l_i = c \mid I_i) = \frac{\sum_{I_k \in \text{KNN}(I_i) \wedge l_k = c} \sigma(\text{sim}(I_i, I_k))}{\sum_{I_k \in \text{KNN}(I_i)} \sigma(\text{sim}(I_i, I_k))} \tag{3-56}$$

其中,$l_i(l_j)$ 代表 $I_i(T_j)$ 的语义标签,$P(l_i=c \mid I_i)$ 代表 I_i 属于 c 类的概率,$\text{KNN}(I_i)$ 表示训练集中图像 I_i 的 k 个最近邻数据,l_k 是图像 I_k 的语义标签,$\sigma(\cdot)$ 为非线性函数,$\text{sim}(\cdot)$ 为相似度计算公式。该模型的计算示意图如图 3-12 所示,图中不同颜色代表不同的语义类别,数字为相应的概率。

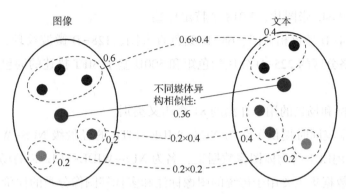

图 3-12 HSNN 模型概率计算示意图[11]

根据式（3-55）计算得到概率结果后，HSNN 使用 AdaRank 算法从多个多重相似度度量的弱打分器中学习了一个有效的跨媒体检索排序模型。

此外，基于语义融合的图文检索（Semantic Combination of Textual and Visual Information in Multimedia Retrieval）提出了多媒体语义融合的模型，以有效地融合文本和图像检索系统。在这个模型中，首先根据单媒体内容相似性检索其最近邻，然后将这一单媒体检索结果的其他媒体特征描述作为最终的检索结果[43]，即用户通过查询图像来检索相关的文本，给定一个图像查询，该模型根据图像相似性检索其最近邻的图像结果，然后将这些检索到的图像的文本描述视为相关文本。

然而，基于邻域分析方法实际上是基于图构造的，因此它同样存在着高时间复杂度和高空间复杂度问题，此外该方法也很难保证邻居之间的相关关系，所以性能不稳定。

3.3 跨媒体检索任务评测

3.3.1 常用数据集概述

数据集在跨媒体检索任务中扮演着十分重要的角色，一个高质量的数据集可以一定程度上提升模型训练的质量和检索的准确率。在现有的跨媒体检索任务中，数据集主要分为两种，一种是只含有图像和文本的数据集，另一种是含有图像、文本、语音和视频的多媒体信息数据集，本节将对跨媒体检索任务中常用数据集进行介绍，并针对数据集的适用场景、优缺点等进行总结。

1. NUS-WIDE Dataset

NUS-WIDE 全称为 a real-world web image database from National University of Singapore[44]，即由新加坡国立大学媒体搜索实验室创建的 NUS-WIDE 是一种带有多标签的网络图像数据集，该数据集中的图像和所属标签均通过 Flickr 提供的公共 API 进行随机抓取[12]。去掉该数据集中的重复信息后，该数据集内容信息如下：

(1) 包含 269 648 张图片, 5 018 个特定标签。

(2) 包含 144-D 颜色相关图、64-D 颜色直方图、128-D 微波纹理、73-D 边缘直方图、5×5 固定网格分区的 225-D 分块颜色矩和 500D 基于 SIFT 描述的词包在内的 6 类低级特征。

(3) 包含目标和场景的用于评测的 81 个语义类别。

此外,该数据集同时提供了名为 NUS-WIDE-LITE 的轻量级 NUS-WIDE 数据集、名为 NUS-WIDE-OBJECT 的物体图像数据集、名为 NUS-WIDE-SCENE 的场景图像数据集。

NUS-WIDE 数据集主要用于传统的图像标注和多标签图像分类的评价,特别是使用视觉和文本特征,一定程度上促进提高现有图像标注和检索方法的性能。但是 NUS-WIDE 仍有许多局限性:

(1) 媒体信息较为单一。该数据集中只包含图片和文本信息,缺少如视频、音频等其他媒体信息,无法应用到除图文检索之外的其他跨媒体检索方法中。

(2) 图像信息不足。81 个语义类别虽然相当详尽,但是仍可能会缺少一些针对语义类别的相关图像。

(3) 未考虑语义类别之间的相关程度。对于每一幅图像,不同的语义类别可能有不同程度的相关性。因此,应该为图像提供标签的相关程度。

2. PASCAL VOC 2007 Dataset

PASCAL VOC (the PASCAL Visual Object Classes) 是一个世界级的计算机视觉挑战赛,其中 PASCAL 全称为 Pattern Analysis, Statical Modeling and Computational Learning,是一个由欧盟资助的网络组织。PASCAL VOC 数据集是视觉对象类别检测和识别领域中十分重要的数据集,在该领域中处于先驱者的地位,而 PASCAL VOC 2007 是 PASCAL VOC 数据集中最受欢迎的[45],它由分成 vehicle、household、animal、person 4 个大类的 9 963 张图像组成,这些图像进而被分成 20 个小类,用于预测过程的输出,具体如图 3-13 所示,其中,训练集有 5 011 张图片,测试集有 4 952 张图片,并在 804 个关键字的词汇表上定义的图像注释作为跨媒体检索的文本。

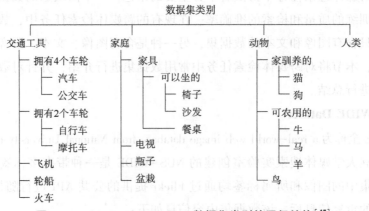

图 3-13　PASCAL VOC 2007 数据集类别的层级结构[45]

PASCAL VOC 2007 同样只包含图像和文本两种媒体信息，因此在图文检索任务中应用十分广泛。

3. Wikipedia Dataset

Wikipedia Dataset 是跨媒体检索中使用最广泛的数据集之一，它的数据来自 Wikipedia Dataset 中的"精选文章"，且一直持续更新[46]。Wikipedia Dataset 中的"精选文章"共有 29 个类别，但在实际应用中，只需考虑其中 10 个出现频率最多的，此外，这些"精选文章"根据其自身标题被分成了不同的部分，并最终生成了 2 866 个图像-文本对。Wikipedia Dataset 是跨媒体检索任务中十分重要的基准数据集，创造出的检索成果多达 38 项[46]。虽然该数据集应用广泛，成果突出，但是仍有一些无可忽视的缺点。

（1）数据集规模较小，所含的媒体信息少。

（2）Wikipedia Dataset 中的类别信息是难以区分的高级语义，如战争和历史，这会对检索评估结果造成一定的混乱。

（3）语义重叠现象明显。例如战争类别的信息同时也属于历史类别的信息。

其中，该数据集各类别的训练集大小和测试集大小如表 3-1 所示。

表 3-1 Wikipedia Dataset 各类别的数量信息

类别	训练集	测试集	总数
战争	347	104	451
艺术和建筑	138	34	172
运动和娱乐	214	71	285
生物	272	88	360
王权贵族	144	41	185
地理	244	96	340
音乐	186	51	237
历史	248	85	333
媒体	178	58	236
文学	202	65	267

4. PKU XMedia Dataset

由北京大学提出的 XMedia 数据集是第一个包含 5 种媒体信息（文本、图像、音频、视频和 3D 模型）的跨媒体数据集，目前已经被多篇文献用于评估跨媒体检索的性能[12]。XMedia 数据集中的所有数据均来自著名网站，如维基百科、Flickr、YouTube、3D Warehouse 和 Princeton 3D 模型搜索引擎。该数据集包含 20 个语义既不混淆也不重叠的类别，如鸟、风、狗、昆虫、老虎、爆炸和大象等。此外，数据集中的每一个种类均包含 5 种不同的媒体信息，其中有 250 份文本数据、250 张图像数据、25 个视频数据、50 个音频数据以及 25 个 3D 模型数据，因此，每个类别均有 600 个媒体实例，整个数据集中共 12 000 个媒体实例。

5. PKU FG-XMedia Dataset

同样由北京大学提出的 FG-XMedia 数据集是一个包含 4 种媒体信息（文本、图像、音频和视频）的跨媒体数据集，它同时是细粒度跨媒体检索中拥有最多媒体类别的数据量最大的数据集[46]。该数据集参考了 CUB-200-2011 和 YouTube Birds 两个数据集的构建思路，搭配专业的搜索引擎、相关网站以及细粒度的查询关键词进行数据的收集。该数据集有以下几个优点：

（1）物种多样。该数据集中包含 200 种鸟类的细粒度的子物种，即对应 200 种不同的鸟类，这也使该数据集成为细粒度跨媒体检索中规模最大的数据集。

（2）属性多样。该数据集中各种媒体信息的质量不同，就音频来说，不同音频信息持续的时间各不相同，最短的音频在 1 s 左右，最长的可达 2 000 s 左右。此外，音频所包含的背景信息也不一致，各别音频不仅包含鸟的声音还包含人声、风声等声音。对于图像信息和视频信息，各个数据在分辨率、颜色、照明度等方面均存在一定程度的差异，这一特点同时对细粒度跨媒体检索提出了更高的挑战。

（3）内容开源。该数据集的所有信息均可以在官网下载，这进一步激励了细粒度跨媒体检索的研究。

综上所述，本节对所列举的数据集信息进行总结，具体如表 3-2 所示。

表 3-2 数据集数量总结

项目	NUS-WIDE	PASCAL VOC 2007	Wikipedia	PKU XMedia	PKU FG-XMedia
图像数量	269 648	9 963	2 866	5 000	11 788
文本数量	5 018	24 640	2 866	5 000	8 000
音频数量	N/A	N/A	N/A	500	18 350
视频数量	N/A	N/A	N/A	1 000	12 000
3D 模型数量	N/A	N/A	N/A	500	N/A
类别数量	81	20	10	20	200
细粒度划分	否	否	否	否	是

3.3.2 跨媒体检索评价指标

在跨媒体检索任务或者其他任务中，所建立的模型均需要定量的指标进行评估，以判定当前模型的性能并且进行有效的横向对比，进一步修改模型以提升模型性能。

1. 准确率、精确率、召回率

准确率（Accuracy）、精确率（Precision）、召回率（Recall）是人工智能的各个任务领域中重要的评估指标，在介绍这三个指标之前，需要先引入混淆矩阵的概念。混淆矩阵以 n 行 n 列的矩阵形式将数据集中真实的类别与模型预测的类别结果进行汇总，在跨媒体检索任务中，混淆矩阵的具体内容如表 3-3 所示。

表 3-3 跨媒体检索任务中的混淆矩阵的具体内容

项目	相关（Relevant），正类	无关（Not Relevant），负类
被检索到（Retrieved）	True Positives（TP）	False Positives（FP）
未被检索到（Not Retrieved）	False Negatives（FN）	True Negatives（TN）

根据混淆矩阵中的各个元素，准确率被定义为模型检索到的相关样本数和所有样本总数之比，具体公式为

$$\text{Accuracy} = \frac{TP+TN}{TP+FP+FN+TN} \quad (3-57)$$

精确率被定义为检索模型正确检索的相关样本数与检索模型检索到所有样本总数之比，具体公式为

$$\text{Precision} = \frac{TP}{TP+FP} \quad (3-58)$$

召回率被定义为检索模型正确检索的相关样本与数据集所有相关样本之比，具体公式为

$$\text{Recall} = \frac{TP}{TP+FN} \quad (3-59)$$

以上三个评价指标虽然能在一定程度上展示出模型的性能，但是它们存在一定的缺陷和依赖关系。准确率是三者之中最直观也是最简单的评价指标，但它存在着明显的缺陷。例如，当负类样本占 99% 时，检索模型把数据集中所有样本都预测为负类样本同样可以获得 99% 的准确率。所以，当不同类别的数据样本所占的比例极度不均衡时，所占比例较大的类别往往会成为影响准确率指标的最主要因素。此外，精确率和召回率存在着一定的矛盾关系，例如，想要提高精确率值，检索模型需要尽可能在"更有把握"时才把样本预测为正类样本，但此时往往会因为过于保守而漏掉很多"没有把握"的正类样本，导致召回率值降低，因此，大多数情况下会根据任务的不同，选择不同的精确率和召回率的平衡点。例如，在搜索任务中，需要在保证召回率的情况下提升精确率；在疾病监测、反垃圾任务中，需要在保精确率的条件下，提升召回率。

2. F1 分数

F1 分数（F1-Score）又称为平衡 F 分数，可以一定程度上克服上述提到的准确率、精确率、召回率三个指标的局限性。F1 分数采用了调和平均数的方法对精确率和召回率进行综合评价，其中，当精确率和召回率数值都比较小或者二者数值极度不平衡时，F1 值越接近于 0，代表模型性能越差，只有当精确率和召回率数值都比较高时，F1 值才会接

近于1，代表模型性能越好，其原始公式如下：

$$\frac{1}{F1} = \frac{1}{2}\left(\frac{1}{P} + \frac{1}{R}\right) \tag{3-60}$$

经过变换可以得到 F1 具体公式为

$$F1 = \frac{2 \times P \times R}{P + R} \tag{3-61}$$

其中，P 为 Precision，即精确率；R 为 Recall，即召回率。更一般地，可以对精确率和召回率做加权调和平均，这一方法也被称为 F_β 分数。其中，β 代表精确率和召回率对指标 F_β 的影响，当 $\beta>1$ 时，召回率对指标的影响更大；当 $\beta<1$ 时，精确率对指标的影响更大。F_β 的原始公式为

$$\frac{1}{F_\beta} = \frac{1}{1+\beta^2}\left(\frac{1}{P} + \frac{\beta^2}{R}\right) \tag{3-62}$$

经过变换可以得到 F_β 具体公式为

$$F_\beta = \frac{(1+\beta^2) \times P \times R}{(\beta^2 \times P) + R} \tag{3-63}$$

同样地，P 为 Precision，即精确率，R 为 Recall，即召回率，β 为加权系数。

3. Micro-F1 和 Macro-F1

由表 3-3 的混淆矩阵和 F1 值的计算公式可知，F1 值通常用在二分类任务的评估上，而在多分类的检索任务中，F1 值的计算方式被拓展为 Micro-F1 和 Macro-F1 两种。

Micro-F1 将每个类别的 TP、FP、FN 分别对应求和，计算总的精确率和召回率，最后代入式（3-61）求得 F1 值，这样的计算方式充分考虑了各类别的数量，更适用于数据分布不平衡的情况，但在数据极度不平衡的情况下，数量较多的类会较大地影响 F1 值的结果。

$$\text{Micro-F1} = \frac{2 \times P_{mi} \times R_{mi}}{P_{mi} + R_{mi}} \tag{3-64}$$

$$P_{mi} = \frac{\sum_{i=i}^{n} \text{TP}_i}{\sum_{i=i}^{n} \text{TP}_i + \sum_{i=i}^{n} \text{FP}_i} \tag{3-65}$$

$$R_{mi} = \frac{\sum_{i=i}^{n} \text{TP}_i}{\sum_{i=i}^{n} \text{TP}_i + \sum_{i=i}^{n} \text{FN}_i} \tag{3-66}$$

其中，P_{mi}、R_{mi} 分别为总的精确率和召回率，n 为分类数量。

不同于 Micro-F1，Macro-F1 直接对各个类别的 F1 值求平均得到最终的 Macro-F1。这样的计算方式不受数据不平衡的影响，但是容易受到识别性高（高召回率、高精确率）的类别影响。

$$\text{Macro} - \text{F1} = \frac{\sum_{i=i}^{n} \text{F1}_i}{n} \qquad (3\text{-}67)$$

其中，F1_i 代表各个类别的 F1 值，n 为分类数量。

以三分类混淆矩阵表 3-4 为例，对比这两种计算方式的不同。

表 3-4 三分类混淆矩阵

项目		真实值		
		1	2	3
预测值	1	a	b	c
	2	d	e	f
	3	g	h	i

对于第一类来说：$TP_1=a$；$TN_1=e+f+h+i$；$FN_1=d+g$；$FP_1=b+c$；对于第二类来说：$TP_2=e$；$TN_2=a+c+g+i$；$FN_2=b+h$；$FP_2=d+f$；对于第三类来说：$TP_3=i$；$TN_3=a+b+d+e$；$FN_3=c+f$；$FP_3=g+h$。将这些数据分别代入 Micro-F1 和 Macro-F1 计算公式中得

$$P_{mi} = \frac{a+e+i}{a+e+i+d+g+b+h+c+f} \qquad (3\text{-}68)$$

$$R_{mi} = \frac{a+e+i}{a+e+i+b+c+d+f+g+h} \qquad (3\text{-}69)$$

$$\text{Micro-F1} = \frac{2 \times P_{mi} \times R_{mi}}{P_{mi} + R_{mi}} = P_{mi} = R_{mi} \qquad (3\text{-}70)$$

$$\begin{aligned}
\text{Macro} - \text{F1} &= \frac{\sum_{i=i}^{n} \text{F1}_i}{n} \\
&= \frac{\dfrac{2TP_1}{2TP_1 + FP_1 + FN_1} + \dfrac{2TP_2}{2TP_2 + FP_2 + FN_2} + \dfrac{2TP_3}{2TP_3 + FP_3 + FN_3}}{3} \\
&= \frac{\dfrac{2a}{2a+b+c+d+g} + \dfrac{2e}{2e+b+d+f+h} + \dfrac{2i}{2i+c+f+g+h}}{3}
\end{aligned} \qquad (3\text{-}71)$$

4. MRR

MRR 全称为 Mean Reciprocal Rank，含义为平均倒数排行。MRR 是一个国际上通用的对检索模型或搜索算法进行评价的指标，这一指标主要对检索结果的位置进行评估，判断检索结果是否放在用户更显眼的位置里，即强调位置关系和顺序性。MRR 具体公式如下：

$$\text{MRR} = \frac{1}{N} \sum_{i=1}^{N} \frac{1}{\text{rank}_i} \qquad (3-72)$$

其中，N 为检索的数量，rank_i 为第 i 个检索中第一个相关结果的位置。

以表 3-5 的检索结果为例说明 MRR 的计算过程。

表 3-5 检索结果示例

检索内容	检索结果	相关结果的位置	位置的倒数
苹果	香蕉，苹果，橙子	2	1/2
猫	狗，老虎，猫	3	1/3
铅笔	铅笔，钢笔，橡皮	1	1

在该检索过程中，计算得到的 MRR 为

$$\text{MRR} = \frac{\left(\frac{1}{2} + \frac{1}{3} + 1\right)}{3} = \frac{11}{18} \qquad (3-73)$$

MRR 计算方法简单，可解释性好，对于针对性和确定性的检索十分适用，但是 MRR 忽略了检索结果中的其余部分，无法满足用户关注多个检索结果的需求。

5. MAP

为了更好地反映全局性能的指标，克服精确率、召回率以及 F 值的单点值局限性，MAP（Mean Average Precision）被广泛应用于跨媒体检索任务中。MAP 表示检索模型的平均正确率，是目前跨媒体检索任务中最流行的性能评价指标之一[47]，在给定一个查询和 top-R 个检索到数据的情况下，其公式如下：

$$\text{MAP} = \frac{\sum_{q=1}^{Q} \text{AP}(q)}{Q} \qquad (3-74)$$

$$\text{AP} = \frac{\sum_{k=1}^{R} (P(k) * \delta(k))}{R} \qquad (3-75)$$

$$P(k) = \frac{\text{Num}_{\text{rel}}}{k} \qquad (3-76)$$

其中，$\text{AP}(q)$ 代表每条查询的平均准确率；Q 表示查询的数量；k 为检索结果中的排序位置；$P(k)$ 代表前 k 个结果的准确率；$\delta(k)$ 代表位置 k 的查询结果是否相关，若相关为 1，不相关为 0；Num_{rel} 为相关文档数量。

以图文检索为例说明 MAP 指标的计算过程。假设在图文检索任务中，有两次查询，检索结果 1 共有 3 个相关图片，检索结果 2 共有 4 个相关图片，其中，对于检索结果 1 来说，相关图片的位置分别为 1，2，5；对于检索结果 2 来说，相关图片的位置分别为 1，

2，3，5；那么对于检索结果 1 来说，它的平均准确率为

$$AP(1) = \frac{\left(\frac{1}{1} + \frac{2}{2} + \frac{3}{5}\right)}{3} = 0.87 \tag{3-77}$$

对于检索结果 2 来说，它的平均准确率为：

$$AP(2) = \frac{\left(\frac{1}{1} + \frac{2}{2} + \frac{3}{3} + \frac{4}{5}\right)}{4} = 0.95 \tag{3-78}$$

所以该检索模型的 MAP 为

$$MAP = \frac{\sum_{q=1}^{Q} AP(q)}{Q} = \frac{AP(1) + AP(2)}{2} = \frac{0.87 + 0.95}{2} = 0.91 \tag{3-79}$$

MAP 可以给予排序高的检索结果的错误更多的权重。同时，它也会给予在检索结果中较深位置的错误更小的权重。这符合在检索结果的最前面显示尽可能多的相关条目的需要。但是，MAP 这一评估指标在检索任务中只适用于相关和非相关的两类评估，而不适用于细粒度的多级评估。

6. NDCG

NDCG 全称为 Normalized Discounted Cumulative Gain，含义为归一化折损累计增益。NDCG 度量的目标与 MAP 度量的目标相似。这两个评估指标都重视将相关程度高的数据排在检索结果的前列。不同的是，NDCG 指标认为高度相关的检索结果应该在中度相关的检索结果之前，中度相关的检索结果应该在非相关的检索结果之前。NDCG 指标的计算过程和其他指标比，较为复杂，接下来，我们将详细介绍 NDCG 的计算流程。

在介绍 NDCG 之前，我们先引入累积增益（Cumulative Gain，CG）的概念，CG 代表每个检索结果的相关性的分值累加后的得分，公式如下：

$$CG_k = \sum_{i=1}^{k} rel_i \tag{3-80}$$

其中，rel_i 代表第 i 个检索结果的相关性分值，k 为检索结果的数量。但是，CG 并没有考虑每个检索结果处于不同位置对整个检索结果的影响，因此，NDCG 引入了折损累计增益（Discounted Cumulative Gain，DCG）指标，即引入了关于检索结果位置的折损计算，使得位置越前的检索结果对最后的评估值影响越大。DCG 的公式如下：

$$DCG_k = \sum_{i=1}^{k} \frac{2^{rel_i} - 1}{\log_2(i+1)} \tag{3-81}$$

其中，$\log_2(i+1)$ 为第 i 个检索结果的折损权重，k 为检索结果的数量，rel_i 代表第 i 个检索结果的相关性分值。从 DCG 的公式可以看出，检索结果的相关性分值越大，DCG 指标越大，相关性分值高的检索结果越靠前，检索效果越好，DCG 越大。但是，DCG 针对不同的检索列表结果之间很难进行横向评估，并且评估一个检索模型不能仅使用一个用户的检

索结果进行评估，而需要对测试集中的所有用户及其检索结果进行评估。因此，需要对 DCG 进行归一化操作，也就是 NDCG。NDCG 公式如下：

$$\mathrm{NDCG}_k = \frac{\mathrm{DCG}_k}{\mathrm{IDCG}_k} \tag{3-82}$$

其中，IDCG 表示理想状态下的 DCG 结果，即按照相关性分值排序后得到的最大的 DCG 指标。NDCG 充分考虑到了相关性值以及检索结果位置信息对检索模型评估的影响，并且 NDCG 可以很好地应用到细粒度检索任务中，但是当检索模型反馈给用户较少的相关性结果时，IDCG 将会很难计算甚至出现等于 0 的情况。

以图文检索结果为例，介绍 NDCG 的具体计算过程。假设在一次检索中，检索模型返回了 7 个相关的图片，分别为 I_1、I_2、I_3、I_4、I_5、I_6、I_7，并且它们的相关性分数分别为 5，1，3，4，2，1，0，那么 DCG 计算结果为

$$\begin{aligned}\mathrm{DCG} &= \frac{2^5-1}{\log_2(1+1)} + \frac{2^1-1}{\log_2(2+1)} + \frac{2^3-1}{\log_2(3+1)} + \frac{2^4-1}{\log_2(4+1)} + \frac{2^2-1}{\log_2(5+1)} + \frac{2^1-1}{\log_2(6+1)} \\ &= 43.1078\end{aligned} \tag{3-83}$$

对检索结果按照相关性分数排序，得到的新的检索结果顺序为 I_1、I_4、I_3、I_5、I_2、I_6、I_7，IDCG 计算结果为

$$\begin{aligned}\mathrm{IDCG} &= \frac{2^5-1}{\log_2(1+1)} + \frac{2^4-1}{\log_2(2+1)} + \frac{2^3-1}{\log_2(3+1)} + \frac{2^2-1}{\log_2(4+1)} + \frac{2^1-1}{\log_2(5+1)} + \frac{2^1-1}{\log_2(6+1)} \\ &= 45.9987\end{aligned} \tag{3-84}$$

由此得到 NDCG 的最终结果为

$$\mathrm{NDCG} = \frac{\mathrm{DCG}}{\mathrm{IDCG}} = \frac{43.1078}{45.9987} = 0.9372 \tag{3-85}$$

3.4 本章小结

本章介绍了跨媒体检索任务，主要包括该任务的研究背景与研究现状、经典模型框架、常用数据集以及相关评价指标。

3.1 节概述了跨媒体检索任务的研究背景与研究意义，梳理了跨媒体检索由人工标注到相关性分析再到深度学习的发展脉络，并总结了跨媒体检索领域中现有技术的不足之处，其中，异构鸿沟和数据集的局限对该任务性能的提升提出了不小的挑战。

3.2 节主要对跨媒体检索领域中的经典模型进行介绍。模型主要分为基于公共空间映射的模型和基于度量异构数据的模型两大类。其中，基于公共空间映射的模型可以进一步细分为典型关联分析、哈希编码方法、深度学习方法；基于度量异构数据的模型可以被细分为基于图结构和基于领域分析的跨媒体检索模型。

3.3 节介绍了跨媒体检索任务中常用的数据集以及评价指标。本节针对数据集的数

据来源、数据内容、数据特点进行了详细阐述，并综合所有数据集总结其优缺点。接着，本节选取了该任务中常用的评价指标，针对其计算原理、适用场景、优缺点进行详细介绍。

跨媒体检索任务是涉及多个领域的交叉课题，这一技术的发展可以让人们更便捷地获取各种相关的媒体数据，随着跨媒体检索任务有效性和效率的不断提高，跨媒体检索的实际应用将日益广泛，除了当前的搜索引擎，其他可能的应用场景还包括涉及跨媒体数据的企业，如电视台、媒体公司、数字图书馆、出版公司等。

3.5 参考文献

[1] 刘桐彤. 基于语义嵌入表示的跨媒体检索技术研究 [D]. 战略支援部队信息工程大学, 2022. DOI: 10.27188/d.cnki.gzjxu.2022.000022.

[2] 李志欣. 跨媒体语义映射与智能检索关键技术研究 [D]. 南宁: 广西师范大学, 2021.

[3] Yueting Zhuang, Yanfei Wang, Fei Wu, et al. Supervised Coupled Dictionary Learning with Group Structures for Multi-modal Retrieval [J]. Proceedings of the AAAI Conference on Artificial Intelligence (2013): 1070-1076.

[4] Rasolofo, Yves, Jacques Savoy. Term Proximity Scoring for Keyword-Based Retrieval Systems [J]. European Conference on Information Retrieval (2003): 207-218.

[5] Lai PL, Fyfe C. Kernel and Nonlinear Canonical Correlation Analysis [J]. Int J Neural Syst, 2000, 10 (5): 365-77. doi: 10.1142/S012906570000034X. PMID: 11195936.

[6] Rasiwasia, Nikhil, Dhruv Kumar Mahajan, et al. Cluster Canonical Correlation Analysis [D]. International Conference on Artificial Intelligence and Statistics (2014).

[7] Di Wang, Xinbo Gao, Xiumei Wang et al. Label Consistent Matrix Factorization Hashing for Large-Scale Cross-Modal Similarity Search [D]. IEEE Transactions on Pattern Analysis and Machine Intelligence 41 (2019): 2466-2479.

[8] Lin Ma, Zhengdong Lu, Lifeng Shang, et al. Multimodal Convolutional Neural Networks for Matching Image and Sentence [D]. IEEE (2015). 2623-2631. 10.1109/ICCV.2015.301.

[9] Bokun Wang, Yang Yang, Xing Xu, et al. Adversarial Cross-Modal Retrieval [D]. 154-162. 10.1145/3123266.3123326.

[10] Xiaohua Zhai, Yuxin Peng, Jianguo Xiao. Cross-modality Correlation Propagation for Cross-media Retrieval [D]. 2012 IEEE International Conference on Acoustics, Speech and Signal Processing (ICASSP) (2012): 2337-2340.

[11] X. Zhai, Y. Peng, J. Xiao. Effective Heterogeneous Similarity Measure with Nearest Neighbors for Cross-media Retrieval [D]. International Conference on MultiMedia Modeling (MMM), 2012, pp. 312-322.

[12] Yuxin Peng, Xin Huang, Yunzhen Zhao. An Overview of Cross-Media Retrieval: Concepts, Methodologies, Benchmarks, and Challenges [D]. IEEE Trans. Cir. and Sys. for Video Technol. 28, 9 (2018), 2372-2385. https://doi.org/10.1109/TCSVT.2017.2705068.

[13] Chenfeng Guo, Dongrui Wu. Canonical Correlation Analysis (CCA) Based Multi-View Learning: An Overview [D]. Cornell University, ArXiv abs/1907.01693 (2019).

[14] 刘伟成,张志清,孙吉红. 基于KCCA的跨语言专利信息检索研究 [J]. 情报科学, 2010, 28 (05): 751-755.

[15] S. Akaho. A Kernel Method for Canonical Correlation Analysis [D/Online]. http://arxiv.org/abs/cs/0609071.

[16] 李志欣,凌锋,唐振军,等. 基于多头注意力网络的无监督跨媒体哈希检索 [J]. 中国科学: 信息科学, 2021, 51 (12): 2053-2068.

[17] 颜廷坤. 基于哈希学习的跨媒体检索关键技术研究及系统实现 [D]. 济南: 山东大学, 2017.

[18] 樊花,陈华辉. 基于哈希方法的跨模态检索研究进展 [J]. 数据通信, 2018 (03): 39-45.

[19] Guiguang Ding, Yuchen Guo, Jile Zhou. Collective Matrix Factorization Hashing for Multimodal Data [D]. 2014 IEEE Conference on Computer Vision and Pattern Recognition (2014): 2083-2090.

[20] Jile Zhou, Guiguang Ding, Yuchen Guo. Latent Semantic Sparse Hashing for Cross-Modal Similarity Search [D]. Proceedings of the 37th international ACM SIGIR conference on Research & development in information retrieval (2014): n. pag.

[21] Hong Liu, Rongrong Ji, Yongjian Wu. Cross-Modality Binary Code Learning via Fusion Similarity Hashing [D]. IEEE: (2017) 6345-6353.

[22] Xiaofeng Zhu, Zi Huang, Heng Tao Shen, et al. Linear Cross-Modal Hashing for Efficient Multimedia Search [D]. Proceedings of the 21st ACM international conference on Multimedia (2013): n. pag.

[23] Michael Bronstein, Alexander Bronstein, Fabrice Michel, et al. Data Fusion Through Cross-Modality Metric Learning Using Similarity-Sensitive Hashing. 3594-3601. 10.1109/CVPR.2010.5539928.

[24] Z. Lin, G. Ding, Mingqing Hu, et al. Semantics-Preserving Hashing for Cross-View Retrieval [D]. 2015 IEEE Conference on Computer Vision and Pattern Recognition (CVPR), 2015, pp. 3864-3872, doi: 10.1109/CVPR.2015.7299011.

[25] Jun Tang, Ke Wang, Ling Shao. Supervised Matrix Factorization Hashing for Cross-Modal Retrieval [D]. IEEE Transactions on Image Processing. 25. 1-1. 10.1109/TIP.2016.2564638.

[26] 李欣蔚. 跨模态检索关键技术研究 [D]. 北京：北京邮电大学, 2020. DOI：10. 26969/d. cnki. gbydu. 2020. 002459.

[27] Goodfellow, I., Bengio, Y., Courville, A.. Deep learning (Vol. 1)：Cambridge：MIT Press, 2016：367-415.

[28] Kiros, Ryan, Ruslan Salakhutdinov, et al. Unifying Visual-Semantic Embeddings with Multimodal Neural Language Models [D]. ArXiv abs/1411. 2539 (2014)：n. pag.

[29] 邓佳鑫. 基于生成对抗网络的跨模态检索方法研究 [D]. 贵阳：贵州师范大学, 2021. DOI：10. 27048/d. cnki. ggzsu. 2021. 000527.

[30] Peng, Yuxin, Jinwei Qi, et al. CM-GANs：Cross-modal Generative Adversarial Networks for Common Representation Learning [D]. (2021).

[31] Gen Li, Nan Duan, Yuejian Fang, et al. Unicoder-VL：A Universal Encoder for Vision and Language by Cross-Modal Pre-Training [D]. (2020).

[32] Siqi Sun, Yen-Chun Chen, Linjie Li, et al. LightningDOT：Pre-training Visual-Semantic Embeddings for Real-Time Image-Text Retrieval. In Proceedings of the 2021 Conference of the North American Chapter of the Association for Computational Linguistics：Human Language Technologies, pages 982-997, Online. Association for Computational Linguistics.

[33] Miech, Antoine, Jean-Baptiste Alayrac, Ivan Laptev, et al. Thinking Fast and Slow：Efficient Text-to-Visual Retrieval with Transformers [D]. IEEE/CVF Conference on Computer Vision and Pattern Recognition (CVPR) (2021)：9821-9831.

[34] OpenAI. GPT-4 Technical Report. 2023.

[35] 车万翔, 窦志成, 冯岩松, 等. 大模型时代的自然语言处理：挑战、机遇与发展 [J]. 中国科学：信息科学, 2023, 53 (09)：1645-1687.

[36] Shukang Yin, Chaoyou Fu, Sirui Zhao, et al. A Survey on Multimodal Large Language. arXiv (2023).

[37] Junnan Li, Dongxu Li, Silvio Savarese, et al. BLIP-2：Bootstrapping Language-Image Pre-training with Frozen Image Encoders and Large Language Models. arXiv：2301. 12597 [cs. CV].

[38] Jing Yu Koh, Ruslan Salakhutdinov, Daniel Fried. Grounding Language Models to Images for Multimodal Inputs and Outputs. arXiv (2023).

[39] Wenhao Wu, Haipeng Luo, Bo Fang, et al. Cap4Video：What Can Auxiliary Captions Do for Text-Video Retrieval? [D]. IEEE/CVF Conference on Computer Vision and Pattern Recognition (CVPR) (2022)：10704-10713.

[40] Yulin Su, Min Yang, Minghui Qiu, et al. FashionLOGO：Prompting Multimodal Large Language Models for Fashion Logo Embeddings [D]. ArXiv abs/2308. 09012 (2023)：n. pag.

[41] Hanghang Tong, Jingrui He, Mingjing Li, et al. Graph Based Multi-modality Learning. 862-871. 10. 1145/1101149. 1101337.

[42] Y. Zhuang, Y. Yang, F. Wu, Mining Semantic Correlation of Heterogeneous Multimedia Data for Cross-media Retrieval [D]. IEEE Transactions on Multimedia (TMM), vol. 10, no. 2, pp. 221-229, 2008.

[43] S. Clinchant, J. Ah-Pine, G. Csurka. Semantic Combination of Textual and Visual Information in Multimedia Retrieval [D]. ACM International Conference on Multimedia Retrieval (ICMR), no. 44, 2011.

[44] Tat-Seng Chua, Jinhui Tang, Richang Hong, et al. NUS-WIDE: A Real-World Web Image Database from National University of Singapore [D]. ACM International Conference on Image and Video Retrieval. Greece. Jul. 8-10, 2009.

[45] M. Everingham, L. J. V. Gool, C. K. I. Williams, et al. The Pascal Visual Object Classes (VOC) Challenge [D]. International Journal of Computer Vision (IJCV), vol. 88, no. 2, pp. 303-338, 2010.

[46] N. Rasiwasia, J. Costa Pereira, E. Coviello, et al. A New Approach to Cross-modal Multimedia Retrieval [D]. ACM International Conference on Multimedia (ACM MM), 2010, pp. 251-260.

[47] Xiangteng He, Yuxin Peng, Liu Xie. A New Benchmark and Approach for Fine-grained Cross-media Retrieval. In Proceedings of the 27th ACM International Conference on Multimedia (MM'19). Association for Computing Machinery, New York, NY, USA, 1740-1748. https://doi.org/10.1145/3343031.3350974

3.6 相关链接

[1] NUS-WIDE: https://lms.comp.nus.edu.sg/wp-content/uploads/2019/research/nuswide/NUS-WIDE.html.
[2] Pascal VOC: http://host.robots.ox.ac.uk/pascal/VOC/voc2007/index.html.
[3] Wikipedia: http://www.svcl.ucsd.edu/projects/crossmodal/.
[4] XMedia: http://www.icst.pku.edu.cn/mipl/XMedia

第 4 章
图像视频语义生成

在本章中，我们将为读者介绍图像视频语义生成任务的相关内容。

图像视频语义生成任务分为图像语义生成任务和视频语义生成任务。图像语义生成任务要求模型根据输入的图像，生成描述图像内容的自然语句，完成从图像信息到文本信息的转换。当前，存在基于模板、基于检索、基于深度学习和基于多模态预训练的四大类图像语义生成方法。视频语义生成任务要求模型根据输入的视频，生成描述视频内容的自然语句，完成从视频信息到文本信息的转换。当前，存在基于模板和基于深度学习两大类视频语义生成方法。

本章组织结构如下：4.1 节介绍图像视频语义生成任务的研究背景、研究内容等基本信息；4.2 节介绍图像语义生成任务的相关模型；4.3 节介绍视频语义生成任务的相关模型；4.4 节介绍图像视频语义生成任务的评测方法；4.5 节是本章小结。

4.1 图像视频语义生成任务概述

4.1.1 研究背景与意义

在日常生活中，人们通过互联网获取的信息包括文本、图像和视频等。视频和图像表达的信息生动形象，文本传达信息时具有高度概括的特点，效率较高。如何高效合理地处理庞大冗杂的图像视频数据，并提取出简洁有效的文本信息，是非常值得关注的问题。随着科学技术日新月异的发展，大数据时代已经到来。在这个大数据时代，计算机视觉领域与自然语言处理领域都得到长足的发展，其中，计算机将图像信息或视频信息转变为文本信息的技术也有了显著的进展。

计算机视觉和自然语言处理是人工智能非常重要的子领域，分别研究如何利用计算机处理自然语言信息和图像视频信息。图像视频语义生成是基于上述两个领域的跨模态任务，复杂性更高，主要分为图像语义生成和视频语义生成两类子任务。

图像语义生成（Image Caption，IC）任务指的是对输入图片自动生成准确、合理、通顺的描述语句的过程，通常也被称为图像语义生成任务，下文中的图像语义生成任务即指代此处的图像语义生成任务。视频语义生成（Video Caption，VC）任务指的是对输入视频自动生成准确、合理、通顺的描述语句的过程。整体而言，图像视频语义生成任务就是使计算机具有模仿人类使用某种语言来描述图像或视频场景的能力。图像标题生成和视频语义生成这两个任务在本质上都涉及将视觉内容转化为自然语言文本的过程。虽然图像标题生成专注于单一静态图像的描述，而视频语义生成则处理时间序列的图像帧，但它们共享许多相似的概念和技术，研究和应用也相互启发。因此，我们在一个章节中综合介绍这两个任务，能够帮助读者更好地理解和应用多模态计算机视觉和自然语言处理的原理和方法。

对人类而言，辨别图片或视频中的物体，并且使用恰当的语言正确描述物体的关系是一件十分简单的事情。但是对于人工智能系统来说，如何在正确识别图片或视频中的物体后，还能够合理地理解高层语义，一直是一个涉及计算机视觉以及自然语言处理两大领域的难题。实际场景中，多模态领域有很大的应用需求，因此构建更加强大的图像视频语义生成模型有着重要价值，这需要跨领域的合作、创新和不断的技术进步。

图像视频语义生成技术在社交媒体等多个领域发挥着重要作用，具有不错的商业应用价值。例如，在社交媒体领域中，一个成熟的大型社交网站每日都能够产生大量不含标注信息的图像和视频。这些图像和视频资源数据量庞大，但是较为杂乱，质量不高，难以有效利用。以往图像视频内容的标注需要通过人工完成，这耗费了大量的人力、物力，且需要冗长的标注时间。图像语义生成和视频语义生成技术可以为图像和视频自动生成描述，帮助管理大量图像和视频数据资源。在媒体领域中，新闻的一大特点便是时效性。新闻报道往往需要及时、迅捷，要求记者在较短的时间内撰写出新闻报道。借助图像视频语义生成技术，根据获取的新闻图片与视频，可以自动生成新闻报道，方便、迅速、快捷，能够较好地解决新闻媒体领域中新闻时效性较短、新闻稿撰写任务重的问题。此外，图像视频语义生成技术在医疗、教育、交通等领域也具有广泛的应用。

4.1.2 研究内容

对于图像视频语义描述任务的研究内容，本节将分为图像语义描述任务的研究内容和视频语义描述任务的研究内容两部分进行介绍。

1. 图像语义生成任务

图像语义生成任务的输入是一幅图片，输出是一段文本，该文本描述了图片的主要内容、场景或者故事情节。该任务的形式化描述如下。

给定一幅图片 I，假定对图片 I 中主要内容的正确描述文本为 S，S 表示任何句子，长度没有限制。图像语义生成任务即最大化给定图像的正确描述概率：$\theta^* = \arg\max_{\theta} \sum_{(I, S)} \log p(S \mid I; \theta)$，其中 θ 是模型参数。

与计算机视觉任务中单纯的物体识别、属性分类、场景识别等任务不同，图像语义生成任务不仅需要识别图片中的对象、属性，更需要识别出物体之间的关系，同时还要生成语句来描述图片呈现出的视觉效果。图像语义生成任务通常通过计算机视觉任务从原始的像素数据中分离有效的符号信息，再通过自然语言处理任务将图像中得到的有效信息翻译为自然语言。

图像语义生成技术的兴起较晚，短短十几年的时间内，人们对如何提高图像语义生成技术所生成语句的流畅性以及准确性进行了大量的研究。本节将图像语义生成方法分为四大类，分别是基于模板的图像语义生成方法、基于检索的图像语义生成方法、基于深度学习的图像语义生成方法和基于多模态预训练的图像语义生成方法。本节将会对这四大类图像语义生成方法进行深入的讨论。

2. 视频语义生成任务

视频语义生成任务的输入是一段视频，输出是一段文本。目的为根据输入的视频，自动生成描述视频主要内容的文字信息。该任务的形式化描述如下。

给定一段包含 n 个帧样本的视频 $V=\{v_1,v_2,\cdots,v_n\}$，其中 v_i ($v_i \in \mathbb{R}^{D_v}$, $1 \leq i \leq n$) 为第 i 帧的 D_v 维张量表示；假设视频的语义信息为 $S=\{w_1,w_2,\cdots,w_m\}$，其中 w_j ($1 \leq j \leq m$) 表示第 j 个单词。视频语义生成任务即最大化如下条件概率：

$$p(S|V)=p(w_1,w_2,\cdots,w_m|v_1,v_2,\cdots,v_n) \tag{4-1}$$

这个问题类似于自然语言处理中的机器翻译问题，即以一系列单词作为生成模型的输入，生成模型再输出一系列单词作为翻译结果。而视频语义生成模型的输入是视频中的一系列帧样本，输出是自然语言信息。视频语义生成模型输出的语句不仅要正确表达输入视频的内容，还要使句子自然合理，以便人们理解。

本节将视频语义生成任务分为两类：基于模板的视频语义生成方法和基于深度学习的视频语义生成方法。其中，基于深度学习的 CNN+RNN 架构是目前的主流方法，通过卷积神经网络（Convolutional Neural Network，CNN）对视频信息进行编码，再由循环神经网络（Recurrent Neural Network，RNN）生成序列化的自然语句。

4.1.3 技术发展现状

对于图像视频语义描述任务的技术发展现状，本节将从图像语义生成任务的技术发展现状和视频语义生成任务的技术发展现状两部分进行介绍。

1. 图像语义生成任务

在图像语义生成任务发展早期，主要采用两种图像语义生成方法：基于模板的图像语义生成方法和基于检索的图像语义生成方法。2010 年，Farhadi 等人[1]提出了一种基于模板的描述生成方法，该方法使用三元组场景元素填充模板以生成图像的标题，该三元组包含对象、属性和场景三个元素；Yang 等人[2]提出了一种使用四元组元素填充模板的方法，该四元组包含名词、动词、场景、介词四个元素；2011 年，Vicente 等人[3]提出一种基于检索的图像语义生成方法，该方法的特点在于拥有一个庞大的数据库，其中含有大量带有标题和描述的图像，通过计算输入图片与数据库中的图片的相似度，将最相似图像的描述作为输出。这两类方法生成的描述较为固定，且依赖性较大，弊端较为明显。

随着深度学习的飞速发展，图像语义生成任务在计算机视觉以及自然语言处理领域的应用愈发广泛。2014年，Kiros等人[4]首次将神经网络应用于图像语义生成任务，标志着基于深度学习的图像语义生成时代的到来。该方法使用深度神经网络和长短期记忆网络LSTM分别构建了两种不同的神经网络模型，实现文本和图像的双向映射。

自此，图像语义生成任务开始不断与深度学习技术融合。例如，2016年，Xu等人[5]首次将注意力机制应用于图像语义生成任务，在解码端融入注意力机制，根据之前的上下文在解码端对不同图像区域赋予不同的关注程度，实现了图像和语义信息的对齐；Zhou等人[6]将强化学习应用于图像语义生成任务，通过二次训练的方式，优化评价指标cider，提升模型的描述质量；Dai等人[7]将生成对抗网络应用于图像语义生成任务，通过控制随机噪声向量生成具有多样性的描述语句。

2019年以来，大规模预训练模型在视觉、语言领域都取得了不错的效果，越来越多的研究工作开始遵循"预训练+微调"的范式，视觉语言预训练模型在图像语义生成任务等下游任务的应用越来越广泛，基于预训练的图像语义生成模型是目前广受关注的研究方向之一。

2. 视频语义生成任务

在视频语义生成任务的发展过程中，基于模板的方法和基于深度学习的方法是为现有视频语义生成技术铺平道路的两种基本方法。

视频语义生成任务的基于模板的方法，与图像语义生成任务的基于模板的方法思路类似，都依赖于一组生成自然语言句子的模板。模板具有固定的句法结构，使用一组预定义的特定语法规则，将句子分为不同的语法部分，如主语、宾语、动词等，以保证生成的自然语句的每个部分都能与视频内容相对应。通过识别目标主体及其动作、生成动作描述、利用句法规则和词典将描述翻译为自然语言等几个步骤，来进行语义生成。示例有Kojima等人[8]于2002年发表的工作。尽管基于模板的方法可以根据语法规则为视频生成字幕，但输出内容的多样性受到影响。

随着深度学习的不断发展，各类深度学习模型开始在视频语义生成任务中占据越来越重要的地位。在利用深度学习的视频语义生成方法中，最常见的架构就是卷积神经网络（CNN）和循环神经网络（RNN）的组合。

当前，视频语义生成任务存在一系列瓶颈。首先，当下模型所生成的语义信息往往不太精准，存在较大的改进和提高空间。一种解决方式是不仅考虑视频中的帧样本，同时考虑视频所附带的音频信息[9]。通过利用开源且可靠的"音频-单词转换器"，可以提供更加精准且内涵丰富的语音信息。视频语义生成任务的另一个挑战是该任务属于计算密集型任务，对计算资源的要求太高。尽管随着GPU和并行计算技术的不断发展，模型能够处理的视频时长有一定程度的增长，但还是存在较大的提升空间。如何设计和开发一种策略，允许用户请求不同粒度的视频语义生成服务，是一个重要的问题。此外，一千个人心中有一千个哈姆雷特，不同的人观看同一个视频，可能存在不同的观点，进行不同的描述。让模型基于不同视角进行视频语义生成，也非常重要。

OpenAI 于 2023 年发布 GPT-4 模型，其技术报告中提到，该模型接受由图像和文本组成的提示，与仅文本设置类似，用户可以为模型指定任何视觉或语言任务，具体来说，模型根据任意交织（Arbitrarily Interlaced）的文本和图像输入生成文本输出。在一系列任务的测试中（包括带有文本和照片、图表或截图的文档），GPT-4 展示了令人瞩目的强大能力。

4.2 图像语义生成模型

本节将详细介绍图像语义生成任务的各类模型。

图像语义生成技术经历了从基于模板和检索的方法，到基于深度学习的方法，再到基于多模态预训练的方法。本节将会继续对基于模板、基于检索、基于深度学习以及基于多模态预训练的图像语义生成模型作进一步的详细介绍，在基于深度学习的图像语义生成模型中，将继续细分为基于编码-解码、基于注意力机制、基于强化学习以及基于生成对抗网络的图像语义生成模型四类。

4.2.1 基于模板的图像语义生成模型

早期图像语义生成模型中一般采用基于模板的方式，该方式的基本思路是，首先设置一个包含许多空白槽位的句式模板，其次基于视觉依存关系对图像中的物体（Object）、场景（Scene）、动作（Action）等元素进行抽取，最后将抽取得到的单词填入模板中合适的槽位处，得到最终的图像语义生成语句。

本节将对 BabyTalk 这一代表性的基于模板的图像语义生成模型进行具体介绍。

Kulkarni 等人[10]于 2011 年提出 BabyTalk 模型，该模型的流程图如图 4-1 所示。

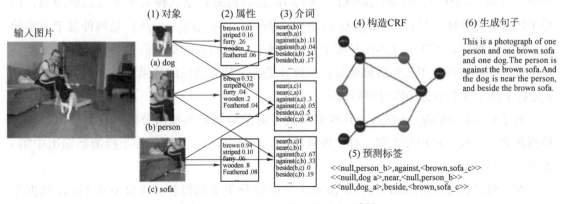

图 4-1　BabyTalk 模型的流程图[10]

该模型主要分为两大阶段，第一阶段为流程图中的步骤（1）到步骤（5），该阶段的输入为图片，通过构造条件随机场（Conditional Random Field，CRF），输出能够概括图片内容的三元组，三元组形如<<属性，对象1>，介词，<属性，对象2>>；第二阶段对应流程图中的步骤（6），该阶段根据三元组生成的流畅图片描述语句，也就是将三元组内容填入模板空槽的过程。

其中，构造 CRF 的过程是整个模型的核心，CRF 由对象节点（Object Node）、属性节点（Attribute Node）以及介词节点（Preposition Node）三种节点组成。

（1）步骤（1）中使用检测器检测输入图片中的对象，如鸟、公共汽车、花、草等，用于在 CRF 中构造对象节点。

（2）步骤（2）通过一组属性分类器对步骤（1）检测出的每个候选对象的区域进行处理，得到属性节点。

（3）步骤（3）通过介词关系函数对两两候选对象进行处理，得到对象间的关系。

（4）步骤（4）中，利用步骤（1）到步骤（3）计算出对象、属性和对象间的关系构造 CRF；在 CRF 中，对象节点的域是物体检测器的集合；属性节点的域是能够描述物体视觉特征的外观属性的集合，如红色、微小、漆黑、毛茸茸等；介词节点的域是两物体间可能发生的介词关系的集合，如上、下、左等。构造 CRF 的过程就是为图中每个节点赋予域中的一个值，需最大化能量函数：

$$E(L;I,T) = \sum_{i \in objs} F_i + \frac{2}{N-1} \sum_{ij \in objPairs} G_{ij} \tag{4-2}$$

其中，N 代表物体节点的数量；$objs$ 表示物体；$objPairs$ 表示物体对；$\frac{2}{N-1}$ 是归一化系数，使得单一物体和物体对的贡献度相同。对于式（4-2）中的 F_i 和 G_{ij}，有计算式如下：

$$F_i = \alpha_0\beta_0\psi(obj_i;objDet) + \alpha_0\beta_1\psi(attr_i;attrCl) + \alpha_1\gamma_0\psi(attr_i;obj_i;textPr) \tag{4-3}$$

$$G_{ij} = \alpha_0\beta_2\psi(prep_{ij};prepFuns) + \alpha_1\gamma_1\psi(obj_i,prep_{ij},obj_j;textPr) \tag{4-4}$$

其中，$\psi(obj_i;objDet)$、$\psi(attr_i;attrCl)$、$\psi(prep_{ij};prepFuns)$ 是三种基于图像的势函数，依赖于图像进行具体计算；$\psi(attr_i;obj_i;textPr)$、$\psi(obj_i,prep_{ij},obj_j;textPr)$ 是两种基于文本的势函数，函数值是基于大文本语料库中大量文本，统计得到的概率值；参数 α 用来平衡基于图像的势函数和基于文本的势函数；参数 β 是各个基于图像的势函数对应的权重；参数 γ 是各个基于文本的势函数对应的权重。

对于势函数 $\psi(obj_i;objDet)$，其取值取决于对象检测器的输出分数，对象检测器可以检测花朵、老虎、窗户等类别，对于势函数 $\psi(obj_i;objDet)$，其取值等于检测器输出中第 i 类的输出得分。

对于势函数 $\psi(attr_i;attrCl)$，取值取决于属性分类器的得分。该模型从 Flickr 数据集中为每个对象挖掘到 21 个描述对象常用的属性术语，如颜色类描述（如蓝色、灰色）、纹理类描述（如条纹、毛茸茸）、材料类描述（如有光泽、生锈）等。所有的属性术语作为属性分类器的类别，使用 RBF 核 SVM 进行分类，分类器的输出值就是势函数 $\psi(attr_i;attrCl)$ 的取值。

对于势函数 $\psi(prep_{ij};prepFuns)$，取值取决于介词关系函数的评分。介词关系函数的作用是评估成对的对象检测框之间的相对位置关系，该函数会为 16 种介词（如 above、under 等）各输出一个分数，该分数就是势函数 $\psi(prep_{ij};prepFuns)$ 的取值。例如 above(a,b) 的分数就是对象 a 区域在对象 b 区域之上的百分比。

对于二元势函数 $\psi(attr_i;obj_i;textPr)$，其取值基于大规模语料库，计算与输入图片无关。该模型为每类对象收集大量图像语义生成句，将描述句使用 Stanford 依赖解析器进行解析，得到描述句的解析树和依赖列表，统计得到属性 i 和对象 i 成对出现的概率，该分数则是二元势函数 $\psi(attr_i;obj_i;textPr)$ 的取值。

对于三元势函数 $\psi(obj_i,prep_{ij},obj_j;textPr)$，其取值同样基于大规模语料库，计算与输入图片无关。该模型从大规模语料库中筛选出包含至少两个对象和一个介词术语的描述句，使用 Stanford 依赖解析器进行解析，得到描述句的解析树和依赖列表，统计两个对象与介词之间的依赖关系得分，该分数则是三元势函数 $\psi(obj_i,prep_{ij},obj_j;textPr)$ 的取值。

（5）图 4-1 的步骤（5）得到 CRF 的输出，输出为图像的预测标签，标签中包含了图像中的物体、对象的视觉属性、对象间的空间关系三种基本信息。预测标签的形式为三元组，三元组形如 <<属性,对象1>,介词,<属性,对象2>>，得到的三元组可以填入事先制定的模板中。

（6）图 4-1 的步骤（6）则将三元组填入句式模板，生成合适的描述语句。句式模板一般有很显著的语法格式，具有较强的语言动机约束。例如，模板可以是"这是一张关于<数量><对象>的照片"或者"<属性><对象1>在<属性><对象2>的<介词>"，将得到的三元组填入模板就可以得到图片的描述句。

假设得到的三元组为"<<木质的,椅子>,在……旁边,<白色的,窗户>>"，将属性、对象和介词填入对应的模板空槽，则可以得到描述句"这是一张关于一把椅子和一扇窗户的照片，木质的椅子在白色的窗户旁边。"。

基于模板的图像语义生成模型，生成的描述语句有着能够保持语法正确的优点，与此同时，由于预设模板的限制，该模型生成的描述语句表述形式较为单一，且易受物体、类型、属性等元素提取质量的影响，对于大规模的图像数据，无法生成丰富的图像语义生成语句。

4.2.2 基于检索的图像语义生成模型

基于检索的图像语义生成模型，一般基于一个大规模的数据集，该数据集中的数据包括图片以及图片对应的描述，通过在该数据集中搜寻与待描述图片较为相似的图片，将相似图片的图片描述句直接返回或者修改后返回，作为待描述图片的描述。

下文以 Im2Text 模型为例，对模型流程进行具体的介绍。Im2Text 模型[3]基于一个大规模的数据集，该数据集包含超过一百万张带有视觉相关描述标注的图片，通过在该数据集中搜寻与待描述图片较为相似的图片，得到候选图片集，最后根据图像内容将候选图片集中的图像重新进行排序，将排名较前的图片描述句返回为待描述图片的图片描述句。以上流程可以大致概括为全局描述生成、图像内容估计以及描述生成三个步骤，以下对这三个步骤进行详细介绍。

1. 全局描述生成

在此步骤中，一般通过计算待描述图片I_q与数据集中图片的全局相似度来寻找若干张最相似的图像，组成一个匹配图像集I_m[3]。计算全局相似度时，使用两个图像语义生成符对图片进行描述。

第一个描述符是 gist 特征，gist 特征是一种全局信息特征，主要能够对场景进行识别和分类，gist 特征借助 Gabor 滤波，在 m 个尺度，n 个方向上设置滤波器，得到 $m×n$ 个滤波后的图像，将每个图像分为 y 个区域，计算每个区域的像素均值，得到 $m×n×y$ 维的 gist 特征。

第二个描述符也是全局图像描述，将原始图片的尺寸调整到 32×32，以调整后的小图像来进行场景结构以及整体颜色的匹配。

通过这两个描述符，将两个描述符下的相似度进行加权求和，得到最终的相似度，从大规模的数据集中筛选出与待描述图片较为相似的候选数据集 I_m。

2. 图像内容估计

在此步骤中，一般需要对候选数据集中的图片重新进行排序。此次排序需要比较待描述图片I_q与候选数据集图片I_m中具体内容的相似度，具体内容一般可以包括具有对象、人物动作、场景等。对于不同的具体内容，各自计算匹配相似度，得到不同的排名，下文对图片中对象、人物动作和场景的相似度计算进行介绍。

（1）对于图片中的对象，主要需要比较对象的形状和外观的相似度。对于对象的形状向量，采用方向梯度直方图（Histogram of Oriented Gradient，HOG）特征向量来表示。对于对象的外观，用属性向量来表示。对于对象的外观，有一个属性列表，该列表包含颜色（如蓝色）、材料（如木制）等 21 个视觉特征，对于每个特征都有一个分类器，以得到该对象的外观视觉特征，并将其外观视觉特征表示为属性向量。

假设在待描述图片I_q的图像窗口O_q以及候选数据集中图片的图像窗口O_m中均检测到了一个对象，二者匹配概率为

$$P(O_q,O_m)=e^{-D_o(O_q,O_m)} \qquad (4-5)$$

其中，$D_o(O_q,O_m)$ 指的是在窗口 O_q 和窗口 O_m 中对象向量的欧氏距离。对象向量可以由对象的形状向量或者属性向量来表示。

（2）对于图片中的人物，由于人物常常是具有不同的动作（姿态）的，所以人物的匹配通常需要精确到动作级别。本模型使用 PASCAL VOC 2010 挑战赛中的 9 个动作分类

器的输出作为人物的动作表示向量。假设在待描述图片中检测到人物P_q，在匹配图片集中的图片检测到人物P_m，二者动作（姿态）相同的概率为

$$P(P_q,P_m)=e^{-D_p(P_q,P_m)} \qquad (4-6)$$

其中，$D_p(P_q,P_m)$指的是两张图片中人物的动作表示向量之间的欧氏距离。

（3）对于图片中的一般场景，为识别场景类型，本模型使用了大规模的SUN场景识别数据库来训练判别性多核分类器，设置了23种场景类别，如厨房、海滩、公路等，将场景描述符重新表示为场景响应的向量。假设带描述图片的场景表示为L_q，匹配图片集中图片的场景表示为L_m，两个场景匹配的概率为

$$P(L_q,L_m)=e^{-D_l(L_q,L_m)} \qquad (4-7)$$

其中，$D_l(L_q,L_m)$指的是两张图片中场景向量之间的欧氏距离。

3. 描述生成

在上一步骤中得到图片中不同内容的相似度排名后，需要将多个排名进行组合，得到最终的相似度排名，根据最终的相似度排名，在候选数据集中选择排名最高的图片，该图片的描述作为待描述图片的描述输出。排名组合方法有两种，第一种方法是根据BLEU分数训练一个关于具体内容排名的线性回归模型；第二种方法是将训练集分为两部分，由BLEU分数排名前50%的图像组成正例图像，排名后50%的图像组成负例图像。将多个不同内容的相似度排名作为输入，在数据上训练线性SVM。

根据最终的相似度排名，选取排名靠前的图像对应的图片描述句，作为输入图片的图像描述句，输出为最终的结果。

如前所述，基于检索的图像语义生成模型，对数据集的依赖性较大，需要数据集的规模庞大且描述质量高，对于特殊的图像，容易无法检索到较为匹配的相似图像，难以真正灵活地根据不同的图像生成合适的描述。

4.2.3 基于深度学习的图像语义生成模型

基于深度学习的图像语义生成模型可以细分为4类：基于编码-解码的模型、基于注意力机制的模型、基于强化学习的模型、基于生成对抗网络的模型。其中基于编码-解码的模型的架构主要包括编码器和解码器两个部分，其中编码器部分负责提取输入图像的特征，解码器部分负责根据编码器提取的特征生成合适的文本描述；基于注意力机制的模型主要针对编码-解码模型注意力不集中的缺陷进行改进，不同的单词在生成过程中无法关注到不同的图像特征，基于注意力机制的模型在编码-解码模型的基础上引入注意力，有效针对这一问题进行了改进；基于强化学习的模型将强化学习引入编码-解码的基础模型，解决评价指标与模型训练的损失函数存在的不一致问题；基于生成对抗网络的模型将生成对抗网络引入，通过生成模型和判别模型的交互，有效提高描述的自然性和多样性。

4.2.3.1 基于编码-解码的模型

受到机器翻译领域中"编码器-解码器"模型的启发，图像语义生成领域也开始出现"编码-解码"的模型架构，"编码-解码"模型的基本架构如图 4-2 所示。在该模型架构中，编码器提取输入图像的特征，并编码成一个固定长度的中间语义向量进行输出，解码器将编码器输出的向量中的图像特征进行解码，并生成合适的文本描述。

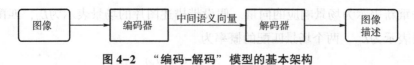

图 4-2 "编码-解码"模型的基本架构

在"编码器-解码器"架构中，编码器可以采用 CNN、GCN 等，解码器可以采用 LSTM、RNN、CNN、Transformer 等。本节将介绍经典的 Show and Tell 模型，该模型采用的是 CNN+LSTM 的架构。

Show and Tell 模型[11]是一种由图像生成描述的神经概率框架，模型架构如图 4-3 所示，基于由 CNN 和 LSTM 组成的神经网络。首先通过 CNN 网络将输入图片用固定长度的向量进行表示，再通过 LSTM 网络将向量表示解码为自然语言描述。该模型采用"端到端"的方式，训练目标是学习模型网络参数 θ 以最大化在给定图像下生成正确描述的概率：

$$\theta^* = \arg\max_{\theta} \sum_{(I,S)} \log p(S \mid I;\theta) \tag{4-8}$$

$$\log p(S \mid I) = \sum_{t=0}^{N} \log p(S_t \mid I, S_0, S_1, \cdots, S_{t-1}) \tag{4-9}$$

其中，θ 是模型网络参数，I 是输入图像，S 是该图像的正确描述，$S = \{S_0, S_1, \cdots, S_N\}$。其中 S_0 表示句子的特殊起始词，S_t 表示第 t 个词语，S_N 表示特殊的停止词，标志着句子的结束。

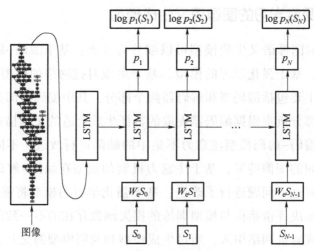

图 4-3 Show and Tell 模型架构[11]

Show and Tell 模型包括编码器和解码器两个部分，编码器采用的是广为人知的卷积神经网络（CNN）提取图片特征，得到固定长度的向量表示，CNN 可以使用 VGGNet、GoogleNet 等网络，这里不作赘述。在解码器中采用的是长短期记忆（Long-Short Term Memory，LSTM）网络。传统循环神经网络（RNN）在处理自然语言问题时无法较好地解决长期依赖问题，在经过多个阶段的计算后，较远时间片的特征已经被覆盖，RNN 无法成功学习过远的信息。LSTM 通过引入门控单元，选择性地记住或忘记序列中的信息，网络可以更好地处理序列中不同时间步的重要信息，允许网络更好地捕捉长期记忆。因此，在需要建模长期依赖性、处理长序列以及构建深层网络时，一般选择 LSTM 网络。

LSTM 网络已在本书第 2 章的 2.1.2.1 节中进行详细介绍，感兴趣的读者可以前往第 2 章进行查阅学习。下面介绍在 Show and Tell 模型中 LSTM 网络如何训练。

训练阶段的数据集是若干张图像，以及每张图像 I 对应的正确描述 S，$S=\{S_0,S_1,\cdots,S_N\}$。S_t 是独热编码向量，向量维度等于词典的大小。

如图 4-3 所示，对于输入图像 I，通过 CNN 网络得到固定长度的 n 维向量表示 v_{image}；对于第 t 个正确描述词 S_t，由 m 维的独热编码向量表示。LSTM 网络在初始化时融入图像信息，在非初始化时刻每一步都输入正确的描述词 S_t，具体做法如下：

在 $t=-1$ 时刻，对 LSTM 网络进行初始化，其中初始隐状态 m_{-1} 为 0，初始输入 x_{-1} 是 n 维向量 v_{image}，如式（4-10）所示；对于其他时刻 t，LSTM 网络的输入为 x_t，由 m 维向量 S_t 通过词嵌入 W_e 转化为 n 维得到，如式（4-11）所示：

$$x_{-1}=v_{image}=\text{CNN}(I) \tag{4-10}$$

$$x_t=W_e S_t, t\in\{0,1,\cdots,N-1\} \tag{4-11}$$

在 LSTM 网络训练过程中，在时刻 t，输入正确描述 S 中第 t 个单词 S_t，将其根据式（4-11）转化为 x_t，将 x_t 输入 LSTM，对第 $t+1$ 个的单词进行预测，得到概率分布 p_{t+1}，如式（4-12）所示。而 LSTM 网络的隐状态输出 m_t 则在下一时刻 $t+1$ 的 LSTM 网络中作为隐状态输入，继续结合输入 x_{t+1}，以预测第 $t+2$ 个单词，以此类推，直到遇到特殊的停止词 S_N，单词预测结束。

$$p_{t+1}=\text{LSTM}(x_t), t\in\{0,1,\cdots,N-1\} \tag{4-12}$$

训练网络的损失函数如下，表示每一步正确预测单词的负对数似然和。训练目标是最小化损失函数 $L(I,S)$。

$$L(I,S)=-\sum_{t=0}^{N}\log p_t(S_t) \tag{4-13}$$

在使用训练好的模型进行图像描述时，为缩小搜索空间，采用 BeamSearch 的方式，只将到本时刻 t 为止最佳的 k 个句子作为候选，以生成下一时刻长度为 $t+1$ 的句子。例如，若将 k 值设置为 2，则在第一步单词预测时选取两个概率最大的单词，在第二步单词预测时也选取两个概率最大的单词，组成 4 个长度为 2 的短句，在这 4 个短句中选取概率最大的两个句子，选出的这两个句子接着再和第三步预测的两个单词进行组合，以此类推。

4.2.3.2 基于注意力机制的模型

在 4.2.3.1 节的"编码器-解码器"模型中，编码器将输入图像的图像特征进行提取，并编码成一个固定长度的中间语义向量进行输出，该中间语义向量仅在 LSTM 初始化时进行应用。生成固定长度的中间语义向量的做法存在两个弊端：一是固定长度的语义向量可能无法全面地表示图像特征信息；二是在解码器中，生成每个单词时，使用的输入都是同一个中间语义向量，中间语义向量中所有部分对描述中生成单词的影响力都是一样的，描述中不同的单词在生成过程中无法关注到不同的图像特征，这使得模型"注意力不集中"。因此，在图像语义生成任务的"编码器-解码器"框架中引入注意力机制十分必要。

在图像语义生成任务中引入注意力机制，目的是使解码器可以不再使用同一个中间语义向量，而是在不同的时间步内关注不同的图像区域，生成更为合适的描述。

下面对经典模型 SAT 模型[5]做详细的介绍，SAT 模型是在 4.2.3.1 节中介绍的 Show and Tell 模型上进行改进的。Show and Tell 模型在进行每一步单词预测时，输入仅为上一步的预测单词以及上一步的隐状态，未考虑图片不同的位置。SAT 模型在进行每一步单词预测时，加入了该步单词对应图像的位置信息。

SAT 模型的基本架构如图 4-4 所示。模型的输入为一张图片，输出为独热编码的单词序列 $y=\{y_1,y_2,\cdots,y_c\}$，其中 c 为序列的长度，该单词序列就是对输入图片生成的图像语义生成。SAT 模型使用全卷积网络（FCN）作为编码器，对输入图像提取特征，输出特征图。使用带有注意力机制的 LSTM 作为解码器，生成图像的描述。

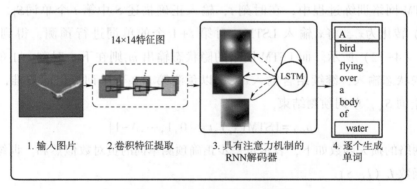

图 4-4　SAT 模型的基本架构[5]

全卷积网络（FCN）提取 L 个特征向量，每个向量都对应图像某一部分的 D 维表示。公式如式（4-14）所示，其中 a 是图片的特征表示。

$$a=\{a_1,a_2,\cdots,a_L\},a_i\in\mathbb{R}^D \tag{4-14}$$

在得到图片的特征表示 a 后，在引入注意力机制的 LSTM 中，不再使用编码器输出的固定长度的中间语义向量,而是在不同时间步内根据注意力权重计算得出不同的上下文向量 $\hat{z}_t$,以将注意力聚焦在可产生下一个正确单词的图像位置。普通 LSTM 网络中输入仅仅为上一时刻的隐状态和上一时刻的预测单词,而在引入注意力机制的 LSTM 网络中,输入为上一时刻的隐状态、上一时刻的预测单词以及本时刻的上下文向量 $\hat{z}_t$。

引入注意力机制的 LSTM 网络的具体计算公式如下:

$$i_t = \sigma(W_i E y_{t-1} + U_i h_{t-1} + Z_i \hat{z}_t + b_i) \tag{4-15}$$

$$f_t = \sigma(W_f E y_{t-1} + U_f h_{t-1} + Z_f \hat{z}_t + b_f) \tag{4-16}$$

$$c_t = f_t \odot c_{t-1} + i_t \odot \tanh(W_c E y_{t-1} + U_c h_{t-1} + Z_c \hat{z}_t + b_c) \tag{4-17}$$

$$o_t = \sigma(W_{ox} E y_{t-1} + U_o h_{t-1} + Z_o \hat{z}_t + b_o) \tag{4-18}$$

$$h_t = o_t \odot \tanh(c_t) \tag{4-19}$$

其中,i_t、f_t、c_t、o_t、h_t 分别是在时刻 t 输入门、遗忘门、细胞状态、输出门和隐藏状态的输出。矩阵 W、U 和 Z 是权重矩阵,向量 b 是偏置。$\odot$ 是矩阵乘法,y_{t-1} 是在时刻 $t-1$ 时预测出单词的独热向量,E 是嵌入矩阵,二者相乘得到单词的嵌入向量。

从计算公式中可以较为清晰地发现,与 4.2.3.1 节中的传统 LSTM 相比,计算过程中增加了上下文向量 $\hat{z}_t$ 的输入,其余部分基本相同。对于上下文向量 $\hat{z}_t$ 的生成主要分为两个步骤:获取注意力权重和确定注意力机制函数。

1. 获取注意力权重

在时刻 t 的描述词语生成中,解码器需要使用本时刻 t 对应的上下文向量 $\hat{z}_t$,注意力机模型需要为特征表示 a 的每一个特征位置 i 都计算一个注意力权重 α_{ti}。输入 $t-1$ 时刻解码器的隐状态 h_{t-1} 和特征位置 i 对应的卷积特征 a_i,通过打分函数 f_{att},输出时刻 t 特征位置 i 对应的注意力强度 e_{ti},再通过 softmax 函数对注意力强度进行处理,以得到归一化注意力权重 α_{ti},计算公式如下:

$$e_{ti} = f_{\text{att}}(a_i, h_{t-1}) \tag{4-20}$$

$$\alpha_{ti} = \frac{\exp(e_{ti})}{\sum_{k=1}^{L} \exp(e_{tk})} \tag{4-21}$$

2. 确定注意力机制函数

在成功计算注意力权重 α_{ti} 后,通过构造注意力机制函数 ϕ,将特征位置 i 的卷积特征 a_i 与注意力权重 α_{ti} 结合,以得到上下文向量 $\hat{z}_t$,计算公式如下:

$$\hat{z}_t = \phi(\{\alpha_{ti}\}, \{a_i\}), i = 1, 2, \cdots, L \tag{4-22}$$

在不同的注意力机制下,ϕ 函数构造不同,在图像语义生成任务中,多采用硬注意力机制和软注意力机制。

在硬注意力机制下,模型只关注最重要的图像区域,所有的权重将只有 0 和 1 两种取值。上一步得到的注意力权重 α_{ti} 越大,表示对应的卷积特征越重要。将最大权重赋值为

1，其余权重赋值为 0，也就是只有最重要的卷积特征才能够参与上下文向量的生成。上下文向量 $\hat{z}_t$ 的计算公式如式（4-23）所示，其中当 α_{ti} 为时刻 t 的权重最大值时 $s_{t,i}$ 取值为 1，否则 $s_{t,i}$ 取值为 0。

$$\hat{z}_t = \sum_i s_{t,i} a_i \tag{4-23}$$

在软注意力机制下，模型将会关注所有的图像区域，但是对不同的区域赋予不同的注意力。此时注意力权重 α_{ti} 就是卷积特征 a_i 参与上下文向量 $\hat{z}_t$ 合成的权重，计算公式如下：

$$\hat{z}_t = \sum_{i=1}^{L} \alpha_{ti} a_i \tag{4-24}$$

硬注意力机制模型的优点是能够简单快速地得出上下文向量 $\hat{z}_t$，有效减少训练时间，但其缺点是模型不可微；软注意力机制模型的优点是光滑可微，可以利用反向传播进行端到端的训练，但其缺点是参与计算的参数量较大，耗时可能更长且对硬件的要求可能更高。

4.2.3.3 基于强化学习的模型

强化学习是一种主要关注智能体与环境交互的机器学习方法，其基本架构如图 4-5 所示。在强化学习中，存在智能体、环境、动作、奖赏和状态几大要素。智能体采取一种动作策略作用于环境，环境的状态会随着动作而改变，并产生一个奖赏信号反馈给智能体，智能体根据目前环境的状态以及接收的奖赏信号选择下一步动作作用于环境。在这个过程中，强化学习关注的是智能体与环境之间的交互，训练目标是在交互中尽可能累计更多的奖励。

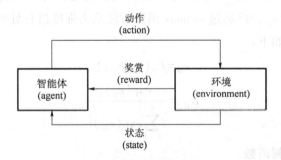

图 4-5 强化学习基本架构

在传统的图像语义生成模型中，存在两大问题：一是模型的训练和测试过程中的曝光偏差（exposure bias），训练时文本生成阶段词语的输入来自真实可靠的样本，测试时词语的输入来自上一个预测的单词，错误的预测结果可能导致后续步骤产生更多的错误；二是评价指标与模型训练的损失函数存在不一致问题。在模型的训练过程中，一般使用交叉熵损失函数，评估每个时间步的单词输出是否正确。而在模型的测试阶段，使用 BLEU、ROUGE 等评价指标，评估生成的描述句与参考描述句间的相似性，并非评估每个单词是否完全正确。模型训练阶段的交叉熵损失函数和模型测试阶段的不可微评价指标导致了不一致问题。

针对上述传统图像语义生成模型的缺陷,研究者提出将强化学习引入目前现有的图像语义生成模型。通过强化学习,可以有效解决曝光偏差和评价指标不可微分的问题。强化学习可针对不可微的评价指标(如 BLEU、CIDEr 等)直接训练模型,使用策略梯度算法优化模型。下面将以 SCST 模型[12]来作具体介绍。

SCST 模型的基本结构与上一节提到的 SAT 模型类似,编码器使用深度 CNN 模型对输入图片 F 进行编码,生成图像特征;解码器使用带有注意力机制的 LSTM 模型 Att2in,动态计算不同图像区域的图像特征对于生成词的权重,作为 LSTM 的输入,LSTM 生成的序列开头具有特殊的 BOS 标记,结尾有特殊的 EOS 标记。对于深度 CNN 模型和带有注意力机制的 LSTM 模型具体结构不作赘述,该模型的主要改进在于模型的训练方式。

在传统训练方式中,上述 CNN+LSTM 的模型通常使用交叉熵损失训练的方式。在给定基准真相(ground truth)序列 $(w_1^*, w_2^*, \cdots, w_T^*)$ 的情况下,最小化交叉熵损失,如下列公式所示,其中 θ 是网络参数。

$$L(\theta) = -\sum_{t=1}^{T} \log(p_\theta(w_t^* \mid w_1^*, w_2^*, \cdots, w_{t-1}^*)) \tag{4-25}$$

在引入强化学习之后,序列生成问题被看作一种强化学习问题。其中 LSTM 模型作为与外部环境进行交互的"智能体",输入图片的特征和已生成的单词作为外部环境,动作是对下一个单词的预测,策略是由网络参数 θ 定义的 p_θ,状态是智能体 LSTM 的隐藏状态、注意力权重等。当序列的结束标记 EOS 生成完成后,智能体能够得到一个奖励 r。该奖励可以是对生成序列的评估指标分数,如 CIDEr,通过计算生成序列 w^s 与真实序列的 CIDEr 分数作为强化学习的奖励。强化学习模型的训练目标就是最小化负期望奖励:

$$L(\theta) = -\mathbb{E}_{w^s \sim p_\theta}[r(w^s)] \tag{4-26}$$

其中,r 代表奖励,w_t^s 是模型在时间步 t 采样得到的单词,采样序列 $w^s = (w_1^s, w_2^s, \cdots, w_T^s)$。

可以使用策略梯度算法计算期望奖励的梯度 $\nabla_\theta L(\theta)$,公式如下:

$$\nabla_\theta L(\theta) = -\mathbb{E}_{w^s \sim p_\theta}[r(w^s) \nabla_\theta \log p_\theta(w^s)] \tag{4-27}$$

对于上述基本策略梯度算法公式,可能存在一个缺陷,就是当被采样样本的奖励为正时,采样概率不断增大,那么其他未被采样到的优秀样本则概率不断减少,最终会遗漏样本中的更优解。为解决该问题,可以在策略梯度算法中引入一个基线 b,该基线 b 是不依赖于采样序列 w^s 的任意函数。引入基线的策略梯度算法公式如下:

$$\nabla_\theta L(\theta) = -\mathbb{E}_{w^s \sim p_\theta}[(r(w^s) - b) \nabla_\theta \log p_\theta(w^s)] \tag{4-28}$$

根据链式法则,期望奖励的梯度可表示为

$$\frac{\partial L(\theta)}{\partial s_t} \approx (r(w^s) - b)(p_\theta(w_t \mid h_t) - 1_{w_t^s}) \tag{4-29}$$

其中，s_t 是在时间步 t 时 softmax 函数的输入，h_t 是时间步 t 时 LSTM 的隐状态。

SAST 模型使用当前模型在测试集上获得的期望奖励 $r(\hat{w})$ 作为上述公式中的基线 b，以此来进行梯度优化。时间步 t 时的期望奖励梯度可表示为

$$\frac{\partial L(\theta)}{\partial s_t}=(r(w^s)-r(\hat{w}))(p_\theta(w_t|h_t)-1_{w_t^s}) \tag{4-30}$$

4.2.3.4 基于生成对抗网络的模型

生成对抗网络（Generative Adversarial Networks，GAN）是一种无监督的深度学习模型，主要包括生成模型与判别模型两个模块。生成模型 G 用来捕获并模拟训练数据的分布，判别模型 D 用来判断样本是来自训练数据还是由生成模型 G 生成。在任意函数空间中，存在唯一的解，使生成模型 G 能够捕获训练数据的分布，同时判别网络 D 的正确率为 1/2，意味着判别网络已无法区分训练数据与生成数据。

在生成对抗网络模型的训练过程中，生成模型 D 的目标是"欺骗"判别模型，判别模型 G 的目标是成功辨别生成模型的"骗术"，训练过程其实就是生成模型和判别模型对训练目标函数 $V(D,G)$ 的大小博弈。训练目标函数 $V(D,G)$ 的具体计算公式如下：

$$\min_G \max_D V(D,G) = \mathbb{E}_{x \sim p_{data}(x)}[\log D(x)] + \mathbb{E}_{z \sim p_z(z)}[\log(1-D(G(z)))] \tag{4-31}$$

其中，x 表示分布符合 $p_{data}(x)$ 的真实训练样本，z 表示分布符合 $p_z(z)$ 的随机噪声样本。生成器 G 将随机噪声样本 z 转化成生成样本 $G(z)$，判别器 D 尝试将生成样本 $G(z)$ 和真实训练样本 x 区分开。$D(x)$ 表示判别模型将真实训练样本 x 判定为真的概率，$D(G(z))$ 表示判别模型将生成样本 $G(z)$ 判别为真的概率。

对于判别模型，$D(x)$ 越大，$D(G(z))$ 越小，判别模型训练效果越好。在理想状态下，$D(x)$ 取值为 1，$D(G(z))$ 取值为 0，即判别器判定所有真实训练样本 x 都为真，判定所有生成样本 $G(z)$ 都为假。对于生成模型，$D(G(z))$ 越大，生成模型训练效果越好。在理想状态下，$D(G(z))$ 取值为 1，生成模型所有的生成样本 $G(z)$ 都被判别模型判定为真。

生成对抗网络训练过程中，判别模型的目标是最大化 $V(D,G)$，而生成模型的目标是最小化 $V(D,G)$，通过梯度下降对判别模型和生成模型进行训练，二者迭代式地对网络参数进行更新，以达到二者的平衡，使生成模型能够生成逼真样本。

在传统图像语义生成的模型中，模型训练过程中一般使用最大似然估计的方法对模型进行训练与优化。这样的做法使模型生成的描述与数据集中的描述过于相似，重复率较高，制约了句子的表述多样性以及语义的合理性。将生成对抗网络引入图像语义生成任务，可以有效提高描述的自然性及多样性。

如图 4-6 所示，基于生成对抗网络的图像语义生成模型，多使用 CNN 对图像特征进行提取，由生成器对图像描述句进行生成，生成过程中加入随机噪声，提高文本的多样性。

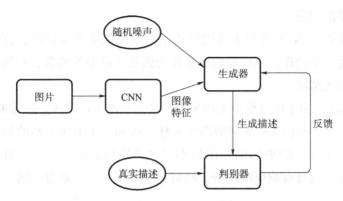

图 4-6　基于生成对抗网络的图像语义生成框架

生成器生成的描述句与真实的描述句送入判别器进行判别，根据判别器的判别效果更新生成器和判别器的参数，优化模型，达到生成器能够根据图像生成逼真图像描述的目的。

Dai 等人[13]于 2017 年提出一种基于条件生成对抗网络的图像语义生成模型，其基本结构与图 4-6 所示相符。该图像语义生成模型包括一个生成器 G 和一个判别器 E，生成器对输入图像产生描述句，判别器评估描述句与图像内容的匹配程度（本方法中用 E 表示判别器）。

对于给定图像 I，生成器 G 接受两个输入，一个是随机向量 z，用来控制描述序列的多样性；一个是卷积神经网络对于图片提取的图像特征 $f(I)$。生成器 G 将随机向量 z 和图像特征 $f(I)$ 作为初始条件，使用 LSTM 作为解码器，逐个单词进行描述序列的生成。

判别器 E 具有 CNN+LSTM 的网络结构，对于给定图像 I，以及一个描述句 $S=\{w_0,w_1,\cdots\}$，判别器 E 将图像 I 嵌入向量 $f(I)$ 中，将描述 S 嵌入向量 $h(S)$ 中，以衡量对于图像 I 的描述 S 的质量好坏，质量计算如下：

$$r_\eta(I,S)=\sigma(\langle f(I,\eta_I),h(S,\eta_S)\rangle) \tag{4-32}$$

其中，$\eta=(\eta_I,\eta_S)$ 是判别器的参数，σ 表示将点积转为概率值的逻辑函数。

对于该模型，判别器和生成器的整体训练目标为

$$\min_\theta\max_\eta \mathcal{L}(G_\theta,E_\eta)=\mathbb{E}_{S\sim\mathcal{P}_I}[\log r_\eta(I,S)]+\mathbb{E}_{z\sim\mathcal{N}_0}[\log(1-r_\eta(I,G_\theta(I,z)))] \tag{4-33}$$

其中，G_θ 表示参数为 θ 的生成器，E_η 表示参数为 η 的判别器；z 是随机向量，I 是图像，S 是图像描述；$\mathcal{P}_I$ 是训练集为图像 I 提供的图像描述句，$G_\theta(I,z)$ 表示由生成器为图像 I 生成的图像描述句。

对于判别模型 E_η，真实描述 S 的质量分数 $r_\eta(I,S)$ 越大，由生成器生成描述的质量分数 $r_\eta(I,G_\theta(I,z))$ 越小，判别模型训练效果越好；对于生成模型，质量分数 $r_\eta(I,G_\theta(I,z))$ 越大，生成模型训练效果越好。训练过程中判别模型和生成模型的参数均进行不断更新，直到达到平衡，生成模型可以成功对图像生成较为合适且自然的图像描述。

在该模型中，有两个实现难点：第一，描述句的生成是文本采样的过程，离散不可微，无法使用反向传播算法；第二，判别器仅对完整生成的描述句进行评分，容易导致梯

度消失和错误反馈的问题。

对于第一个难点，Dai 在模型中使用强化学习中的策略梯度算法，将句子看作一系列动作，每个单词为一个动作，判别器的评分作为强化学习中的奖赏，根据策略梯度，调整模型参数，获得最大奖励。

对于第二个难点，Dai 在模型中采用早期反馈（early feedback）的策略，假设句子 s_t 为生成的不完整描述句，模拟 LSTM 网络继续采样，由句子 s_t 生成完整的句子，模拟 n 次得到 n 个句子，将 n 个句子的平均得分作为不完整描述句 s_t 的评分。运用早期反馈的策略后，不完整的描述句也具有响应的评分，较好地解决了第二个难点问题。

4.2.4 基于多模态预训练的图像语义生成模型

图像语义生成任务涉及图像和文本两种模态的数据，是视觉语言预训练的一种经典下游任务。在多模态机器学习中，一大挑战就是高质量的专用数据集不易获取，为每个下游任务人工标注数据集的做法成本高昂。受到自然语言处理领域中 BERT 和 GPT 等预训练语言模型的启发，多模态机器学习领域开始关注视觉语言预训练模型。

视觉语言预训练（Vision-Language Pre-training，VLP）模型一般采用预训练加微调的模式，通过自监督的方式在大规模的预训练数据集上进行训练，学习通用表示，获得预训练模型。再通过微调的方式，利用小规模的人工标记数据对模型进行微调，使预训练模型迁移到下游任务，大大减少了训练的时间和计算成本。在大规模数据集上训练的视觉语言预训练模型具有规模大、参数多的特点，能够学习到丰富的跨模态表示，也就是不同模态数据间的语义对应关系，可以较为完整地涵盖数据集中丰富的知识信息，经典模型有 Unified VLP[14]、BLIP[15]、CLIP[16] 等。

VLP 模型的应用领域非常广泛，可以用于自然语言处理任务，如文本分类、情感分析和机器翻译，同时也可以用于计算机视觉任务，如图像分类、物体检测和图像生成，在多模态搜索和内容生成等跨模态领域也具有较大的潜力。

本节将以经典 VLP 框架 BLIP[15] 为例进行详细介绍。

在视觉语言预训练模型中，大多数模型只能在视觉语言理解任务或者视觉语言生成任务的其中之一表现良好，无法兼顾二者。但 BLIP 模型对视觉语言理解任务和视觉语言生成任务均能够进行灵活的处理，尤其是在图像语义生成任务、图像-文本检索任务和视觉问答任务中取得不错的效果。

1. 多模态混合编码器-解码器

在视觉语言预训练模型中，存在仅基于编码器的模型架构，也存在基于编码器-解码器的模型架构。对图像语义生成这类文本生成任务，仅基于编码器的模型架构表现较差，但对于图像文本的检索任务，基于编码器-解码器的模型架构也无法胜任。在 BLIP 模型中，提出了一种编码器-解码器的多模态混合（Multimodal mixture of Encoder-Decoder，MED）。

如图 4-7 所示，MED 共包括四个部分，分别是单模态的图片编码器、单模态的文本编码器、基于图像的文本编码器和基于图像的文本解码器。

BLIP 使用的视觉 Transformer 作为图片编码器，对图像特征进行提取。该图片编码器将输入的图片分成许多小块（patch），分别进行编码，组成嵌入（embedding）序列，再在序列之前添加一个［CLS］标记以作为全局图像特征。

BLIP 的单模态文本编码器与 BERT 相同，通过双向自注意力层构建文本输入的 token 表示，并在文本输入的开始添加［CLS］标记，以标识一个文本序列的开始。

BLIP 的基于图像的文本编码器通过双向自注意力层构建文本输入的 token 表示，在双向自注意力（Self-Attention, SA）层和前馈神经网络（Feedforward Neural Network, FNN）间添加了一个交叉注意力（Cross-Attention, CA）层，以达到注入视觉信息的目的。该编码器在文本输入前添加一个［Encode］标记，将［Encode］的 embedding 输出作为图像-文本对的多模态表示。

BLIP 的基于图像的文本解码器，结构与基于图像的文本编码器相似，区别在于将基于图像的文本编码器中的双向自注意力层替换成因果自注意力层，通过因果自注意力层对下一个 token 进行预测。该解码器在文本序列前添加一个［Decode］标记，以标识一个文本序列的开始。

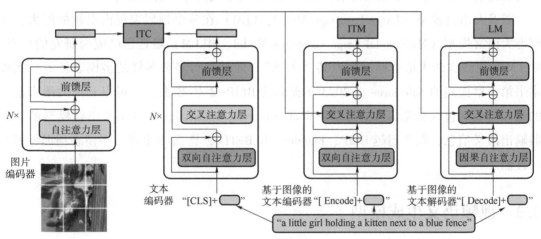

图 4-7　BLIP 模型的架构[14]

2. 预训练

对于 BLIP 模型，共有三个预训练任务，分别是图像-文本对比（Image-Text Contrastive, ITC）损失、图像-文本匹配（Image-Text Matching, ITM）损失和语言建模（Language Model, LM）损失，三个任务对应着图 4-7 中文本编码器、基于图像的文本编码器和基于图像的文本解码器三个子模块，在模型预训练期间，BLIP 对这三个目标进行联合优化。

需要注意的是，在预训练过程中，文本编码器和基于图像的文本编码器共享自注意力层参数，基于图像的文本编码器和基于图像的文本解码器共享交叉注意力层参数，文本编码器、基于图像的文本编码器和基于图像的文本解码器共享前馈网络层参数，即图4-7中相同颜色部分参数共享。

图像-文本对比任务对单模态的图片编码器和文本编码器进行训练，鼓励正图像-文本对具有相似的表示，而负图像-文本对具有不相似的表示，以对齐视觉和文本的表征。其中负图像-文本对采用动量编码器（Momentum encoder）生成。

图像-文本匹配任务主要对基于图像的文本编码器进行训练，目标在于通过学习图像-文本对的多模态表示，以达到视觉与文本的细粒度对齐。ITM任务在本质上是一个二分类的任务，输入为图像-文本对，输出是取值为0或1的二进制标签z。ITM通过线性层预测输入图像-文本对的多模态特征是否匹配，匹配则输出z为1，不匹配则输出z为0。

语言建模任务主要是对基于图像的文本解码器进行训练，其目标是在给定图像时生成合适的文本描述。该任务对交叉熵损失进行优化，训练模型以自回归方式最大化文本的概率，使模型能够成功通过视觉信息生成合理连贯的图像描述。

BLIP模型在包含14 MB图像的数据集上进行预训练，该数据集包括COCO数据集、Visual Genome数据集、Conceptual Captions数据集和SBU数据集。由于语言建模损失任务的目标是在给定图像时生成合适的文本描述，在BLIP进行预训练后，便可经过零样本学习直接应用在图像语义生成任务上，并在图像语义生成任务上表现良好。

随着大语言模型（Large Language Model，LLM）在各个领域表现出卓越的能力，多模态大语言模型（Multimodal Large Language Model，MLLM）最近也已成为研究的焦点。MLLM利用强大的大语言模型作为其"大脑"，能够执行多种多样的多模态任务。例如本书第3章提到的Salesforce在2023年提出的BLIP-2[17]模型，就可以利用大语言模型的编码器处理包含视觉信息的可学习查询（learned queries），并利用大语言模型的解码器输出语义信息，获得超越BLIP、Flamingo和BEIT-3[18]等多个经典多模态预训练模型的性能。

4.3 视频语义生成模型

在本节，我们将为读者详细阐述视频语义生成模型。由于视频语义生成的方法和用于图像语义生成的方法比较类似，都经历了从基于模板的方法到基于深度学习的方法的过渡，因此很多方法和经验也是基于图像语义生成方法建立起来的。但由于视频语义生成需要考虑帧样本之间的序列信息，会比单独分析一张图片的任务更加困难，所以学术界对视频语义生成任务的研究会较对图像语义生成任务的研究更晚一些。

本节中，我们将分别为读者阐述基于模板与基于深度学习的视频语义生成模型。随着深度学习方法的不断发展，基于模板的模型在视频语义生成任务中逐渐丧失了主流地位，本节仅用较小篇幅为读者进行介绍，主要为读者介绍各类深度学习模型的情况。

4.3.1 基于模板的视频语义生成模型

在视频语义生成任务的发展前期,人们对基于模板的生成方法做了很多探索。该类方法往往依赖于固定的案例框架,通过识别视频中物体/人物的部分/整体动作,借助句法规则和自然语言词典,获得视频语义。

以 Kojima 等人[8]于 2002 年发表的工作为例,为读者介绍基于模板的视频语义生成方法。

Kojima 等人提出的基于模板的方法如图 4-8 所示,包含 4 个主要流程。

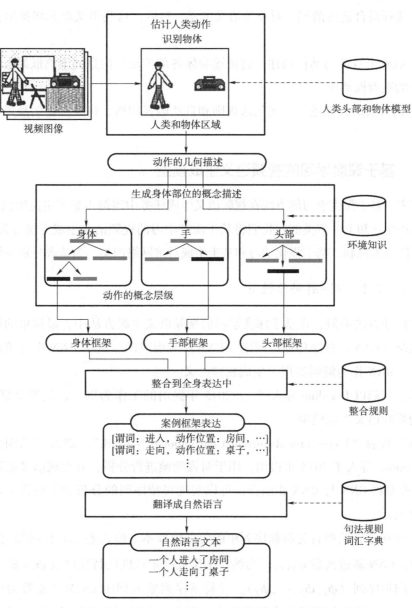

图 4-8 Kojima 等人提出的基于模板的方法[8]

（1）识别人类行为与物体。通过逐像素计算输入图像和背景图像之间的颜色差异，来提取视频每一帧中人的身体所在区域。头部和手的位置可以通过透视变换找到，头部的方向也可以通过计算图像与其他现有头部模型之间的相关性来估计。通过检查不同图像中人和物体区域的形状，可以验证人类的动作，例如是放置了物体还是捡起了物体，等等。

（2）生成身体部位的动作描述。通过引入领域知识，对人类的每个身体部位的动作进行描述。在自然语言中，动作所表达概念由一系列语义单元组成，随着语义单元数量的增加，动作往往更加具体。Kojima等人通过将动作所表达的语义概念与从视频中提取的特征相关联，并选择最合适的谓词、对象等语义单元。然后，这些语义单元将被填充到一个案例框架中。

（3）生成整个身体的动作描述。将描述身体各部位动作信息的案例框架集成到一个表达全身动作的案例框架中。

（4）得到自然语言描述。应用句法规则和自然语言词典，将案例框架翻译成自然语言句子。

4.3.2　基于深度学习的视频语义生成模型

近些年来，基于深度学习的方法在视频语义生成任务中逐渐占据了主流地位，很多优秀的工作不断产生。和上一节类似，我们将基于深度学习的视频语义生成方法分为基于编码-解码、基于注意力机制、基于强化学习和基于生成对抗网络四类，为读者分别进行介绍。

4.3.2.1　基于编码-解码的模型

与图像描述方法类似，在基于深度学习的视频语义生成方法中，最简单的模型就是由卷积神经网络（CNN）和循环神经网络（RNN）所组成的。其中CNN作为编码器用于编码视频数据，RNN作为解码器用于生成视频语义。

在这里，我们以Donahue等人[20]于2015年提出的工作为例，为读者介绍基于编码-解码方法的视频语义生成模型。

"LRCN"代表"Long-term Recurrent Convolutional Network"，意为"长期循环卷积网络"，由Donahue等人于2015年提出，用于对视频帧进行分析，并生成语义描述。

LRCN模型将CNN与RNN相结合，可以实现对帧序列的分析并生成语义描述，其结构如图4-9所示。

如图4-9所示，模型首先将帧序列中的每个帧样本v_t输入卷积神经网络（CNN）（参数为V）中，CNN通过函数$\phi_V(v_t)$为帧样本生成固定长度的特征向量$\boldsymbol{\phi}_t \in \mathbb{R}^d$，将帧序列转换为特征向量序列$\langle \boldsymbol{\phi}_1, \boldsymbol{\phi}_2, \cdots, \boldsymbol{\phi}_T \rangle$，并将该序列输入到由LSTM（参数为$W$）组成的序列处理模型中。序列处理模型会根据输入$x_t$和上一个时间步的隐状态$h_{t-1}$生成输出$z_t$和

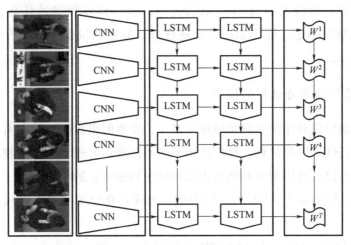

图 4-9 LRCN 模型概览[20]

该时间步的隐状态 h_t，所以在处理帧序列时也会按照序列顺序对每个帧样本对应的特征向量 ϕ_t 依次进行处理。最后，对于在 t 时间步得到的输出 z_t，模型通过 softmax 函数得到概率 $P(y_t)$，公式如下：

$$P(y_t = c) = \frac{\exp(W_{zc} z_{t,c} + b_c)}{\sum_{c' \in C} \exp(W_{zc} z_{t,c'} + b_c)} \tag{4-34}$$

Donahue 等人将 LRCN 分别用于活动识别、图像描述、视频描述三个视觉任务中，并以此验证模型性能。

如图 4-10 所示，三个任务的输入和输出长度各不相同。对于活动识别任务，输入为表示一个动作的若干张图片，而输出则是固定的标签，可以表示为 $\langle x_1, x_2, \cdots, x_T \rangle \mapsto y$；图像描述任务的输入仅有一张图片，即输入数据的个数是固定的，但其输出则是单词序

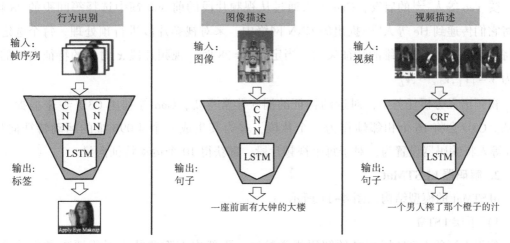

图 4-10 活动识别、图像描述、视频描述[16]

列，单词数目不定，可以表示为 $x \mapsto \langle y_1, y_2, \cdots, y_T \rangle$；而视频描述任务，其输入如活动识别任务，数据数目不定，输出如图像描述任务，数据数量也不定，表示为 $\langle x_1, x_2, \cdots, x_T \rangle \mapsto \langle y_1, y_2, \cdots, y_{T'} \rangle$。

4.3.2.2　基于注意力机制的模型

注意力机制的出现对深度学习领域而言是一个重要的里程碑，其拥有可以建模更长序列、加强计算并行性等诸多优势，被广泛用于各类深度学习模型中。在视频语义生成任务中，注意力机制可以帮助模型更好地处理原始帧序列所带有的序列信息。

我们将在下文以 Gao 等人[21]的工作为例，为读者介绍基于注意力机制的视频语义生成模型。

"hLSTMat"代表"Hierarchical LSTMs with Adaptive Temporal Attention"，意为"具有自适应注意力的分层 LSTM"，由 Gao 等人于 2019 年提出。

在视频语义生成任务中，给定一个视频片段 x，编码器 ϕ_E 将其映射到一个表示空间，如以下公式所示：

$$V = \phi_E(x) \tag{4-35}$$

其中，编码器 ϕ_E 通常由 CNN 构成，而 LSTM 可以构成解码器，根据视频特征 V 生成其语义信息 $z = \{z_1, \cdots, z_T\}$（T 是语义信息 z 所包含的单词的个数）。LSTM 单元可以根据先前的内部状态 h_{t-1}、先前输出 y_t 和视频特征 V 更新其内部状态 h_t 和并生成第 t 个字 z_t：

$$(h_t, z_t) = \phi_D(h_{t-1}, y_t, V) \tag{4-36}$$

下文将为读者分三个方面（编码器 CNN、解码器 hLSTMat、损失函数）介绍 Gao 等人的工作。

1. 编码器 CNN

受 Yao 等人[22]的启发，Gao 等人通过从视频片段的前 360 帧中选择等间距的 28 帧，并将它们传递到 He 等人[23]提出的 CNN 网络中，来对视频片段进行预处理。每个选定的帧将会对应一个 2 048 维的特征矢量。当定义 $L = 28$ 时，视频片段 x 对应的特征向量的集合为 $V = \{v_1, v_2, \cdots, v_L\}$。

视频语义分析任务中，对运动特征的捕获非常重要，Gao 等利用 C3D[21]来捕捉运动特征。C3D 会将 16 个相邻帧作为一个片段，并为其生成一个 4 096 维的运动特征向量。Gao 等人将编码器设置为，对于每个视频片段，都获得 10 个运动特征向量。

2. 解码器 hLSTMat

hLSTMat 的模型结构如图 4-11 所示。

1）下层 LSTM

位于下层的 LSTM 用于高效解码视觉特征，更新内部隐藏状态时需要参考当前单词 y_t、以前的隐藏状态 h_{t-1} 和记忆状态 m_{t-1}：

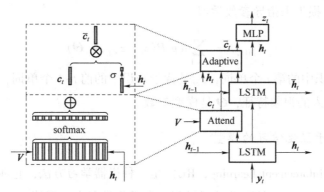

图 4-11 hLSTMat 模型结构[21]

$$h_0, m_0 = [W^{ih}; W^{ic}] \text{Mean}(v_i) \tag{4-37}$$

$$h_t, m_t = \text{LSTM}(y_t, h_{t-1}, m_{t-1}) \tag{4-38}$$

其中，$y_t = E[y_t]$ 表示单词y_t的特征，$\text{Mean}(\{v_i\})$ 表示特征集 v_i 的平均池化。W^{ih} 和 W^{ic} 是需要学习的参数。

2）上层 LSTM

位于上层的 LSTM 则专注于挖掘深层语义信息，它以下层 LSTM 的 h_t、以前的隐藏状态 $\bar{h}_{t-1}$ 和记忆状态 $\bar{m}_{t-1}$ 作为输入，得到 t 时刻的隐藏状态 $\bar{h}_t$：

$$\bar{h}_0 = 0, \bar{m}_0 = 0 \tag{4-39}$$

$$\bar{h}_t, \bar{m}_t = \text{LSTM}(h_t, \bar{h}_{t-1}, \bar{m}_{t-1}) \tag{4-40}$$

3）注意力机制

解码器引入了两种注意力机制。时序注意力机制指导编码器关注哪个帧样本，而自适应时序注意力机制则决定了何时使用视觉信息以及何时使用句子的上下文信息。

上下文向量可以为生成语义信息提供有价值的视觉信息作为佐证，这对基于注意力机制的 LSTM 非常重要。Gao 等人定义了自适应时序上下文向量 $\bar{c}_t$ 和时序上下文向量 c_t：

$$\bar{c}_t = \psi(h_t, \bar{h}_t, c_t) \tag{4-41}$$

$$c_t = \varphi(h_t, V) \tag{4-42}$$

其中，ψ 代表自适应时序注意力门，φ 代表时序注意力门。

4）MLP 层

解码器顶层的全连接层用于预测词汇表中每个单词的概率分布，并以此输出单词 z_t。计算概率分布时需要使用 h_t 和 $\bar{c}_t$：

$$p_t = \text{softmax}(U_p \phi(W_p[h_t; \bar{c}_t] + b_p) + d) \tag{4-43}$$

其中，U_p、W_p、b_p 和 d 是要学习的参数，p_t 就是在词汇表上的概率分布。

3. 损失函数

在 MLP 层预测词汇表中每个单词的概率分布后，使用最大似然估计（Maximum Likelihood

Estimation，MLE）损失来指导参数学习：

$$\ell_{MLE} = -\sum_{t=1}^{T} \log P(z_t \mid z_{<t}, \boldsymbol{V}, \boldsymbol{\Theta}) \tag{4-44}$$

其中，z_t 是背景知识中的第 t 个单词，$z_{<t}$ 是背景知识中的前 $t-1$ 个单词，T 表示句子中的单词总数，$\boldsymbol{V}$ 表示输入的视频特征，$\boldsymbol{\Theta}$ 是模型参数。

4.3.2.3 基于强化学习的模型

强化学习（Reinforcement Learning，RL）是一种机器学习方法，它涉及智能体（agent）与环境（environment）之间的互动学习过程。在强化学习中，智能体通过尝试不同的行动（action）来达到某个目标，并通过奖励信号来衡量行动的好坏。强化学习为视频语义生成模型提供了一种优化框架，使其能够生成更加符合用户需求和预期的语义信息，从而提升了模型在视频处理、推荐等应用领域的性能和实用性。

下文我们将以 Wang 等人[24]所做的工作为例，为读者介绍基于强化学习模型的视频语义生成模型。

"HRL"是"Hierarchical Reinforcement Learning model"的简称，意为"分层强化学习模型"，由 Wang 等人于 2018 年提出。HRL 框架也遵循最基本的编码-解码方法，并设计了 Manager、Worker、Internal Critic 三个模块，其结构如图 4-12 所示。

如图 4-12 所示，在编码阶段，帧序列 $v=\{v_i\}$（$i \in \{1,\cdots,n\}$）首先将被输入预训练过的 CNN 之中；接着，帧序列所对应的特征向量将被先后输入一个低级的 Bi-LSTM 编码器和一个高级的 LSTM 编码器中，并分别得到输出 $h^{E_w} = \{h_i^{E_w}\}$（E_w 指和 Worker 相连的 Bi-LSTM 编码器）和 $h^{E_m} = \{h_i^{E_m}\}$（E_m 指和 Manager 相连的 LSTM 编码器）。在解码阶段，HRL Agent 将会输出视频语义描述 $a_1 a_2, \cdots, a_T \in V^T$（$T$ 是生成语义信息的长度，V 是词汇表）。

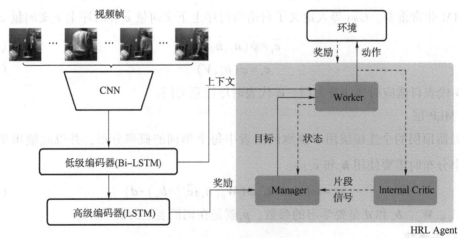

图 4-12　HRL 框架概览[24]

具体来说，HRL Agent 由低级别的 Worker、高级别的 Manager 和 Internal Critic 组成。其中，Manager 以较低的时间分辨率进行工作，并为 Worker 提供处理目标；Worker 将遵循 Manager 提供的目标，在每一个时间步输出一个单词。也就是说，在 Manager 的指挥下，Worker 将会进行语义信息的生成。在此过程中，Internal Critic 组件将会监督 Worker 是否完成了 Manager 在当前时间步提供的处理目标，并提醒 Manager 更新下一个时间步的目标。

下文我们为读者详细介绍 HRL 框架的几个细节。

1. 注意力机制

如上所述，CNN+RNN 编码器处理视频信息并将特征向量 $h^{E_w} = \{h_i^{E_w}\}$ 和 $h^{E_m} = \{h_i^{E_m}\}$ 分别输入 Worker 和 Manager。为了更好地处理原始帧序列所带有的序列信息，Wang 等人为 Worker 和 Manager 分别添加了注意力机制，接下来以 Worker 中的注意力机制为例，为读者进行介绍。

图 4-13 的左侧展示了用于 Worker 中的注意力机制。

如图 4-13 所示，在每一个时间步 t，注意力机制将会根据编码器给出的所有隐状态 $\{h_i^{E_w}\}$，计算出一个加权和 c_t^W：

$$c_t^W = \sum \alpha_{t,i}^W h_i^{E_w} \tag{4-45}$$

其中，$\{\alpha_{t,i}^W\}$ 代表注意力权重，和 Worker 当前状态匹配度较高的隐状态将会被赋予更高的权重，公式为

$$\alpha_{t,i}^W = \frac{\exp(e_{t,i})}{\sum_{k=1}^{n}\exp(e_{t,k})} \tag{4-46}$$

$$e_{t,i} = w^T \tanh(W_a h_i^{E_w} + U_a h_{t-1}^W + b_a) \tag{4-47}$$

其中，w、W_a、U_a、b_a 都是可学习的参数，h_{t-1}^W 是之前时间步对应的隐状态。

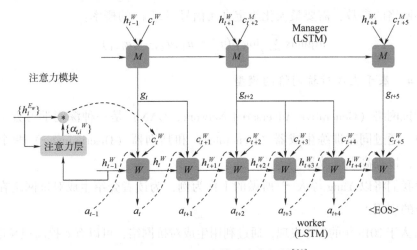

图 4-13 Worker 中的注意力机制[21]

Manager 的注意力机制和 Worker 类似，这里不再赘述。

2. Manager 和 Worker

如图 4-13 所示，$[c_t^M, h_{t-1}^W]$ 会被输入 Manager 之中，在 Manager 的 LSTM 输出 h_t^M 之后，再将 h_t^M 投影为目标向量 g_t：

$$h_t^M = S^M(h_{t-1}^M, [c_t^M, h_{t-1}^W]) \tag{4-48}$$

$$g_t = u_M(h_t^M) \tag{4-49}$$

其中，S^M 代表 Manager 的 LSTM 的非线性函数，u_M 则用于将隐状态投影到目标向量。

在 Worker 接收到目标 g_t 之后，会以 $[c_t^W, g_t, a_{t-1}]$ 作为输入，并输出在词汇表 V 上的概率分布 π_t：

$$h_t^W = S^W(h_{t-1}^W, [c_t^W, g_t, a_{t-1}]) \tag{4-50}$$

$$x_t = u_W(h_t^W) \tag{4-51}$$

$$\pi_t = \text{softmax}(x_t) \tag{4-52}$$

其中，S^W 是 Worker 的 LSTM 中的非线性函数，u_W 用于将隐状态映射为 softmax 层的输入。

3. Internal Critic

Internal Critic 组件可以评估 Worker 的工作进度，并判断 Worker 是否完成了 Manager 提供的目标 g_t。具体来说，Internal Critic 使用 RNN 架构，以单词序列为输入，并判断该序列是否已经结束。如果以 z_t 表示 Internal Critic 的信号，h_t^I 表示 RNN 在时间步 t 的隐状态，则概率 $p(z_t)$ 的计算公式为

$$h_t^I = \text{RNN}(h_{t-1}^I, a_t) \tag{4-53}$$

$$p(z_t) = \text{signoid}(W_z h_t^I + b_z) \tag{4-54}$$

其中，a_t 是 Worker 根据目标采取的行动，W_z、b_z 则代表前馈神经网络的参数。为了训练线性层和循环网络的参数，需要最大化给定真实信号 $\{z_t^*\}$ 的概率：

$$\text{argmax} \sum_t \log p(z_t^* \mid a_1, a_2, \cdots, a_{t-1}) \tag{4-55}$$

4.3.2.4 基于生成对抗网络的模型

生成对抗网络（Generative Adversarial Network，GAN）是一种深度学习方法，基于博弈论的思想，通过同时训练生成器（Generator）和判别器（Discriminator）两个模型并使其相互竞争，以提高训练效果。

下文中我们将以 Yang 等人[25]所做的工作为例，为读者介绍生成对抗网络在视频语义生成模型中的应用。

Yang 等人于 2018 年的工作发现，通过利用生成对抗网络，可以有效提高视频语义生成模型的性能，并对"CNN+RNN"框架进行了扩充。

Yang 等人提出的模型由生成模型 G 和判别模型 D 组成。生成模型 G 定义了在给定视

频信息的情况下，生成语义信息的策略。判别模型 D 则用来指示句子是否自然、合理和正确。模型的整体框架如图 4-14 所示。

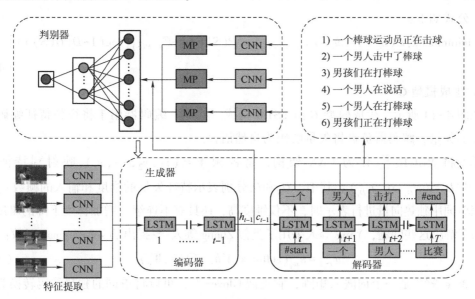

图 4-14 Yang 等人提出的模型框架[25]

在前面的内容中，我们已经介绍过 LSTM 与 GAN 的相关知识，这里不再赘述。下文将为读者介绍该模型的目标函数与生成模型 G 和判别模型 D。

1. 目标函数

为了更快实现模型收敛，需要对生成模型 G 和判别模型 D 分别进行预训练。

生成模型 G 类似 seq2seq 模型[26]，目标是估计条件概率 $p(S|V)$，其中 $V=\{v_1, v_2, \cdots, v_t\}$ 是由帧样本组成的输入串，$S=\{w_1, w_2, \cdots, w_{t_1}\}$ 是相应的输出串。t 和 t_1 分别表示帧样本和输出语义信息的个数。目标函数为

$$p(S|V) = p(w_1, w_2, \cdots, w_{t_1} | v_1, v_2, \cdots, v_t) = \prod_{i=1}^{t_1} p(w_i | V, w_1, \cdots, w_{i-1}) \quad (4-56)$$

根据上述公式，可以得到参数 θ 的最优公式为

$$\theta^* = \underset{\theta}{\operatorname{argmax}} \sum_{i=1}^{t} \log p(w_t | h_{n+t-1}, w_1, \cdots, w_{t-1}; \theta) \quad (4-57)$$

其中，h_{n+t-1} 表示时间步 $n+t-1$ 的隐状态。

对于判别模型 D，主要目的是训练一个分类器。该分类器可以将输入句子映射到输出概率 $D(S) \in [0,1]$，表示 S 来自背景信息而不是来自对抗生成器的概率。D 用于预训练的目标函数可以形式化为交叉熵损失，如下所示：

$$\mathcal{L}_D(Y, D(S)) = -\frac{1}{m} \sum_{i=1}^{m} [(Y_i)\log(D(S_i)) + (1-(Y_i))(\log(1-D(S_i)))]$$

$$(4-58)$$

其中，m 表示批次中的样本数，Y_i 和 $D(S_i)$ 分别表示真实标签和预测概率。

在训练 LSTM-GAN 的整体框架时，流程与图 4-14 相同，训练目标是最小化对数似然函数，公式如下：

$$\text{minimizing:} \mathcal{L}(S|V) = \mathbb{E}_{s \sim P(s), v \sim P(v)}[\log P(S|V)] + \mathbb{E}_{s \sim P(s)}[\log(1 - D(G(S)))] \tag{4-59}$$

2. 生成模型 G

如图 4-14 所示，生成模型 G 由 LSTM 构成。其中，编码器用于将视频特征编码为固定维度的矢量，解码器负责将矢量解码为自然语言。

模型将 VGG16[27] 作为 CNN 架构，将视频 $V=(v_1, v_2, \cdots, v_t)$ 映射到特征矩阵 $W_v \in \mathbb{R}^{D_d \times D_t} = (w_{D_1}, \cdots, w_{D_t})$。其中，$D_d$ 和 D_t 分别表示特征矢量的维度和输入的帧数。

当单词用独热向量进行表示时，不仅维度高，还具有不连续、增加梯度下降的难度等缺陷。为了解决这些问题，Yang 等人采用了类似 Zhang 等人[28]提出的 soft-argmax 函数：

$$w_{t-1} = \varepsilon_{w_e}(\text{softmax}\langle V h_{t-1} \odot L \rangle, W_e) \tag{4-60}$$

其中，$W_e \in \mathbb{R}^{Z \times C}$ 是一个词嵌入矩阵，它类似 Glove[29]，可以将单词的独热编码转换为密集且低维的词嵌入向量，C 是词嵌入向量的维度，Z 是训练数据的单词表的规模；V 是一组参数，将 h_{t-1} 编码为向量；w_{t-1} 表示于第 t 步生成的单词。L 是一个足够大的整数，可以使 softmax $\langle V h_{t-1} \odot L \rangle$ 向量接近于独热形式，向量中的每个值都被近似约束为 0 或 1，这可以帮助 w_{t-1} 更接近 $W_e[t-1]$，并且有助于加速损失函数收敛。ε 是一个函数，将解码器的输出空间映射到一个单词空间。

3. 判别模型 D

判别模型 D 的目的是最大化为训练数据分配正确标签的概率。参考卷积神经网络（CNN）在文本分类任务中的出色表现[30]，选择 CNN 来构成判别模型 D。如图 4-14 所示，判别模型 D 由卷积层和最大池化操作组成。

D 的输入语句包含背景知识（用作真实标签）和由生成模型 G 生成的语义信息（用作错误标签）。模型根据 mini-batch 中最长语句的长度 T 来固定输入句子的长度，一个长度为 T 的语句会被表示为矩阵 $X_d \in \mathbb{R}^{C \times T} = (x_{d1}, \cdots, x_{dT})$，句子中的每个词会被表示为矩阵的一列，$C$ 就是词向量的维度。当一个内核 $W_c \in \mathbb{R}^{C \times l}$ 将卷积运算应用于上述矩阵时，会生成一个特征映射，该映射将作为输入语句的特征之一，如图 4-15 所示。

图 4-15 中的流程可以表述为如下公式：

$$Out = f(X * W_c + b) \in \mathbb{R}^{T-l+1} \tag{4-61}$$

其中，f 是一个非线性激活函数（原论文使用 ReLU），$b \in \mathbb{R}^{T-l+1}$ 是偏移向量，$*$ 表示卷积操作。模型会对由不同卷积核产生的特征映射进行最大池化操作并取最大值。Collobert 等人[31]证明，最大池化操作可以过滤信息量较小的单词组合并捕获最重要的特征，还可以保证提取的特征与输入句子的长度无关。原论文中，作者分别在判别模型 D 上使用了最大池化和均值池化，并进行对比实验，最大池化的分类准确性比均值池提高了 1.8%，这也证明最大池化具有更好的句子分类能力。

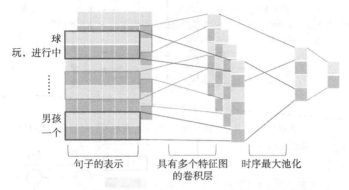

图 4-15　判别模型 D 对输入语句进行卷积操作[25]

此外，判别模型 D 采用了线性连接方法，将来自不同内核的视频特征和池化特征集成到一个新的表示中。对于给定的从生成模型 G 的编码器的最后一个隐藏层中提取的视频特征 $F \in \mathbb{R}^H$（H 是隐藏层的维度），模型将其与其对应的语义特征连接起来，到一个合成特征矢量 $F_{new} \in \mathbb{R}^{H+H1}$（$H1$ 是语义特征的维度），然后将 F_{new} 传递到一个全连接的 softmax 层，以获得概率 $D(X_d) \in [0,1]$。$D(X_d)$ 越接近 1，从真实数据分布中抽取数据的可能性就越大。

4.3.2.5　其他模型

视频语义生成是一个复杂的跨媒体任务，除了以上对主流深度学习方法进行应用的模型，还有很多工作是为了解决视频语义生成中的子任务而提出的。在这里，我们为读者分别介绍用于识别视频中多个事件的模型和综合利用语义流、视觉流的模型。

1. 多事件描述模型

日常生活中，大多数视频会包含不止一个事件。例如，在一段"有一个人在演奏"的视频中，可能还包含了"有两个人在伴舞"和"有一群人在鼓掌"等事件。因此，如何让视频语义生成模型自动识别视频中的不同事件并将它们全部正确地表示出来，也是值得关注的问题。在这里，我们以 Krishna 等人所做的工作为例，为读者介绍深度学习方法在多事件描述任务中的应用。

"Dense-captioning Events Model" 是 Krishna 等人[32]于 2017 年提出的视频语义生成模型，该模型能够识别输入视频中的所有事件，并用自然语言进行描述。Dense-captioning Events Model 的架构如图 4-16 所示。

模型的输入是帧序列 $U = u_t$（$t \in 0, \cdots, T-1$），输出是由一系列自然语句 $s_i = (t^{start}, t^{end}, \{v_j\})$ 所构成的集合，每一条输出语句 s_i 都由词库 V 中的一系列单词 $\{v_j\}$ 所组成，且会被标注上起始时间 t^{start} 和结束时间 t^{end}。

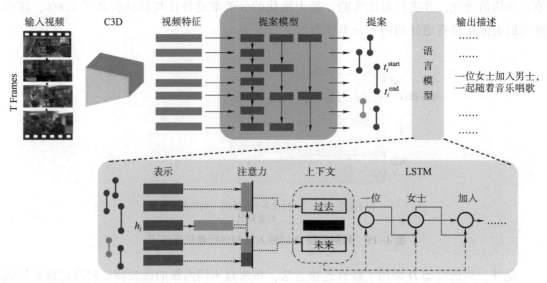

图 4-16 Dense-captioning Events Model 架构概览[32]

具体来说，在整个模型中，从帧序列中抽取出的视觉信息会被首先传送至提案模型（Proposal Module）中，并获得一系列的提案，且每一个提案都被标记上相应的分数 score_i：

$$P = (t_i^{\text{start}}, t_i^{\text{end}}, \text{score}_i, h_i) \tag{4-62}$$

接着，所有分数超过设定阈值的提案都会被传递至语言模型之中，语言模型会根据每个提案的隐状态 h_i 和其他提案所描述的上下文，为视频中的每一个事件输出语义信息。

我们将在下文为读者展示提案模型和语言模型的相关细节。

1）提案模型

Krishna 等人借鉴了 Jayaraman 等人[33]提出的思想，认为视觉特征的变化是以稳定的速率进行的，并设计了一种 DAPs 模型[34]的变体，用于检测一段较长视频中的不同事件。也即，提案模型可以用较快的特征变化率识别时长较短的事件，并用较慢的特征变化率识别时长较长的事件。

提案模型的输入是从帧序列中提取出来的一系列特征向量 $\{f_t = F(u_t : u_{t+\delta})\}$。其中，$\delta$ 是采用的时间分辨率，F 则代表抽取 C3D 特征。对于时长为 T 的视频来说，特征向量的个数为 $N = T/\delta$。

接着，这些特征向量将被传送到 Krishna 等人设计的 DAPs 变体之中。这个 DAPs 变体会按照不同的步幅（原论文中为 1，2，3，8）对视频的特征进行抽样，并将其传送到用于生成提案的 LSTM 单元之中。如前所述，更长的步幅可以识别出视频中持续时间更长的事件，而且，即便视频中在同一时间有多个事件同时发生，每一个事件也都会被识别出来。

2）语言模型

在获得事件提案之后，下一步就是对每一个事件进行描述。视频中的事件往往并非相互独立，而是具有一定的联系，例如，视频中"有一个人在演奏"这个事件，导致了"有两个人在伴舞"，而当表演者演奏完毕，又导致了"有一群人在鼓掌"。受 Alahi 等人[35] 的工作启发，Krishna 等人设计的语言模型可以根据在时间上相邻的事件来构成上下文信息，并对当前事件进行语义生成。

为了结合所有相邻事件的上下文信息，语言模型将所有的相邻事件划分为两类，一类为过去发生的事件，一类为未来发生的事件。具体的评判标准为，若某一相邻事件的结束时间在当前事件之前，则该相邻事件被划分为过去事件，否则被划分为未来事件。对于给定的当前事件，结合它的隐状态 $\boldsymbol{h}_i$、开始时间和结束时间 $[t_i^{\text{start}}, t_i^{\text{end}}]$，可以分别计算出过去事件和未来事件对应的上下文信息：

$$\boldsymbol{h}_i^{\text{past}} = \frac{1}{Z^{\text{past}}} \sum_{j \neq i} [t_j^{\text{end}} < t_i^{\text{end}}] a_{ij} \boldsymbol{h}_j \tag{4-63}$$

$$\boldsymbol{h}_i^{\text{future}} = \frac{1}{Z^{\text{future}}} \sum_{j \neq i} [t_j^{\text{end}} \geq t_i^{\text{end}}] a_{ij} \boldsymbol{h}_j \tag{4-64}$$

其中，$\boldsymbol{h}_j$ 是其他提案的隐状态，Z 用于归一化，计算公式为

$$Z^{\text{past}} = \sum_{j \neq i} [t_j^{\text{end}} < t_i^{\text{end}}] \tag{4-65}$$

a_{ij} 则是用于表示 i、j 两个事件相关程度的注意力权重，计算公式为

$$w_i = w_a h_i + b_a \tag{4-66}$$

$$a_{ij} = w_i h_j \tag{4-67}$$

之后，$(\boldsymbol{h}_i^{\text{past}}, \boldsymbol{h}_i, \boldsymbol{h}_i^{\text{future}})$ 将会作为输入传送到用于生成语义信息的 LSTM 之中，对当前事件进行描述。通过上下文信息，LSTM 可以获得过去和未来事件的信息，并对当前事件生成更加合适的语义表示。

2. 双流 RNN 模型

视频数据中往往包含不同层次的信息，例如表层视觉信息和对象、动作和属性等更高级的语义信息。如何对不同层次的信息进行有效编码，是一个非常重要的问题。

"DS-RNN"代表"Dual-Stream RNN"，意为"双流 RNN"，由 Xu 等人[36] 于 2018 年提出，用于探索和集成语义流和视觉流的隐藏状态。在 DS-RNN 中，视觉编码器对帧样本包含的表层视觉信息进行编码，而语义编码器则对帧样本中所包含的更高级的语义概念（即对象，动作和属性）进行编码。对于这两个异步但互补的信息，DS-RNN 框架首先使用双流网络对两种模态的隐藏状态进行独立编码，然后再部署双流解码器对两种模态的隐藏状态进行融合，并生成视频标题。DS-RNN 模型框架如图 4-17 所示。

双流解码器可以识别视觉隐藏状态和语义隐藏状态，并将二者融合。LSTM 所具有的记忆单元，可以指导网络何时遗忘过去的隐藏状态以及何时更新当前的隐状态，并使双流解码器拥有融合不同模型生成的隐藏状态的能力。

DS-RNN 的原理可以整理为

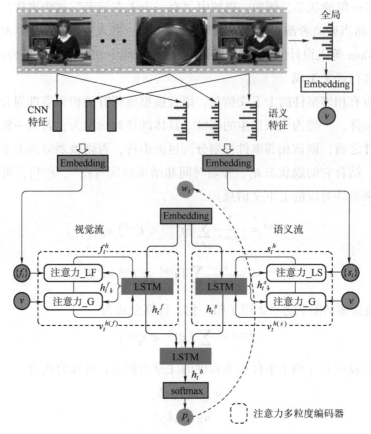

图 4-17 DS-RNN 模型框架[36]

$$\begin{bmatrix} h_t^f \\ c_t^f \end{bmatrix} = \psi_f(h_{t-1}^f, c_{t-1}^f, w_{t-1}, f_i, v) \tag{4-68}$$

$$\begin{bmatrix} h_t^s \\ c_t^s \end{bmatrix} = \psi_s(h_{t-1}^s, c_{t-1}^s, w_{t-1}, s_i, v) \tag{4-69}$$

$$\begin{bmatrix} p(w_t \mid w_{<t}, f_i, s_i, v) \\ h_t^b \\ c_t^b \end{bmatrix} = \psi_b(h_{t-1}^b, c_{t-1}^b, w_{t-1}, h_t^f, h_t^s) \tag{4-70}$$

$$\psi = [\psi_f, \psi_s, \psi_b] \tag{4-71}$$

其中，ψ 代表 DS-RNN，它由视觉编码器 ψ_f、语义编码器 ψ_s 和双流解码器 ψ_b 组成；LSTM 的记忆单元表示为 c_t，隐藏状态表示为 h_t；给定标题的每个单词表示为 w。在每个时间步 t 中，编码器 ψ_f 和 ψ_s 分别更新内部状态 h_t^f 和 h_t^s；然后，解码器 ψ_b 根据上述内部状态更新其隐藏状态 h_t^b，并输出单词 w_t。

DS-RNN 的损失函数为

$$\sum_{n=1}^{N}\sum_{t=1}^{T_n} \log p(w_t^n \mid w_0^n, w_1^n, \cdots, w_{t-1}^n, f_i^n, s_i^n; v^n; \Theta) \tag{4-72}$$

其中，N 是给定的标题总数，T_n 是标题 n 所包含的字数，Θ 表示模型中的所有参数。

4.3.3 基于多模态预训练的视频语义生成模型

随着深度学习技术的不断发展与模型规模的扩大，零样本（zero-shot）和少样本（few-shot）场景开始成为衡量大模型能力的重要手段，这些模型无须在下游任务上微调，只需要经过预处理，便可以获得较好的表现效果。这里以 DeepMind 于 2022 年 4 月发布的 Flamingo[38] 为例，为读者进行讲解。

Flamingo 是一系列视觉语言模型的总称，这些模型可以通过上下文学习的能力，仅依靠几个相关用例，便在某个视觉理解任务上取得很好的效果，如图 4-18 所示。

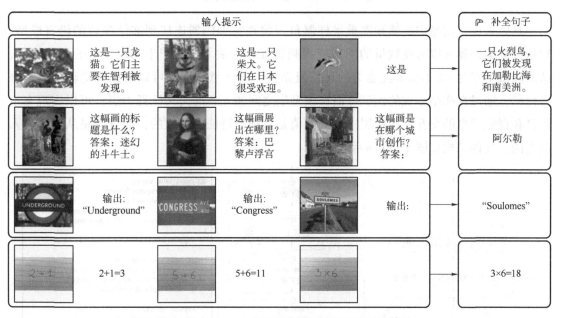

图 4-18　Flamingo 在少样本场景下的表现效果[38]

Flamingo 之所以能够在少样本场景下实现对图片/视频的良好标注，是因为其很好地运用了强大的视觉/语言预训练模型。Flamingo 在视觉/语言预训练模型之间构建交互模块，并可以处理任意交叉分布的文本和视觉数据。其模型架构如图 4-19 所示。

如图 4-19 所示，Flamingo 使用参数冻结的视觉编码器和语言模型分别对图像信息和文本信息进行编码，并通过训练感知器重采样器（Perceiver Resampler）和门注意力层（GATED XATTN-DENSE）实现两种模态信息之间的交互。借助这样的模型架构，Flamingo 可以使用互联网上爬取的大量图文任意交错的数据进行训练，并获得非常灵活强大的上下文学习能力。

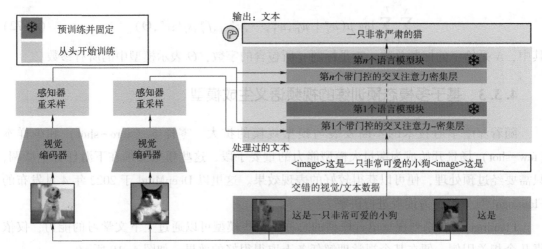

图 4-19 Flamingo 系列模型架构[38]

具体来说，模型中的感知器重采样器负责将视觉编码器连接到冻结参数的语言模型，它从视觉编码器获取可变数量的图像或视频特征作为输入，并产生固定数量的视觉输出，从而降低了视觉-文本交叉注意力的计算复杂性。门注意力层则可以根据视觉输入调整语言模型，通过在冻结参数的预训练语言模型层之间插入新的交叉注意力层，可以实现文本信息和视觉信息的交互。这些层中的键和值是从视觉特征中获取的，而查询是从语言输入派生的。具体结构如图 4-20 所示。

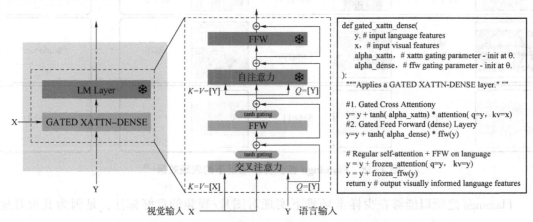

图 4-20 GATED XATTN-DENSE Layer 结构

Flamingo 在一系列数据集上进行训练，给定视觉输入，最小化每个数据集的预期文本负对数似然的加权总和：

$$\sum_{m=1}^{M} \lambda_m \cdot \mathbb{E}_{(x,y) \sim D_m} \left[-\sum_{\ell=1}^{L} \log p(y_\ell \mid y_{<\ell}, x_{\leq \ell}) \right] \quad (4\text{-}73)$$

其中，D_m 和 λ_m 分别是第 m 个数据集及其权重。通过在所有数据集上累积梯度，Flamingo 实现的效果比在各数据集上循环训练的效果更好。

4.4 图像视频语义生成任务系统评测

在 4.2 节和 4.3 节中,我们为读者展示了图像视频语义生成任务中的常用模型。在本节中,我们将为读者展示在图像视频语义生成任务上常用的数据集和评价指标。读者可以基于本节内容进行实验,这有助于读者更加直观地感受语义生成模型的强大效果,并更加详细地了解模型的内在原理。

4.4.1 图像语义生成任务常用数据集

目前,图像语义生成领域较为常用的数据集有 MS-COCO[39]、Flickr 30K[40]、Flickr 8K[41] 和 Conceptual Captions[42]。

1. MS-COCO

MS-COCO(Microsoft COCO Captions)数据集是微软于 2014 年出资标注的大型图像数据集,目标是视觉场景的理解,主要关注目标检测、分割与图像场景。该数据集图像数据资源规模庞大,包含了大量背景复杂、目标尺寸较小的自然图片与日常生活图片,对可分类、高频次的应用场景图像进行分类收集。2014 年发布的 COCO 数据集中共包含 164 062 张图像、91 个物品类别、80 个目标类别和 995 684 个描述。其中包括 82 783 个训练图像、40 504 个验证图像以及 40 775 个测试图像;每张图像对应 5 段情景描述,每个描述至少包含 8 个单词,均对场景中所有重要部分进行描述,对于不重要的细节、过去或未来可能发生的事情不予描述。MS-COCO 数据集数据资源规模庞大,种类和实例数量多,是最受欢迎的常用数据集之一。

2. Flickr 8K 和 Flickr 30K

Flickr 数据集由美国伊利诺伊大学构建,是一个图像标题语料库,图像侧重于参与日常活动和事件的人。Flickr 8K 数据集于 2013 年发布,共包含了 8 092 张图片,其中分为 6 092 张训练图像、1 000 张测试图像以及 1 000 张验证图像。每张图像对应 5 个不同的描述句,每个描述句均对图像中的物体和事件内容进行描述,描述句的平均长度为 11.8 个单词。Flickr 30K 数据集于 2015 年发布,是 Flickr 8K 数据集的扩展,共包含 31 783 张图片以及 158 915 个图像描述,每张图像同样是对应 5 个不同的描述句。

3. Conceptual Captions

Conceptual Captions 数据集是一个跨模态预训练模型常用的数据集,从网页中的 Alt-text HTML 属性中获取。该数据集是一个包含图像 URL,描述对的数据集,包含 330 万带有文字描述的图片,图片与原始描述均来自网络,与其他数据集相比,具有风格更加广泛的特点。

上述 4 个数据集的具体统计情况如表 4-1 所示。

表 4-1　图像语义生成任务常用数据集数据统计

数据集名称	类别数	训练集图像数	验证集图像数	测试集图像数	句子平均单词数
MS-COCO	91	82 783	40 504	40 775	约 10.7
Flickr 8K	N/A	6 000	1 000	1 000	约 10.2
Flickr 30K	N/A	29 000	1 000	1 000	约 10.2
Conceptual Captions	N/A	3 000 000	150 000	150 000	约 12.5

4.4.2　视频语义生成任务常用数据集

我们为读者介绍以下较为常用的视频语义生成任务上的数据集，方便读者开展实验，测试模型性能。

1. Charades 数据集

Charades 数据集由 Sigurdsson 等人[43]于 2016 年提出。该数据集中的视频片段呈现了人们在室内的日常行为和动作，属于以人物为主题的跨模态数据集。主创通过 AMT（Amazon Mechanical Turk）征集了来自三个洲的 267 位参与者，并通过自创的 "Hollywood in Homes" 方式进行数据收集。即，参与者需要根据主创团队提供的文字描述，表演一些常见的行为，并录制成视频。在最初版本的 Charades 数据集中，包含 9 848 条视频数据，视频平均长度为 30.1 s。该数据集涵盖了 15 类常见的室内场景，涉及的互动对象有 46 类，行为类别有 157 类。数据集包含的动作共有 66 500 个，每个动作平均时长 12.8 s。超过 15% 的视频中，出现的人物不止一位。该数据集中包含 9 848 条视频，有 7 985 条用于训练集，1 863 条用于测试集。

2. MSR-VTT 数据集

MSR-VTT 代表 "MSRVideo to Text"，是由 Xu 等人[44]于 2016 年提出的跨模态数据集。该数据集中的视频片段不局限于烹饪、电影等某一个主题，属于开放域的跨模态数据集。数据集中的视频来源于商业视频搜索引擎。主创对来自 20 个类别的 257 个热门检索词进行了搜索，针对每个检索词，爬取排名在前 150 的视频。在删除时长短、质量差、内容重复的视频后，最后保留了 30 404 条网络视频。数据集使用基于颜色直方图的方法将网络视频切分为独立的镜头，并要求 15 名参与者选取合适的连续镜头组成可以用一个自然语句进行表述的视频片段。最终，获得了 30 KB 的视频片段，并随机抽取了 10 KB 用于构建第一版的 MSR-VTT 数据集。数据集中每个视频片段长度在 10~30 s，总时长达 41.2 h。

该数据集由来自 AMT 的 1 317 名参与者进行自然语言标注。每一个视频片段的语义信息会由多个参与者进行标注，在删除过短的和重复的标注后，会保留 20 个质量较高的标注。最终，形成了200 KB的标注（包含1.8 MB的单词，其中不重复的单词有29 316个）。数据集按照65%、30%、5%的比例对训练集、测试集、验证集进行划分，即三者分别包含6 513、2 990和497个视频片段。其中，为了防止过拟合，来自同一个视频或同一个搜索关键词的视频片段不会全部出现在一个集合中。

MSR-VTT数据集包括了大规模的视频片段与标注信息，视频类别全面，语义描述多样，在多模态任务中能够起到显著作用。

3. VideoStory数据集

VideoStory数据集由Gella等人[45]于2018年提出，该数据集从社交媒体上获取视频数据，视频内容包含了各种人们想表达的信息。该数据集从社交媒体平台上获取公开视频，最终收获的视频有20 KB，每个视频的时长为20~180 s，总计时长396 h。

该数据集借鉴了Krishna等人[46]于2017年的工作，对视频片段进行语义标注。最终获得的标注有123 KB，每条标注的平均长度为13.32个单词，每个视频平均包含62.33个单词。该数据集中，有17 098条视频用于训练集，999条视频用于验证集，1 011条视频用于测试集。

4. MPII数据集

MPII是"Max Plank Institute for Informatics"的缩写，该数据集由Rohrbach等人[47]于2012年提出，该数据集包含的视频以烹饪为主题，展示了厨师烹饪菜肴时的行为等信息。主创团队记录了12名参与者进行的65种不同的烹饪行为，如切片、倾倒、调味等。每位参与者被要求烹饪14道给定菜肴中的6道，通过记录完整的烹饪过程来保证视频中烹饪行为的逼真性。最终，共录制了44个视频，总时长超过8 h，共881 755帧。

MPII数据集对烹饪行为、人体部位等信息进行了标注。烹饪行为方面，6位参与者使用标注工具Advene[48]划分视频中不同烹饪行为的开始帧与结束帧，并标注行为类别。最终，获得了5 609条标注，涉及的行为类别有65个。人类部位方面，厨师的肩关节、肘关节、手腕关节等部位都被进行了标注。此外，数据集还提供了视频整体内容、人体姿势、行为轨迹等特征，用于促进不同层次的行为识别研究。有关人体部位的标注中，有1 071帧用于训练集，1 277帧用于测试集。

上述4个数据集的具体统计情况如表4-2所示。

表4-2 视频语义生成任务常用数据集数据统计

数据集名称	主题	训练集视频数/个	验证集视频数/个	测试集视频数/个	总标注数
Charades	人物动作	7 985	N/A	1 863	约66 KB
MSR-VTT	开放域	6 513	2 990	497	约200 KB
VideoStory	社交媒体	17 098	999	1 011	约123 KB
MPII	烹饪	1 071	N/A	1 277	5 609条

4.4.3　图像视频语义生成任务常用评价指标

在图像视频语义生成任务中，常用的评价指标有 BLEU、ROUGE、CIDEr、METEOR、SPICE 等。这些指标从语法的正确性、内容的全面性以及生成内容的可信性等方面对图像视频语义生成模型的表现效果进行评估，并与人类的评估方式相契合[28]，可以在一定程度上代替价格昂贵且耗时漫长的人工评估工作。

1. BLEU

BLEU 全称"Bilingual Evaluation Understudy"，意为"双语评估替补"，由 Papineni 等人[37]于 2002 年提出。它是一种基于精度的指标，核心思想为比较模型生成的候选语义与人工定义的参考语义中相同 n-gram 片段的数量，一开始被用于自动评价机器翻译模型的表现效果。根据所采用的 n-gram 的不同长度，可以将 BLEU 划分为 BLEU-1、BLEU-2、BLEU-3、BLEU-4 等类别，其中，BLEU-1 可以用于衡量单词级别的准确性，而随着 n-gram 中连续单词数 n 的增大，BLEU 指标也可以用于衡量句子级别的准确性与流畅性。

示例 1：

候选语义 1：It is a guide to action which ensures that the military always obeys the commands of the party.

候选语义 2：It is to insure the troops forever hearing the activity guidebook that party direct.

参考语义 1：It is a guide to action that ensures that the military will forever heed Party commands.

参考语义 2：It is the guiding principle which guarantees the military forces always being under the command of the Party.

---

1) BLEU 指标的基本思想

根据用词选择和用词顺序的不同，模型往往会产生不同的候选语义。如示例 1 所示，如果人为事先定义了参考语义，那么人类很容易对模型生成的候选语义进行评价。

根据参考语义的含义，候选语义 1 显然是更好的。容易发现，这是因为候选语义 1 中的用词和三个参考语义有较大的重叠。而 BLEU 指标的核心思想，就是比较模型生成的候选语义与人工定义的参考语义中相同 n-gram 片段的数量，以此来评价模型效果。以 1-gram 为例，通过计算参考语义中出现的单词在候选语义中的占比，就可以对候选语义进行评价。

2) 改进后的 n-gram 精度

但是，根据上述标准，模型很可能为了提高指标，而在生成的候选语义中加入过多的在参考语义中出现的词汇，并因此导致候选语义的语义严重受损，如示例 2 所示。

示例 2：

  候选语义：the the the the the the the.

  参考语义 1：The cat is on the mat.

  参考语义 2：There is a cat on the mat.

  示例 2 中，候选语义为了匹配在参考语义中出现过的单词 "the"，导致候选语义出现了严重问题。因此，BLEU 对基于 n-gram 的测评指标进行了改进。具体为，首先，计算候选语义中的每个单词在各个参考语义中出现的次数，并将其中最大的次数记录下来；其次，在计算候选语义中有多少个单词在参考语义中出现时，如果某个单词超过了在参考语义中的最大出现次数，则不再将其视作在参考语义中出现过。例如，示例 2 中，候选语义中的 "the" 在参考语义 1 中出现的次数最多，有两次，因此，在计算候选语义中的单词在参考语义中出现过的比例时，仅有前两个 "the" 视为在参考语义中出现过，比例为 2/7。

  3)"简洁惩罚因子"的引入（Brevity Penalty，BP）

  一个优秀的候选语义，应该具有较为适中的语句长度。修改后的 n-gram 精度在一定程度上解决了这个问题，因为改进后的 n-gram 精度能够避免候选语义中出现在参考语义中没出现的词语，同时能够避免在参考语义中出现过的词语被应用过多次。

  但只依赖改进后的 n-gram 精度并不能很好地控制语句长度，例如示例 3 和示例 4 所示。

示例 3：

  候选语义：of the

  参考语义 1：It is a guide to action that ensures that the military will forever heed Party commands.

  参考语义 2：It is the guiding principle which guarantees the military forces always being under the command of the Party.

  参考语义 3：It is the practical guide for the army always to heed the directions of the party.

示例 4：

  候选语义 1：I always invariably perpetually do.

  候选语义 2：I always do.

  参考语义 1：I always do.

  参考语义 2：I invariably do.

  参考语义 3：I perpetually do.

  在示例 3 中，候选语义中包含的 "of" "the" 都满足修改后的 n-gram 精度的要求，但其语句长度过短，且语义不完整；而如果借鉴传统思路，同时考虑 "精度+召回率" 两个因素,则有可能出现示例 4 中的情况,即候选语义 1 中的每个词汇都能在参考语义中找到,且对不同参考语义的内容都做了很好的利用,但其表达效果明显不如长度更短且仅利用了一个参考语义(参考语义 1)的候选语义 2。

BLEU 引入了"简洁惩罚因子"(BP),来控制生成的候选语义的长度。其公式如下:

$$BP = \begin{cases} 1, & c > r \\ e^{(1-r/c)}, & c \leq r \end{cases} \quad (4-74)$$

其中,c 表示在整个数据集中,所有图像/视频对应的候选语义的长度之和,r 表示所有图像/视频对应的"最佳匹配长度"之和。某一图像/视频对应的"最佳匹配长度"的定义为:对于一图像/视频,人工定义若干条参考语义,当模型生成候选语义后,和这条候选语义长度最接近的参考语义的长度,就是该图像/视频的"最佳匹配长度"。例如,某图像/视频有三条参考语义,长度分别为 7、12、13,如果模型生成的候选语义长度为 10,则对应的最佳匹配长度就是 12。

通过对比 c 与 r,可以在一定程度上保证候选语义与参考语义长度近乎一致;同时,因为 c 与 r 都是在整个数据集范围内求和的结果,所以可以保证一定程度的自由度。

4) BLEU 计算公式

BLEU 综合"修改后的 n-gram 精度"和"简洁惩罚因子"两种方法进行自动评价,其公式为

$$\text{BLEU} = \text{BP} \cdot \exp\left(\sum_{n=1}^{N} w_n \log p_n\right) \quad (4-75)$$

其中,p_n 表示整个数据集范围内,修改后的 n-gram 精度的几何平均值,w_n 表示该 n-gram 所占的权重,N 表示 n-gram 最大的 n 取值。

其对数形式如下:

$$\log \text{BLEU} = \min\left(1 - \frac{r}{c}, 0\right) + \sum_{n=1}^{N} w_n \log p_n \quad (4-76)$$

2. ROUGE

ROUGE 全称"Recall-Oriented Understudy for Gisting Evaluation",意为"面向召回率的要点评估替补",由 ISI 的 Lin[49] 于 2004 提出,原本用于文本摘要领域的自动评估。它与 BLEU 类似,通过将模型生成的候选语义与一组参考语义(通常是人工生成的)进行比较,统计二者之间的重叠单元(诸如 n-gram 片段、单词序列、单词对等)的数目,来对模型效果进行评估。不同的是,BLEU 是基于精度的评价指标,而 ROUGE 则是基于召回率的评价指标。ROUGE 具体分为 ROUGE-N、ROUGE-L、ROUGE-W、ROUGE-S 共 4 类,其中有 3 个被用于 DUC(Document Understanding Conference)之中。

1) ROUGE-N

ROUGE-N 和 BLEU-N 类似,通过将候选语义与一系列人工生成的参考语义对比,计算 n-gram 片段的召回率,其公式如下:

$$\text{ROUGE-N} = \frac{\sum_{S \in \{\text{ReferemceSummaries}\}} \sum_{\text{gram}_n \in S} \text{Count}_{\text{match}}(\text{gram}_n)}{\sum_{S \in \{\text{ReferemceSummaries}\}} \sum_{\text{gram}_n \in S} \text{Count}(\text{gram}_n)} \quad (4-77)$$

其中，gram_n 代表 n-gram，n 代表 n-gram 的长度，$\text{Count}_{\text{match}}(\text{gram}_n)$ 代表候选语义与参考语义中重合度最大的 n-gram 序列的长度。公式的分母是参考语义中所有 n-gram 片段的数目之和，这也表明 ROUGE-N 是基于召回率的评价指标。

根据上述公式，随着参考语义的数目增加，分母中统计的 n-gram 片段也会增加，这使 ROUGE 允许图像视频语义生成模型从不同的优秀参考语义中获取信息。此外，分子统计的是候选与参考语义中所有匹配的 n-gram 个数，这也保证了候选语义可以按照一定的权重比，与所有参考语义都保持较好的共识上的一致性。

2) ROUGE-L

ROUGE-L 中的"L"是"LCS"的首字母。LCS 全称 Longest Common Subsequence，意为"最长公共子序列"。ROUGE-L 通过计算基于 LCS 的 F 指数，来评价两个文本之间的相似性。其计算公式如下：

$$R_{\text{lcs}} = \frac{\text{LCS}(X,Y)}{m} \quad (4-78)$$

$$P_{\text{lcs}} = \frac{\text{LCS}(X,Y)}{n} \quad (4-79)$$

$$F_{\text{lcs}} = \frac{(1+\beta^2) R_{\text{lcs}} P_{\text{lcs}}}{R_{\text{lcs}} + \beta^2 P_{\text{lcs}}} \quad (4-80)$$

其中，X 代表一个含有 m 个单词的参考语义，Y 代表一个含有 n 个单词的候选语义，$\text{LCS}(X,Y)$ 代表 X 和 Y 的最长公共子序列的长度，F_{lcs} 的值就是 ROUGE-L 的值。在 DUC 中，β 被设置为一个非常大的值，因此，F_{lcs} 实际只参考了 R_{lcs} 的值，说明 ROUGE-L 也是基于召回率的。当 X 和 Y 完全相等时，ROUGE-L 值为 1；当 $\text{LCS}(X,Y)$ 为 0，即 X 和 Y 没有公共子序列时，ROUGE-L 值为 0。

使用 ROUGE-L，因为不涉及 n-gram，因此不需要提前设置参数 n；同时，因为参考了最长公共子序列，所以可以反馈两个语义之间的相似性。但是 ROUGE-L 同样有缺点，例如，它只考虑一个最长公共子序列，忽略了语句中更短的或其他相同长度的子序列所包含的信息，例如示例 1 所示。

示例 1：

参考语义：police killed the gunman

候选语义 1：the gunman kill police

候选语义 2：the gunman police killed

两个候选语义在 ROUGE-L 上的得分都是一样的，但很明显候选语义 2 和参考语义的语义更相近，ROUGE-2 也会给予候选语义 2 更高的评分。这就是因为 ROUGE-L 只能评估候选语义 2 中最长公共子序列 "the gunman" 或 "police killed" 的情况，而不能像 ROUGE-2 一样对二者同时进行评估。

以上只是 ROUGE-L 在句子级的评价标准，当摘要中不止包含一个语句时，ROUGE-L 会将候选语义中的每一句话分别与参考语义中的每一句话进行对比。假设参考语义中含有 u 条语句、m 个单词，每条语句用 r_i 表示；候选语义 C 包含 v 条语句、n 个单词，则 F_{lcs} 计算公式如下：

$$R_{\mathrm{lcs}} = \frac{\sum_{i=1}^{u} \mathrm{LCS}_\cup(r_i, C)}{m} \tag{4-81}$$

$$P_{\mathrm{lcs}} = \frac{\sum_{i=1}^{u} \mathrm{LCS}_\cup(r_i, C)}{n} \tag{4-82}$$

$$F_{\mathrm{lcs}} = \frac{(1+\beta^2) R_{\mathrm{lcs}} P_{\mathrm{lcs}}}{R_{\mathrm{lcs}} + \beta^2 P_{\mathrm{lcs}}} \tag{4-83}$$

其中，β 在 DUC 中同样会被赋予很高的值，因此 F_{lcs} 仍主要参考召回率。$\mathrm{LCS}_\cup(r_i, C)$ 表示参考语义中某一条语句 r_i 与整个候选语义 C 的最长公共子序列的并集的 LCS 分数。例如，$r_i = w_1 w_2 w_3 w_4 w_5$，$C$ 包含两个语句，$c_1 = w_1 w_2 w_6 w_7 w_8$，$c_2 = w_1 w_3 w_8 w_9 w_5$。则 r_i 和 c_1 的 LCS 为 $w_1 w_2$，r_i 和 c_2 的 LCS 为 $w_1 w_3 w_5$，两个 LCS 的并集为 $w_1 w_2 w_3 w_5$，长度为 4，而 r_i 长度为 5，因此 $\mathrm{LCS}_\cup(r_i, C) = 4/5$。

3) ROUGE-W

ROUGE-W 中的 "W" 是 "WLCS" 的首字母，代表 "Weighted Longest Common Subsequence"，译为 "加权最长公共子序列"。

ROUGE-L 存在一个很明显的缺点，就是它在对 "最长公共子序列" 进行评估时，没有考虑这些子序列在语义中是否连续的情况，如示例 2 所示。

示例 2：

参考语义：A B C D E F G

候选语义 1：A B C D H I K

候选语义 2：A H B K C I D

示例 2 中，两个候选语义在 ROUGE-L 上的评分是一致的，但显然候选语义 1 是更好的，因为 4 个单词 A、B、C、D 在候选语义 1 中是连续出现的，这与参考语义保持一致。ROUGE-W 在 ROUGE-L 的基础上，对连续的匹配片段给予更高的权重，即考虑 "加权最长公共子序列"，让包含连续匹配的语义获得更高的评分。

假设有两个长度分别为 m 和 n 的序列 X、Y，基于 WLCS 思路的 ROUGE-W 计算公式为

$$R_{\text{wlcs}} = f^{-1}\left(\frac{\text{WLCS}(X,Y)}{f(m)}\right) \quad (4-84)$$

$$P_{\text{wlcs}} = f^{-1}\left(\frac{\text{WLCS}(X,Y)}{f(n)}\right) \quad (4-85)$$

$$F_{\text{wlcs}} = \frac{(1+\beta^2)R_{\text{wlcs}}P_{\text{wlcs}}}{R_{\text{wlcs}}+\beta^2 P_{\text{wlcs}}} \quad (4-86)$$

其中，f 表示权重函数，f^{-1} 为 f 的反函数；在 DUC 中，β 仍被设置为一个很大的值，因此 ROUGE-W 也是基于召回率的评价指标。

4）ROUGE-S

ROUGE-S 中的"S"代表"Skip-Bigram Co-Occurrence Statistics"，ROUGE-S 参考了 ROUGE-L 对跳跃性的重合片段进行统计的思想，对 ROUGE-N 进行了修改，如例 3 所示。

示例 3：
 参考语义：police killed the gunman
 候选语义：police kill the gunman

两个语义各含有 4 个单词，对应的"Skip-Bigram"都是 $C(4,2)=6$ 个。例如，参考语义中的"Skip-Bigram"为（"police killed" "police the" "police gunman" "killed the" "killed gunman" "the gunman"），而两个语义中共存的"Skip-Bigram"为（"police the" "police gunman" "the gunman"）。

假设存在两个长度分别为 m 和 n 的语义 X 和 Y，则基于 Skip-Bigram 的 F 评分计算公式为

$$R_{\text{skip2}} = \frac{\text{SKIP2}(X,Y)}{C(m,2)} \quad (4-87)$$

$$P_{\text{skip2}} = \frac{\text{SKIP2}(X,Y)}{C(n,2)} \quad (4-88)$$

$$F_{\text{skip2}} = \frac{(1+\beta^2)R_{\text{skip2}}P_{\text{skip2}}}{R_{\text{skip2}}+\beta^2 P_{\text{skip2}}} \quad (4-89)$$

其中，SKIP2(X,Y) 代表 X、Y 中共存的 Skip-Bigram 片段的个数，β 则用于平衡精度和召回率两个指标，C 是组合函数。

3. CIDEr

CIDEr 全称"Consensus-based Image Description Evaluation"，意为"基于共识的图像描述指标"，为 Vedantam 等人[50]于 2015 年提出的。该指标侧重基于人类标准对图像视频语义生成方法进行比较，可以从语法正确性、生成信息的重要性和准确性（精度和召回

率)等方面对生成语义进行评价,并显示出与人类评估标准的高度一致性。

具体来说,针对给定的图像视频信息,CIDEr 会评价生成的语义信息 c_i 与一组人工定义的语义描述语句 $S_i=s_{i1}$, s_{i2}, $\cdots$, s_{im} 之间在共识上的相似性。c_i 和 S_i 之中的词汇会首先被还原为词干的形式,例如"fishes""fishing""fished"等词汇都会被还原为"fish",之后,这些语句会利用一系列 n-gram 短语 w_k 进行表示。

评价语句间基于共识的相似性,可以通过比较 c_i 和 S_i 中重复的 w_k 来实现。和 S_i 相似度高的 c_i,其包含的 w_k 在 S_i 中出现的频率也会很高,也就是说,在 S_i 中出现频率低的 w_k 会被给予更低的评价分数。但是,对于在众多图片/视频信息中都出现的 w_k,在评价时也应该给予更低的分数,因为它们表示的语义信息太过笼统,贡献较低。为了根据这些标准进行编码,CIDEr 使用了 TF-IDF[27] 为 c_i 中包含的每个 w_k 进行打分,根据对比的 s_{ij} 语句的不同,将打分结果表示为 $g_k(s_{ij})$。公式如下:

$$g_k(s_{ij}) = \frac{h_k(s_{ij})}{\sum_{\omega_l \in \Omega} h_l(s_{ij})} \log\left(\frac{|I|}{\sum_{I_p \in I} \min(1, \sum_q h_k(s_{pq}))}\right) \tag{4-90}$$

其中,$h_k(s_{ij})$ 表示 w_k 在 s_{ij} 中出现的次数,Ω 表示所有 w_k 组成的词典,I 表示数据集中所有图像视频组成的集合。公式中的第一项用于计算每个 w_k 对应的 TF 指标,第二项则用于计算 IDF 指标。TF 指标会给出现在 S_i 中频率较高的 w_k 更高的评分,而 IDF 指标则会降低在 I 中不同图像视频中出现频率都很高的 w_k 的评分,以此来提高生成语义 c_i 中用词的显著性。

在使用 n-gram 的情况下,CIDEr 通过计算平均余弦相似性来综合考虑精度和召回率两方面的信息,公式如下:

$$\text{CIDEr}_n(c_i, S_i) = \frac{1}{m} \sum_j \frac{\boldsymbol{g}^n(c_i) \cdot \boldsymbol{g}^n(s_{ij})}{\|\boldsymbol{g}^n(c_i)\| \|\boldsymbol{g}^n(s_{ij})\|} \tag{4-91}$$

其中,$\boldsymbol{g}^n(c_i)$ 表示在使用 n-gram 的情况下,从 c_i 中获得的 w_k 所组成的向量,$\|\boldsymbol{g}^n(c_i)\|$ 则表示该向量的维度,$\boldsymbol{g}^n(s_{ij})$ 和 $\|\boldsymbol{g}^n(s_{ij})\|$ 的含义也类似。

通过使用更长的 n-gram 语法,可以有效获得更丰富的语义信息,通过下面的公式,可以综合不同 n-gram 语法下获得的分数:

$$\text{CIDEr}(c_i, S_i) = \sum_{n=1}^N w_n \text{CIDEr}_n(c_i, S_i) \tag{4-92}$$

4. METEOR

METEOR(Metric for Evaluation of Translation with Explicit Ordered)是一种用于机器翻译准确性评估的评测指标[51],也广泛用于图像视频语义生成任务。METEOR 评测指标基于单精度的加权调和平均数和单字召回率,通过计算候选语义与参考语义间精确率(Precision)与召回率(Recall)的调和平均值,得到最终分数,弥补了 BLEU 算法中的固有缺陷。具体计算公式如下:

$$\text{METEOR} = (1-\text{Pen}) * F_{\text{mean}} \tag{4-93}$$

$$\text{Pen} = \gamma \left(\frac{\text{ch}}{m}\right)^{\theta} \tag{4-94}$$

$$F_{\text{mean}} = \frac{P \cdot R}{\alpha \cdot P + (1-\alpha) \cdot R} \tag{4-95}$$

其中，Pen 是惩罚系数，F_{mean} 是精确率与召回率的调和平均值，m 表示在候选语义中能够匹配上的单元词组（unigram）的数量。精确率为 $P = \dfrac{|m|}{\sum_k \text{Count}_k^i}$，召回率为 $R = \dfrac{|m|}{\sum_k \text{Ref}_k^j}$。$\alpha$、$\gamma$、$\theta$ 为可调整的超参数。ch 为最小化词片段（chunk），候选语义和参考语义中能对齐且空间排列上连续的单词构成一个最小化词片段。

该算法中单元词组的对齐是候选语义与参考语义中单元词组的一组映射。映射通过以下三个步骤逐步增加：

（1）精确模块：映射两个完全相同的单词。

（2）波特词干模块：如果两个单词在使用波特词干算法后相同，则为共现词，可以映射，如 happy 和 happiness。

（3）WN 同义词模块：WordNet 同义词库中的单词，可以映射，如 sunlight 和 sunshine。

METEOR 评测指标考虑了基于整个语料库的精准率与召回率，同时考虑了句子的流畅性以及同义词匹配问题。

5. SPICE

SPICE（Semantic Propositional Image Caption Evaluation）是一种图像视频语义生成的自动评价方法[52]。该方法不再采用 n-gram，而是基于场景图（Scene Graph）。基本思路是先将描述（Caption）通过概率上下文无关文法解析成句法的依赖关系树（Syntactic Dependencies Trees），再将依赖关系树映射为场景图。

对于描述 c，给定目标类别集合 C，关系类型集合 R，属性集合 A，将描述 c 映射为场景图的符号如下：

$$G(c) = <O(c), E(c), K(c)> \tag{4-96}$$

$$O(c) \subseteq C \tag{4-97}$$

$$E(c) \subseteq O(c) \times R \times O(c) \tag{4-98}$$

$$K(c) \subseteq O(c) \times A \tag{4-99}$$

其中，$O(c)$ 表示描述 c 中提到的目标类别，$E(c)$ 表示目标之间的连接，$K(c)$ 表示目标与属性之间的连接。

在得到场景图 G 之后，将图中的连接逻辑转化为元组集合，公式如下：

$$T(G(c)) \triangleq O(c) \cup E(c) \cup K(c) \tag{4-100}$$

在得到元组集合 $T(G(c))$ 后，对 SPICE 进行计算，计算公式如下：

$$\text{SPICE}(c, S) = \frac{2 \cdot P(c, S) \cdot R(c, S)}{P(c, S) + R(c, S)} \tag{4-101}$$

$$P(c,S) = \frac{|T(G\textcircled{c}) \otimes T(G(S))|}{|T(G\textcircled{c})|} \quad (4-102)$$

$$R(c,S) = \frac{|T(G\textcircled{c}) \otimes T(G(S))|}{|T(G(S))|} \quad (4-103)$$

其中，c 表示待评测描述，S 表示参考描述，$\otimes$ 运算表示对两个元组集合进行匹配，匹配规则不是严格匹配，而是基本遵循上文 METEOR 中的 3 个映射规则。

SPICE 的简要计算过程如示例 1 所示。

> **示例 1：**
> 参考语义 1：一只小猫在桌子上休息。
> 参考语义 2：桌上有一只猫。
> 候选语义：桌上坐着一只可爱的猫。

首先对参考语义以及候选语义通过概率上下文无关文法解析成句法的依赖关系树，再映射为场景图，最后转化为元组集合，该过程可以理解为分解出句子中的主语、谓语和宾语。分解后的集合如下：

参考语义 1：{小猫，休息，桌子上}
参考语义 2：{桌上，有，猫}
候选语义：{桌上，坐着，可爱的猫}

接下来将分解后的参考语义 1 集合和参考语义 2 集合分别与候选语义集合进行匹配，该匹配考虑了主语、谓词和宾语之间的匹配程度，该过程对应着式（4-101）～式（4-103）的计算过程，具体计算可能涉及更多的细节和复杂性，不作过多解释，但 SPICE 提供了一种更深入理解描述之间语义关系的方法。

4.5 本章小结

本章主要介绍了图像视频语义生成任务，包括任务的研究背景、发展现状、常用模型和数据集以及评测指标等内容。

4.1 节概述了图像视频语义生成任务的时代背景和意义，介绍了图像视频语义生成任务由早期的模板填充、检索模型到目前的深度学习模型的技术发展脉络。

4.2 节主要对图像语义生成模型进行介绍，分别是基于模板的图像语义生成模型、基于检索的图像语义生成模型、基于深度学习的图像语义生成模型和基于多模态预训练的图像语义生成模型。其中，基于深度学习的模型可以细分为基于编码-解码的模型、基于注意力机制的模型、基于强化学习的模型、基于生成对抗网络的模型。

4.3 节主要对视频语义生成模型进行介绍，分别是基于模板的视频语义生成模型和基于深度学习的视频语义生成模型。其中，基于深度学习的模型也可以细分为基于编码-解码的模型、基于注意力机制的模型、基于强化学习的模型和基于生成对抗网络的模型等几类,此外,我们还介绍了多事件描述模型等。

4.4节主要对图像视频语义生成任务的数据集和性能评判标准进行介绍。首先对常用数据集的来历、数据格式、数据类型等内容进行概述,之后又对5个常用性能评判准则BLEU、ROUGE、CIDEr、METEOR和SPICE的评价标准、计算公式进行了详细的介绍。

总的来说,图像视频语义生成任务都是拥有广泛应用场景的多模态任务,也受到越来越多的关注,如果读者对这两种任务感兴趣,非常建议读者在本章的基础上进一步学习。

4.6 参考文献

[1] Farhadi A, Hejrati S, Sadeghi M A, et al. Every Picture Tells a Story: Generating Sentences from Images [C] // European Conference on Computer Vision. Springer-Verlag, 2010.

[2] Yang Y, Teo C L, Iii H D, et al. Corpus-Guided Sentence Generation of Natural Images [C] // Conference on Empirical Methods in Natural Language Processing. Association for Computational Linguistics, 2011.

[3] Ordonez V, Kulkarni G, Berg T L. Im2Text: Describing Images Using 1 Million Captioned Photographs [C] // Neural Information Processing Systems. Curran Associates Inc. 2011.

[4] Kiros R, Salakhutdinov R R, Zemel R S. Multimodal Neural Language Models [J]. JMLR. org, 2014.

[5] Xu K, Ba J, Kiros R, et al. Show, Attend and Tell: Neural Image Caption Generation with Visual Attention:, 10. 48550/arXiv. 1502. 03044 [P]. 2015.

[6] Ren Z, Wang X, Zhang N, et al. Deep Reinforcement Learning-Based Captioning with Embedding Reward [C] //IEEE Conference on Computer Vision and Pattern Recognition. IEEE Computer Society, 2017. DOI: 10. 1109/CVPR. 2017. 128.

[7] Bo D, Fidler S, Urtasun R, et al. Towards Diverse and Natural Image Descriptions via a Conditional GAN [J]. IEEE, 2017.

[8] Kojima A, Tamura T, Fukunaga K. Natural Language Description of Human Activities from Video Images Based on Concept Hierarchy of Actions [J]. International Journal of Computer Vision, 2002, 50 (2): 171-184.

[9] Amirian S, Rasheed K, Taha T R, et al. Automatic Image and Video Caption Generation with Deep Learning: A Concise Review and Algorithmic Overlap [J]. IEEE Access, 2020, 8: 218386-218400.

[10] Kulkarni G, Premraj V, Dhar S, et al. Baby Talk: Understanding and Generating Simple Image Descriptions [C] // Computer Vision and Pattern Recognition (CVPR), 2011 IEEE Conference on. IEEE, 2011.

[11] Oriol Vinyals, Alex Toshev, Samy Bengio, et al. Show and Tell: A Neural Image Caption Generator [J]. CoRR, 2014, abs/1411. 4555

[12] Rennie S J, Marcheret E, Mroueh Y, et al. Self-critical Sequence Training for Image Captioning [J]. IEEE, 2016. Goodfellow I, Pouget-Abadie J, Mirza M, et al. Generative Adversarial Nets [C] // Neural Information Processing Systems. MIT Press, 2014.

[13] Dai B, Fidler S, Urtasun R, et al. Towards Diverse and Natural Image Descriptions via a Conditional GAN [J]. IEEE, 2017. DOI: 10. 1109/ICCV. 2017. 323.

[14] Zhou L, Palangi H, Zhang L, et al. Unified Vision-Language Pre-Training for Image Captioning and VQA [J]. 2019. DOI: 10. 48550/arXiv. 1909. 11059.

[15] Li J, Li D, Xiong C, et al. BLIP: Bootstrapping Language-Image Pre-training for Unified Vision-Language Understanding and Generation [J]. 2022. SALIM ROUKOS, KISHORE PAPINENI, TODD WARD, et al. BLEU: a Method for Automatic Evaluation of Machine Translation [C]. //40th Annual Meeting of the Association for Computational Linguistics: (CD: CD-CNF-0517). 2002: 311-318.

[16] Radford A, Kim J W, Hallacy C, et al. Learning Transferable Visual Models From Natural Language Supervision [J]. 2021. DOI: 10. 48550/arXiv. 2103. 00020.

[17] Dai B, Fidler S, Urtasun R, et al. Towards Diverse and Natural Image Descriptions via a Conditional GAN [J]. IEEE, 2017. DOI: 10. 1109/ICCV. 2017. 323.

[18] W. Wang, H. Bao, L. Dong, et al. Image as a Foreign Language: BEIT Pretraining for All Vision and Vision-Language Tasks. arXiv (2022). DOI: 10. 48550/arXiv. 2208. 10442.

[19] Li J, Li D, Xiong C, et al. BLIP: Bootstrapping Language-Image Pre-training for Unified Vision-Language Understanding and Generation [J]. 2022. DOI: 10. 48550/arXiv. 2201. 12086.

[20] Donahue J, Anne Hendricks L, Guadarrama S, et al. Long-Term Recurrent Convolutional Networks for Visual Recognition and Description [C] //Proceedings of the IEEE conference on computer vision and pattern recognition. 2015: 2625-2634.

[21] Gao L, Li X, Song J, et al. Hierarchical LSTMs with Adaptive Attention for Visual Captioning [J]. IEEE Transactions on Pattern Analysis and Machine Intelligence, 2019, 42 (5): 1112-1131.

[22] Yao L, Torabi A, Cho K, et al. Describing Videos by Exploiting Temporal Structure [C] // Proceedings of the IEEE International Conference on Computer Vision. 2015: 4507-4515.

[23] Qinghao Ye, Haiyang Xu, Guohai Xu, et al. Mplug-Owl: Modularization Empowers Large Language Models with Multimodality. arXiv preprint: 2304. 14178, 2023.

[24] Wang X, Chen W, Wu J, et al. Video Captioning via Hierarchical Reinforcement Learning [C] //Proceedings of the IEEE Conference on Computer Vision and Pattern Recognition.

2018: 4213-4222.

[25] Yang Y, Zhou J, Ai J, et al. Video Captioning by Adversarial LSTM [J]. IEEE Transactions on Image Processing, 2018, 27 (11): 5600-5611.

[26] Sutskever I, Vinyals O, Le Q V. Sequence to Sequence Learning with Neural Networks [J]. Advances in Neural Information Processing Systems, 2014, 27.

[27] Simonyan K, Zisserman A. Very Deep Convolutional Networks for Large-Scale Image Recognition [J]. arXiv preprint arXiv: 1409. 1556, 2014.

[28] Zhang Y, Gan Z, Carin L. Generating Text via Adversarial Training [C] //NIPS Workshop on Adversarial Training. 2016, 21: 21-32.

[29] Pennington J, Socher R, Manning C D. Glove: Global Vectors for Word Representation [C] //Proceedings of the 2014 Conference on Empirical Methods in Natural Language Processing (EMNLP). 2014: 1532-1543.

[30] Zhang X, LeCun Y. Text Understanding from Scratch [J]. arXiv preprint arXiv: 1502. 01710, 2015.

[31] Collobert R, Weston J, Bottou L, et al. Natural Language Processing (almost) from Scratch [J]. Journal of Machine Learning Research, 2011, 12 (ARTICLE): 2493-2537.

[32] Krishna R, Hata K, Ren F, et al. Dense-Captioning Events in Videos [C] // Proceedings of the IEEE International Conference on Computer Vision. 2017: 706-715.

[33] Jayaraman D, Grauman K. Slow and Steady Feature Analysis: Higher Order Temporal Coherence in Video [C] //Proceedings of the IEEE Conference on Computer Vision and Pattern Recognition. 2016: 3852-3861.

[34] Escorcia V, Caba Heilbron F, Niebles J C, et al. Daps: Deep Action Proposals for Action Understanding [C] //Computer Vision-ECCV 2016: 14th European Conference, Amsterdam, The Netherlands, October 11-14, 2016, Proceedings, Part III 14. Springer International Publishing, 2016: 768-784.

[35] Alahi A, Goel K, Ramanathan V, et al. Social lstm: Human Trajectory Prediction in Crowded Spaces [C] //Proceedings of the IEEE Conference on Computer Vision and Pattern Recognition. 2016: 961-971.

[36] Xu N, Liu A A, Wong Y, et al. Dual-Stream Recurrent Neural Network for Video Captioning [J]. IEEE Transactions on Circuits and Systems for Video Technology, 2018, 29 (8): 2482-2493.

[37] Papineni K, Roukos S, Ward T, et al. Bleu: A Method for Automatic Evaluation of Machine Translation [C] //Proceedings of the 40th Annual Meeting of the Association for Computational Linguistics. 2002: 311-318.

[38] Alayrac J B, Donahue J, Luc P, et al. Flamingo: A Visual Language Model for Few-Shot

Learning [J]. Advances in Neural Information Processing Systems, 2022, 35: 23716-23736.

[39] Lin T Y, Maire M, Belongie S, et al. Microsoft COCO: Common Objects in Context [C] //European Conference on Computer Vision. Springer International Publishing, 2014. DOI: 10. 1007/978-3-319-10602-1_ 48.

[40] Young P, Lai A, Hodosh M, et al. From Image Descriptions to Visual Denotations: New Similarity Metrics for Semantic Inference over Event Descriptions [J]. Nlp. cs. illinois. edu, 2014. DOI: 10. 1162/tacl_ a_ 00166.

[41] Hodosh M, Young P, Hockenmaier J. Framing Image Description as a Ranking Task: Data, Models and Evaluation Metrics [C] //International Conference on Artificial Intelligence. AAAI Press, 2015: 853-899. DOI: 10. 1613/jair. 3994.

[42] Sharma P, Ding N, Goodman S, et al. Conceptual Captions: A Cleaned, Hypernymed, Image Alt-text Dataset For Automatic Image Captioning [J]. 2018. DOI: 10. 18653/v1/ P18-1238.

[43] Sigurdsson G A, Varol G, Wang X, et al. Hollywood in Homes: Crowdsourcing Data Collection for Activity Understanding [C] //European Conference on Computer Vision. Springer, Cham, 2016: 510-526.

[44] Xu J, Mei T, Yao T, et al. Msr-vtt: A Large Video Description Dataset for Bridging Video and Language [C] //Proceedings of the IEEE Conference on Computer Vision and Pattern Recognition. 2016: 5288-5296.

[45] Gella S, Lewis M, Rohrbach M. A Dataset for Telling the Stories of Social Media Videos [C] //Proceedings of the 2018 Conference on Empirical Methods in Natural Language Processing. 2018: 968-974.

[46] Krishna R, Hata K, Ren F, et al. Dense-Captioning Events in Videos [C] // Proceedings of the IEEE International Conference on Computer Vision. 2017: 706-715.

[47] Rohrbach M, Amin S, Andriluka M, et al. A database for Fine Grained Activity Detection of Cooking Activities [C] //2012 IEEE Conference on Computer Vision and Pattern Recognition. IEEE, 2012: 1194-1201.

[48] Aubert O, Prié Y. Advene: An Open-Source Framework for Integrating and Visualising Audiovisual Metadata [C] //Proceedings of the 15th ACM International Conference on Multimedia. 2007: 1005-1008.

[49] Lin C Y. Rouge: A Package for Automatic Evaluation of Summaries [C] //Text Summarization Branches out. 2004: 74-81.

[50] Vedantam R, Lawrence Zitnick C, Parikh D. Cider: Consensus-Based Image Description Evaluation [C] //Proceedings of the IEEE Conference on Computer Vision and Pattern

Recognition. 2015: 4566-4575.

[51] Lin C Y, Hovy E. Automatic Evaluation of Summaries Using N-gram Co-occurrence Statistics [C] // Conference of the North American Chapter of the Association for Computational Linguistics on Human Language Technology. Association for Computational Linguistics, 2003.

[52] Anderson P, Fernando B, Johnson M, et al. Spice: Semantic Propositional Image Caption Evaluation [C] //Computer Vision – ECCV 2016: 14th European Conference, Amsterdam, The Netherlands, October 11-14, 2016, Proceedings, Part V 14. Springer International Publishing, 2016: 382-398.

第 5 章
文本生成图像任务

5.1　文本生成图像任务概述

5.1.1　研究背景与意义

计算机视觉领域在不断演变，其背后的技术也正在以前所未有的速度发展。在过去几年里，语言模型的进步也推动人们更深层次理解视觉与语言之间的关系。

图像生成[1]是人工智能中的一个重要研究领域，是指使用计算机算法或模型从某些输入数据或随机潜在空间中生成图像的过程。传统的图像生成[2]通过视觉属性表示生成图像，如纹理、大小、颜色等。但属性表示很难获得，通常还需要领域知识。而相比之下，自然语言可以作为一个通用且灵活的方法来描述任何视觉类别空间中的对象，兼具文本描述的普遍性和图像属性的判别力[3,4]。

近年来，从文本描述自动生成生动图像的工作越来越吸引人们的注意。通过建立理解视觉和语言关系的系统，人们得以将想象和视觉世界自然而然地联系起来。作为一项新兴的任务，文本生成图像任务（Text-to-Image Synthesis）[5]旨在生成正确反映文本描述含义的图像。如图 5-1 所示，是一张用最新的 DALL·E 2① 模型生成的非常天马行空的图像，图像展示了"两只泰迪熊用 20 世纪 90 年代的科技在水下做 AI 实验"的场景。想象一下，只要输入构想的任意一句话，AI 就会生成一张与描述相符的高质量图像。生成的图像可能有多种风格，包括油画、国画，还可能是 CGI 渲染或逼真的照片。这些图像并不是将互联网已有照片进行简单修改后得到的结果，它们可能既不存在于真实世界，也不同于常规的想象，甚至同时具有很高的艺术性，可以被称为超现实主义的艺术作品。

文本生成图像技术具备广泛的应用潜力，近年来在人工智能及相关领域备受关注，凸显出其显著的研究价值。

---

① DALL·E 2 官网：https://openai.com/dall-e-2/

图 5-1 DALL·E 2 模型生成的图像

在娱乐领域，文本生成图像模型的突破引发了 AI 生成艺术的爆发。对于艺术、广告、新媒体等创意行业的从业者而言，AI 绘画成为一个强大的解放生产力的助手。例如，可以面向对艺术效果或丰富场景画面有需求的客户开发通用的图像生成工具，实现能力补充，提高工作效率。另外，在全民自媒体时代，AI 绘画技术不仅可以满足普通人的创作需求并激发创作热情，还有助于促进 AI 艺术商业化的发展。

在刑侦领域，可以利用文本生成图像技术来生成逼真的面部画像，通过草图刻画、架构还原，警察可以利用生成的图像进行罪犯追踪和犯罪现场调查。

在工业领域，可以通过文本生成图像技术生成具有说明性质的详细流程图，让用户容易理解工作流程。另外，也可以用于自动驾驶场景，实现从具体指令到对应场景的转换，起到数据增强的作用，有助于模型更全面地学习和理解各种复杂的驾驶场景，从而帮助自动驾驶系统提高对不同驾驶情境的适应能力。

在科技领域，文本生成图像技术的突破不仅有助于改进图像生成算法本身，也会对相关领域和学科的发展产生积极的影响。文本生成图像技术也能应用于图像解析、虚拟现实等实际应用场景，为各种图像相关任务和研究方向提供了新的可能性，为人类生活提供更多便利。

5.1.2 研究内容

文本生成图像技术通常同时结合语言模型和生成图像模型，语言模型将输入文本转换为潜在表示，生成图像模型以该表示为条件生成新图。为了训练最有效的模型，通常从网络上抓取大量图像和文本数据用以训练。现在，文本生成图像系统一般使用深度学习算法来学习文本描述和图像之间的映射，该算法在图像数据集及其相应的文本描述上进行训练，训练后它就具有较好的生成能力，可以根据新的文本描述生成更丰富多彩的图像。

图像的生成和编辑是比其他传统计算机视觉任务，如图像分类更难的任务，因为其需要利用更有限的训练输入进行建模，得到更丰富更复杂的新结果。为了实现更可控的生成，一个主流研究方向是引入一定的指导条件实现更出色的生成性能[6]。随着深度学习尤其是生成对抗网络的发展，越来越多研究者将注意力放在融合多模态信息上[7]。

而与使用传统的分割图、图像边缘等视觉信息不同，理解文本信息更具挑战。首先，文本和图像的表现形式不同，文本信息具有更高的灵活性。其次，在语义层面，文本通常能够传达更为抽象和复杂的语义信息。现有技术生成的图像可以大致反映给定文本描述的含义，但无法充分理解语义关系，难以包含必要的细节和生动的对象布局。另外，人类对同一图像的描述具有高度的主观性和表达的多样性，如何从同一张图像的不同描述中提取一致的语义共同点，更好地理解语言表达的丰富变化也是一个难题。因此文本生成图像任务需要重点关注如何捕捉文本和图像之间的复杂关系。

同时从技术性和观赏性的角度出发，人们当然希望通过生成图像技术得到更高质量、高分辨率的图像。类似于其他图像相关任务，如图像翻译，图像分辨率决定了图像细节的精细程度，分辨率越高，生成的图像越清晰，能保留更多细节。然而，当分辨率越高时，自然图像分布和生成图像分布在高维特征空间的重叠就越难，并且不管是有监督还是无监督的，产生图像的风格往往缺乏多样性。因此如何捕获高维特征分布，生成高质量的逼真图像，提升生成风格多样性也是文本生成图像任务中经常面临的困难。

现有的文本生成图像研究已取得很大进展。随着自然语言处理技术的发展，神经网络模型可以有效提高特征表示、语义理解、图像生成的准确性，帮助捕捉文本和图像之间的关系。研究人员也正在探索更好的语义提取方式，以实现图像生成的一致性，在保留语义多样性的同时实现细粒度图像生成。得力于图像生成算法的进步，注意力机制、生成对抗网络算法等可以改善对生成图像的光照、颜色细节的控制。研究人员正在探索基于生成对抗网络、变分自编码器等代表性方法[8,9]，生成高分辨率图像，通过如粗粒度和细化两阶段渐进式生成的方法[10]，训练模型生成低分辨率图像，并使用一个或多个辅助深度学习模型对其进行放大，填充更精细细节，改善生成结果，得到高分辨率的图像。

5.1.3 技术发展现状

在早期的文本生成图像工作中，研究者基于自然语言处理、计算机视觉、计算机图形学和机器学习等人工智能技术，将技术组件集成到级联合成器中，协同文本单元选择、图像生成和布局优化以生成连贯的最终图像[11,12]。具体地，在级联合成器中，先利用自然语言技术从单词序列中选择具有"可描绘性"的关键短语作为"绘制"条件，然后利用计算机视觉技术检索关键短语对应的最可能的图像，最后使用计算机图形学技术，结合文本、关键短语及其相关图像在空间上进行排列，确定二维空间布局，得到最终图像输出[13,14]。

随着越来越强大的用于文本编码和条件生成模型的神经网络框架被开发出来，蕴含丰富属性信息、密集语义信息的文本描述可以用来表示更多样化、更详细的图像场景。2016年，Reed 等人[15]的工作开启了纯生成式文本到图像生成领域。其扩展了条件生成对抗网络以根据文本描述生成自然图像，并被证明在一些有限的数据集和相对较小的图像分辨率上实验效果较好。

近几年，文本生成图像技术发展迅速，出现了许多创新性的方法。其中，出现许多基于扩散模型和 Transformer 模型的方法，它们可以利用大规模的语言模型理解文本，并生成高保真度和高多样性的图像[16]。同时，对比学习和强化学习的方法也被用于改进 GAN 的性能，可以通过最大化图像和文本之间的互信息或优化文本生成图像的奖励函数来提高图像的语义一致性和多样性[17]。此外，大规模的文本生成图像模型也是一个重要趋势，大模型可以利用大量的数据和强大的自监督深度学习模型来生成高质量的开放域图像，甚至可以理解复杂和抽象的文本描述。

同时，该领域在文本编码、文本图像特征融合方向也有一些进步，例如改进编码器、设计损失函数以及引入注意力机制等。此外，该领域还开发了专门用于评估文本到图像合成模型质量的定量评估指标，并陆续提出新的用于图像生成的丰富数据集。进一步，研究者也在探索将文本生成图像扩展到生成具有时序空间的视频、故事，相信今后也会成为值得关注的研究方向[5]。

在本章中，我们将对文本生成图像任务从背景到实现进行说明。首先，我们将介绍文本生成图像任务的发展背景和发展现状。其次，我们将通过基础理论和模型框架说明，进一步解释典型的文本生成图像模型的实现流程。最后，本章对该任务常用的数据集和评估标准展开介绍，使读者基本理解文本生成图像任务。

5.2 文本生成图像模型

近几年流行的文本生成图像模型可以分为基于 GAN、基于 VQ-VAE、基于扩散模型三类，下面将对这三类模型的基础理论及经典模型进行逐一介绍。

5.2.1 基于 GAN 的文本生成图像

生成对抗网络（Generative Adversarial Network，GAN）[18]及其变种一直是机器学习领域很重要的思想。GAN 是一种生成模型，主要用于通过分布生成样本。在文本生成图像领域，基于 GAN 的方法一直是主流方向之一。这一部分将会介绍 GAN 的理论知识及常见的三种 GAN 框架，帮助你了解 GAN 是如何实现文本生成图像任务的。

5.2.1.1 GAN 的理论介绍

1. GAN

生成对抗网络是在 2014 年由 Ian Goodfellow 等人[18]提出的。GAN 由两个独立训练、目标冲突的深度神经网络组成,一个称为生成器 $G(z)$,一个称为判别器 $D(x)$。GAN 的训练框架如图 5-2 所示。

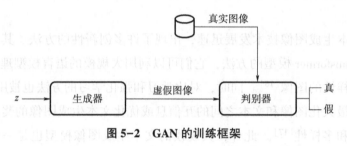

图 5-2 GAN 的训练框架

GAN 的对抗思想贯穿整个训练流程,可以将生成器和判别器的对抗看作猫鼠游戏中造假者和警察的对抗。生成器试图利用真实世界的数据生成虚假的合成图像,而判别器试图尽可能检测出来自生成器的图像是假的。通过相互学习,最终希望两者能力同步提高,直到真假图像无法区分。

学习数据的概率分布是数据生成的主要任务。从高斯分布或均匀分布中采样随机噪声 $z \sim p_z(z)$ 作为生成器 $G(z)$ 的输入,生成器的目标是将潜在空间中的随机向量映射到数据空间中,从而生成与真实数据相似的数据,利用已知的分布逼近未知的分布。生成器生成的图像和真实图像一同提供给判别器 $D(x)$,判别器为每个输入生成一个概率,用于衡量给定图像是真实的还是生成的,然后通过损失来度量判别器输出与实际标签之间的误差,反馈给生成器。

GAN 的训练是一个迭代过程,每次迭代会更新生成器和判别器。训练可以定义为生成器 $G(z)$ 和判别器 $D(x)$ 对目标函数 $V(D,G)$ 的 min-max 博弈,如以下公式所示:

$$\min_G \max_D V(D,G) = \mathbb{E}_{x \sim p_{\text{data}}(x)}[\log D(x)] + \mathbb{E}_{z \sim p_z(z)}[\log(1-D(G(z)))] \quad (5-1)$$

其中,噪声 z 为生成器输入,将 $p_z(z)$ 定义为输入噪声的先验;x 是判别器输入,$p_{\text{data}}(x)$ 是真实数据分布;对于判别器 D,理想情况是 $D(x)$ 趋近于 1,$D(G(z))$ 趋近于 0,表示判别器能区分 x 来源于真实数据,函数 $V(D,G)$ 最大化。对于生成器 G,理想情况是 $\log(1-D(G(z)))$ 趋近于 0,表示生成的 $(G(z))$ 逼近真实样本,函数 $V(D,G)$ 最小化。

按照上述定义,两个网络都试图在博弈中不断优化,生成器目标是最小化 V,而判别器则希望最大化 V。通过迭代地使用梯度下降来分别训练两个部分,更新网络权重,使生成图像分布和真实图像分布一致,实现生成逼真图像的目的。

然而,尽管 GAN 取得了显著的成功,它仍然存在一些缺陷和挑战,如模式崩溃、训练不稳定、梯度消失等问题。因此，研究人员在不断改进 GAN 模型，以克服这些问题，提高其性能和稳定性。

5.2.1.2 语义增强的 GAN

以文本描述为条件，基于 GAN 的模型可以生成具有一致语义的逼真图像。语义相关性是文本生成图像的最重要标准之一。然而，语义相关性是一种很主观的衡量标准，图像针对语义和解释会有丰富的表示，在内容和用词选择上也具有多样性。此外，一些文本描述缺少足够的信息来指导图像生成，相同标题之间的语言差异也会导致生成的图像产生偏差。因此，研究者们进一步提出改进 GAN 来增强文本到图像的生成，得到具有更好语义相关性的图像。下面介绍一些典型的语义增强的 GAN 模型。

1. cGAN

传统的 GAN 的输出仅取决于随机向量，没有机制控制生成的内容，这导致可能生成复杂或不令人满意的图像。条件生成对抗网络（conditional Generative Adversarial Net，cGAN）在 2014 年由 Mirza 等人[19]提出，旨在引入某些额外信息 y 为条件，控制图像生成过程。额外信息 y 可以是任何类型的辅助信息，如类标签或其他条件变量。cGAN 的目标函数定义如式（5-2）所示，其与 GAN 的目标函数相似，区别在于 cGAN 中将 y 作为附加输入送入判别器和生成器。

$$\min_G \max_D V(D,G) = \mathbb{E}_{x \sim p_{\text{data}}(x)}[\log D(x|y)] + \mathbb{E}_{z \sim p_z(z)}[\log(1-D(G(z|y)))] \quad (5-2)$$

与传统的 GAN 相比，在 cGAN 中损失公式转化为条件概率，对应的 y 不同时目标函数也不同，使生成的数据能够与特定条件相关联。额外信息 y 的引入使得对抗训练框架具有很大的灵活性和稳定性。同时，cGAN 也可用于多模态学习中为未标记的数据生成描述性标签。因此，从 cGAN 被提出后就一直用于文本生成图像任务中，并被不断改进。cGAN 的训练框架如图 5-3 所示。

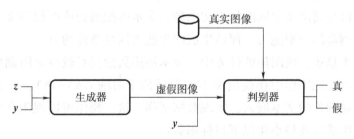

图 5-3 cGAN 的训练框架

2. DC-GAN

深度卷积生成对抗网络（Deep Convolutional Generative Adversarial Network，DC-GAN）是由 Reed 等人[15]在 2016 年提出的第一个将 GAN 用于文本生成图像任务的工作，通过学习单词和字符到图像像素的直接映射，捕获重要视觉细节的本文特征表示来生成图像。

DC-GAN 以混合字符级卷积循环神经网络编码的文本特征为条件，生成器和判别器都以文本特征为条件执行前馈推理。DC-GAN 的训练框架如图 5-4 所示。

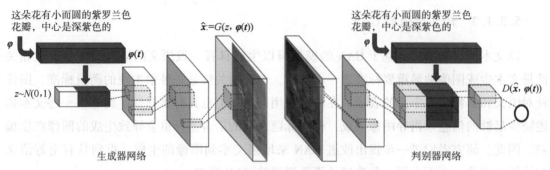

图 5-4　DC-GAN 的训练框架[15]（附彩插）

具体地，网络基于 cGAN 的 min-max 博弈训练思想，分为生成器和判别器两部分。

生成器中，首先从噪声先验 $z \in \mathbb{R}^Z \sim N(0,1)$ 中采样，再使用文本编码器 φ 对文本描述 t 进行编码，得到文本特征 $\varphi(t)$，即图 5-4 中蓝色部分。$\varphi(t)$ 经过一个全连接层被压缩到较小维度（一般是 128 维），然后通过 leaky-ReLU 激活，与噪声 z 拼接一起作为生成器的整体输入，接着由卷积网络进行前向推理，即由 $\hat{x} \leftarrow G((z, \varphi(t)))$ 生成图像 $\hat{x}$。

判别器中，图像特征初步由步长为 2 的卷积层处理。通过文本编码器得到文本特征 $\varphi(t)$ 后，同样经过全连接层降维。复制文本特征 $\varphi(t)$，将其与图像特征进行拼接作为判别器输入，在拼接后的张量上接着执行一个 1×1 卷积融合提取特征，最后通过 4×4 卷积计算判别器输出。

通常在训练期间，判别器的输入为两种真假样本，即文本匹配的真实图像和带任意文本的合成图像。判别器需要分辨出两种错误来源，即合成的图像和文本不匹配的真实图像。特别地，在 DC-GAN 中，引入了第三种样本进行算法改进，即文本不匹配的真实图像作为新增假样本。通过提出图像文本匹配判别器 GAN-CLS，基于学习动态、复杂化的输入，判别器可以分离出文本匹配的真实图像、文本匹配的合成图像和文本不匹配的真实图像，提高了判别器的判别能力，评估生成图像能否满足条件约束。

另外，在文本描述生成图像的任务中，文本描述数量相对较少是限制生成多样性的一个重要因素。所以，该工作中还提出文本流形插值学习的 GAN-INT，在文本嵌入之间进行插值，生成大量额外的文本嵌入，实现数据增强。这一操作可以视为在生成器的目标函数增加附加项，生成器要最小化以下目标函数：

$$\mathbb{E}_{t_1, t_2 \sim p_{\text{data}}} [\log(1 - D(G(z, \beta t_1 + (1-\beta) t_2)))] \tag{5-3}$$

其中，z 是采样噪声，t_1 和 t_2 是可能来自不同图像或类别的文本嵌入，参数 β 取固定值 0.5。

5.2.1.3　分辨率增强的 GAN

根据文本描述生成高分辨率的图像是一个难解决的问题。通常渐进式增长地添加采样层可以生成高分辨率图像，但这样将导致训练不稳定或无意义图像输出的问题。因此，一些研究将注意力放在改进用于高分辨率图像合成的 GAN 模型上。下面介绍一些典型的分辨率增强的 GAN 模型。

1. StackGAN

利用 GAN 进行生成的主要困难是真实图像分布和隐含模型分布在高维像素空间中可能不重叠，当分辨率提高时这一问题就更严重。于是，受到画家作画方式的启发，2017 年 Zhang 等人[20]提出了堆叠生成对抗网络（Stacking Generative Adversarial Networks，StackGAN），从文本描述中获得细节，首次生成 256×256 分辨率的逼真图像。

StackGAN 的思想简单而有效，既然一次性生成高分率图像困难，那么就将生成过程分为两个阶段，Stage-Ⅰ GAN 和 Stage-Ⅱ GAN。Stage-Ⅰ GAN 根据给定的文本描述生成低分辨率图像，仅勾勒出对象的原始形状和基本颜色，并利用随机噪声绘制背景布局，如图 5-5（a）所示。在此基础上，堆叠 Stage-Ⅱ GAN 进一步纠正低分辨率图像的问题，如细节缺失或形状失真。它以低分辨率图像为条件，再次嵌入文本，学习文本嵌入中的有用信息，生成高分辨率的图像，如图 5-5（b）所示。

图 5-5 StackGAN 生成过程示意图[20]

在之前的研究中，使用字符级 RNN 或 CNN 等编码器对文本嵌入进行非线性处理，生成条件潜在变量作为生成器的输入[21]。但是通常文本嵌入的潜在空间维度很高，输入数据量很少时，会导致潜在变量空间分布稀疏，不利于生成器训练。因此，StackGAN 中用一种条件增强技术，从独立高斯分布 $N(\mu(\varphi_t), \Sigma(\varphi_t))$ 中随机采样以产生额外的条件变量 $\hat{c}$，其中均值 $\mu(\varphi_t)$ 和对角协方差矩阵 $\Sigma(\varphi_t)$ 是文本嵌入 φ_t 的函数。为了进一步加强条件流形的平滑性和避免过拟合，训练期间在生成器的目标函数中添加以下公式中的正则化项，即标准高斯分布和条件高斯分布之间的 Kullback-Leibler 散度（KL 散度）：

$$D_{KL}(\mathcal{N}(\boldsymbol{\mu}(\boldsymbol{\varphi}_t),\boldsymbol{\Sigma}(\boldsymbol{\varphi}_t))\parallel\mathcal{N}(0,1)) \tag{5-4}$$

生成过程由两个阶段构成，StackGAN 的训练框架如图 5-6 所示。

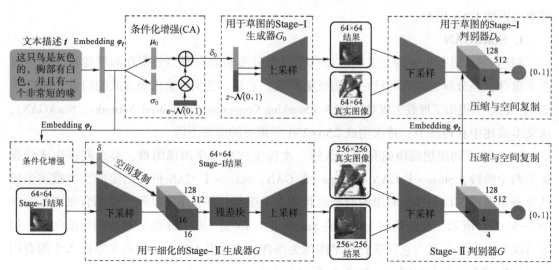

图 5-6　StackGAN 的训练框架[20]

在 Stage-Ⅰ GAN 中，由预训练编码器得到文本嵌入 $\boldsymbol{\varphi}_t$，从高斯分布 $\mathcal{N}(\boldsymbol{\mu}_0(\boldsymbol{\varphi}_t),$ $\boldsymbol{\Sigma}_0(\boldsymbol{\varphi}_t))$ 中随机采样得到 $\hat{c}_0$。以 $\hat{c}_0$ 和随机采样的噪声 z 作为条件，依以下损失函数，最大化 $\mathcal{L}_{D_0}$ 和最小化 $\mathcal{L}_{G_0}$ 以交替训练生成器和判别器：

$$\mathcal{L}_{D_0}=\mathbb{E}_{(I_0,t)\sim p_{\text{data}}}[\log D_0(I_0,\boldsymbol{\varphi}_t)]+\mathbb{E}_{z\sim p_z,t\sim p_{\text{data}}}[\log(1-D_0(G_0(z,\hat{c}_0),\boldsymbol{\varphi}_t))] \tag{5-5}$$

$$\mathcal{L}_{G_0}=\mathbb{E}_{z\sim p_z,t\sim p_{\text{data}}}[\log(1-D_0(G_0(z,\hat{c}_0),\boldsymbol{\varphi}_t))]+$$
$$\lambda D_{KL}(\mathcal{N}(\boldsymbol{\mu}_0(\boldsymbol{\varphi}_t),\boldsymbol{\Sigma}_0(\boldsymbol{\varphi}_t))\parallel\mathcal{N}(0,1)) \tag{5-6}$$

其中，真实图像 I_0 和文本描述 t 来自真实数据分布 p_{data}，z 是从高斯分布 p_z 中随机采样的噪声，λ 是正则化参数。

具体地，生成器 G_0 中，从高斯分布采样得到 $\hat{c}_0$，将其与噪声向量拼接作为输入，经过一系列上采样块生成 $W_0\times H_0$ 的图像。判别器 D_0 中，文本嵌入 $\boldsymbol{\varphi}_t$ 由全连接层压缩并复制为 $M_d\times M_d\times M_d$ 的张量，同时由一系列下采样块将图像变为 $M_d\times M_d$ 的张量。最后，送入 1×1 的卷积层联合学习图像和文本的特征，输出判断结果。

Stage-Ⅰ GAN 生成了具有物体粗略形状和基本颜色的低分辨率图像，需要传递给 Stage-Ⅱ GAN，以纠正第一步生成的错误，进一步得到高分辨率图像。

在 Stage-Ⅱ GAN 中，以低分辨率结果 $s_0=G_0(z,\hat{c}_0)$ 和潜在变量 $\hat{c}$ 为条件，依以下损失函数，最大化 $\mathcal{L}_D$ 和最小化 $\mathcal{L}_G$ 以交替训练生成器和判别器：

$$\mathcal{L}_D=\mathbb{E}_{(I,t)\sim p_{\text{data}}}[\log D(I,\boldsymbol{\varphi}_t)]+\mathbb{E}_{s_0\sim p_{G_0},t\sim p_{\text{data}}}[\log(1-D(G(s_0,\hat{c}),\boldsymbol{\varphi}_t))] \tag{5-7}$$

$$\mathcal{L}_G=\mathbb{E}_{s_0\sim p_{G_0},t\sim p_{\text{data}}}[\log(1-D(G(s_0,\hat{c}),\boldsymbol{\varphi}_t))]+$$

$$\lambda D_{\mathrm{KL}}(\mathcal{N}(\boldsymbol{\mu}(\boldsymbol{\varphi}_t),\boldsymbol{\Sigma}(\boldsymbol{\varphi}_t))\parallel\mathcal{N}(0,\boldsymbol{I})) \tag{5-8}$$

生成器 G 中,类似地得到条件向量 $\hat{c}$,将 Stage-I GAN 生成器的输出由下采样块压缩后与文本向量拼接,继而送入残差块习得综合文本描述和图像信息的特征,最后由上采样块处理生成 $W \times H$ 的图像。判别器 D 与 Stage-I GAN 类似,只有额外的下采样块,因为该阶段的图像尺寸更大。

两个阶段都通过最大化生成器目标函数和最小化判别器目标函数来训练生成器和判别器。将真实图像及其相应的文本描述作为正样本对,将具有不匹配文本描述的真实图像和具有匹配文本描述的合成图像作为负样本对进行训练。

5.2.1.4 多样性增强的 GAN

传统的 GAN 方法还面临着多样性问题,即图像是一对多的映射,同一图像可以用不同的标签标记或用不同的文本进行描述。例如在多语言描述的情况下,当使用英语以外的语言时,图像生成性能会显著下降。因此,改进模型以支持标签多样性和语言包容性成为当务之急。

ImageNet 数据集[22]是深度学习领域中图像分类、检测、定位的最常用计算机数据视觉数据集之一,包含 2 万多个类别,超过 1 400 万的图像 URL 被 ImageNet 手动注释,以指示图片中的对象。AC-GAN(Auxiliary Classifier GAN)[23]是第一篇强调类别量的重要性工作,该工作指出在 ImageNet 上实现图像生成任务时,类别数量较大是一个主要挑战。其指出高分辨率样本提供了低分辨率样本中不存在的类信息,同时证明了如果向 GAN 的潜在空间添加更多结构和专门的损失函数,将产生更高质量的样本。

AC-GAN 是 GAN 架构的变体,结构并不复杂,主要区别在于引入了辅助分类器以提高模型性能。

在 AC-GAN 中,每个生成样本都有一个对应的类标签 c。在生成器中,将类标签 c 和噪声 z 作为输入,由 $\boldsymbol{X}_{\mathrm{fake}}=G(c,z)$ 生成图像。在判别器中,不再输入类标签,其不仅要判断输入图像是否为真,还要利用辅助分类器重建类标签,输出类标签的预测概率。AC-GAN 的目标函数有两部分,即正确源图像的对数似然 L_S 和正确类别的对数似然 L_C,判别器训练的目标是最大化 L_C+L_S,生成器训练的目标是最大化 L_C-L_S,如以下公式所示:

$$L_S = \mathbb{E}[\log P(S=\mathrm{real}\mid \boldsymbol{X}_{\mathrm{real}})] + \mathbb{E}[\log P(S=\mathrm{fake}\mid \boldsymbol{X}_{\mathrm{fake}})] \tag{5-9}$$

$$L_C = \mathbb{E}[\log P(C=c\mid \boldsymbol{X}_{\mathrm{real}})] + \mathbb{E}[\log P(C=c\mid \boldsymbol{X}_{\mathrm{fake}})] \tag{5-10}$$

用 GAN 进行图像生成最常见的问题就是模式崩溃,是指训练时损失函数收敛虽好,但无论给生成器输入的内容是什么,生成的图像都只有一种,而这种图像能大概率欺骗过判别器。因而,生成具有多样性的图像也是可以评估 GAN 模型好坏的指标。通过使用辅助分类器层来预测图像的类别,AC-GAN 能够确保输出是来自不同类别的图像,从而得到更多样化的图像。这种结构的一个优势在于，在模型固定的同时增加训练类别的数量并不会降低模型输出的质量，AC-GAN 的结构允许将大型数据集按类别分成子集，并为每个子集训练生成器和判别器。

5.2.2 基于 VQ-VAE 的文本生成图像

5.2.2.1 VQ-VAE 的理论介绍

1. AE

自动编码器（AutoEncoder，AE）[24]是一种典型的无监督神经网络，主要由三部分组成：编码器、潜在特征表示和解码器，如图 5-7 所示。

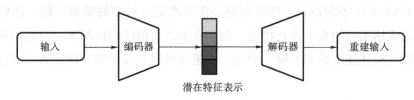

图 5-7　AE 框架

其主要思想是，如果输入特征之间具有相关性，则可以通过训练网络重建输入以学习这种信息。因此，通常希望 AE 能够很好地重构输入，并产生一个有意义的潜在特征表示，得到潜在特征表示对于分类特征提取、理解数据集特征等非常有用。

在 AE 的典型架构中，编码器是一个前馈神经网络，将输入压缩为潜在特征表示。输入 x_i 经过编码器函数映射为潜在特征表示 h_i，如公式所示：

$$h_i = g(x_i) \tag{5-11}$$

解码器也是一个前馈神经网络，与编码器结构相似，潜在特征表示 h_i 通过解码器函数映射回原始空间，得到重构输出 $\tilde{x}_i$，如公式所示：

$$\tilde{x}_i = f(h_i) = f(g(x_i)) \tag{5-12}$$

通过最小化输入/输出的差异进行训练，同时优化编码器和解码器，使自动编码器学会完美地重建输入：

$$\arg\min_{f,g} < [\Delta(x_i, f(g(x_i)))] \tag{5-13}$$

在实际应用中，自动编码器常用于降维、分类、异常检测或去噪。在图像到图像的任务中，编码器对图像进行压缩，再将压缩后的特征经解码器重建，简单的端到端训练即可实现。

2. VAE

对于自动编码器来说，在大多数情况下潜在空间缺乏规律性，其取决于初始空间中的数据分布、潜在空间的维度和编码器架构。那么可以假设，如果潜在空间足够规则，将可以从该潜在空间中随机采样一个点解码后生成新的图像。

变分自编码器（Variational AutoEncoder，VAE）[24,25]是一种自动编码器，其训练被正则化以避免过度拟合并确保潜在空间具有支持生成过程的良好属性。VAE 同样是编码器-解码器架构（见图5-8），编码器$q_\theta(z|x)$将输入x映射到满足正态分布$\mathcal{N}(\mu_x,\sigma_x)$的潜在空间，从$\mathcal{N}$中采样得到$z$的表示作为解码器$p_\phi(x|z)$的输入，由解码器重构生成对应图像。在训练 VAE 时最小化的损失函数由一个"重构项"和一个"正则化项"组成，指通过使编码器返回的分布接近标准正态分布来规范潜在空间，对于单个数据点x_i损失l_i如下所示，总损失是$\mathcal{N}$个数据点损失和$\sum_{i=1}^{N} l_i$：

$$l_i(\theta,\varphi) = -\mathbb{E}_{z \sim q_\theta(z|x_i)}[\log p_\phi(x_i|z)] + \mathbb{KL}(q_\theta(z|x_i) \| p(z)) \tag{5-14}$$

正则化项表示为编码器分布$q_\theta(z|x)$与$p(z)$之间的 Kullback-Leibler 散度，VAE 中$p(z)$指标准正态分布$\mathcal{N}(0,I)$。

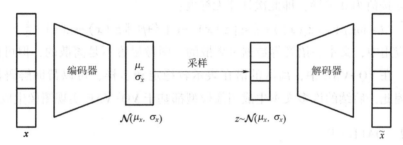

图 5-8　VAE 框架

3. VQ-VAE

向量量化变分自编码器（Vector Quantized-Variational AutoEncoder，VQ-VAE）[24]是基于 VAE 进一步改进的有效的使用离散潜在变量的生成模型。与 VAE 主要有两个不同，一是其使用向量量化技术学习离散的潜在表示，二是动态地学习先验。

VQ-VAE 的框架如图5-9所示。具体地，定义潜在嵌入空间$e \in \mathbb{R}^{K \times D}$，也可称为编码表，其中$K$是离散潜在空间的大小，$D$是每个潜在嵌入向量$e_i$的维度。输入$x$由编码器编码后得到连续变量$z_e(x)$。为了学习嵌入空间，VQ-VAE 中使用了一种简单的字典学习算法向量量化，最小化嵌入向量e_j和编码器输出$z_e(x)$之间的 l2 距离。相当于通过共享嵌入空间e，将$z_e(x)$经最近邻查找计算后，将向量量子化，映射为离散潜在变量$z_q(x)$如公式所示：

$$q(z=k|x) = \begin{cases} 1, & k=\mathrm{argmin}_j \| z_e(x) - e_j \|_2 \\ 0, & \text{其他} \end{cases} \tag{5-15}$$

$$z_q(x) = e_k, \text{where } k = \mathrm{argmin}_j \| z_e(x) - e_j \|_2 \tag{5-16}$$

之后，离散变量$z_q(x)$作为解码器输入，经解码器重构得到图像。

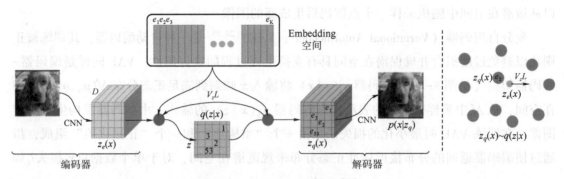

图 5-9 VQ-VAE 的框架[26]

模型的损失函数包含三部分，第一部分是重构误差，第二部分是向量量化误差，此外，为了确保编码器满足嵌入并且其输出不会增长，添加第三部分承诺损失加以限制，如式（5-17）所示。其中 sg 指一种叫 stop gradient 的运算，前向传播时，sg 里的值不变；反向传播时，sg 按值为 0 求导，即此次计算无梯度：

$$L=\log p(\boldsymbol{x}|\boldsymbol{z}_q(\boldsymbol{x}))+\|\operatorname{sg}[\boldsymbol{z}_e(\boldsymbol{x})]-\boldsymbol{e}\|_2^2+\beta\|\boldsymbol{z}_e(\boldsymbol{x})-\operatorname{sg}[\boldsymbol{e}]\|_2^2 \quad (5-17)$$

在实际应用中，文本、语音等数据是离散的，图像尽管不是离散的，但可以用离散的文本来描述。在 VQ-VAE 中，离散的潜在表示较稳定和多样，可以帮助解码器生成更丰富的图片。因此，后续的许多文本生成图像模型都基于 VQ-VAE 实现图像生成。

5.2.2.2 DALL·E

OpenAI 是一家著名的美国人工智能研究公司，近年来致力于开发人工智能模型和算法，推出了一系列跨时代的产品，在 AI 领域引起广泛的关注。其中，文本生成图像预训练模型 DALL·E[27]就是一个在 2021 年发布的强大模型。

在之前的研究中，大语言模型 GPT-3 被证明可用于指导大型神经网络，执行各类文本生成任务。之后，GPT 方案被成功用于图像领域，其开篇性代表模型 Image GPT 的实验证明了，同类型的神经网络可以用于生成高保真度的图像。通过扩展大型预训练模型，利用语言操纵视觉概念变得更加触手可及。

DALL·E 是 GPT-3 的 120 亿参数版本，是一个只有解码器部分 Transformer 的语言模型。以文本提示 prompt 的形式给定文本描述，它能生成非常丰富而惊艳的图像。目前，大多数人工智能模型围绕视觉、语音、语言的可信度展开，如文字识别、图像分析、文本到语音转录等，都是利用技术进行基础感官之间的概念转换。而 DALL·E 的最大特色在于，其不止具有非常出色的语义理解能力，还能生成看似合理但又非常规的图像，极大地探索了描述文本的语言结构，想象力这一概念被注入常规的感官转换中。

DALL·E 具有多种功能，如渲染文本、创建动物和物体的拟人化版本、以合理的方式组合不相关的概念、绘制一个对象的多个副本等。通过其官方给出的几个例子，可以切实感受到它的神奇之处。

例如,现实世界中物体的形状是常规的,而 DALL·E 可以将熟悉的物体渲染成多边形的非常规形状,如图 5-10 所示的"一个八边形的绿色闹钟"。

DALL·E 还可以将各种动物、植物或其他物体的纹理映射到三维实体上,生成一些现实世界不会出现的具有特殊纹理的物品,如图 5-11 所示的"一个有面条般纹理的圆柱体"。

图 5-10 DALL·E 生成的多边形钟表①　　图 5-11 DALL·E 生成的不同纹理的三维实体

DALL·E 的目标是训练一个自回归模型,将文本和图像 token 自回归地建模为单数据流。整体流程是一个两阶段的框架,如图 5-12 所示。

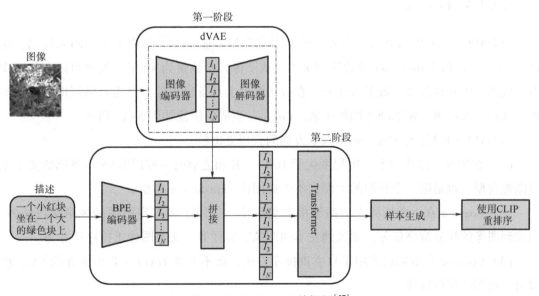

图 5-12 DALL·E 的框架[27]

---

① DALL·E 官网:https://openai.com/blog/dall-e/

在第一阶段，训练一个离散变分自编码器（简称 dVAE）用于图像编解码，将每个 256×256 RGB 的图像压缩成 32×32 的图像 token。dVAE 的核心模型是自编码器，由编码器和解码器组成。编码器将图像编码成特征向量，解码器使用这个特征向量对图像进行重建。dVAE 一般是通过让模型逼近其证据下界（Evidence Lower Bound，ELB）来进行训练。

在第二阶段，将经过 BPE 编码后的文本 token 和图像 token 连接作为输入，由自回归 Transformer 建模文本和图像的联合分布，预测生成图像的 token。

因此，整个过程可以看作最大化在图像 x、标题 y 和编码后的 RGB 图像特征向量 z 上分布的联合似然的 ELB，用以下公式建模分布：

$$p_{\theta,\psi}(x,y,z) = p_\theta(x|y,z)p_\psi(y,z) \tag{5-18}$$

对应的下界为

$$\ln p_{\theta,\psi}(x,y) \geq \mathop{\mathbb{E}}_{z \sim q_\phi(z|x)} (\ln p_\theta(x|y,z) - \beta D_{\mathrm{KL}}(q_\phi(y,z|x), p_\psi(y,z))) \tag{5-19}$$

其中，q_ϕ 表示 RGB 图像经 dVAE 编码器生成的 32×32 图像 token 的分布，p_θ 表示图像 token 经 dVAE 解码器生成的 RGB 图像的分布，p_ψ 表示由 Transformer 建模的文本和图像 token 的联合分布。

在推理阶段，训练后的模型将给定的候选图片和文本描述作为输入来生成一些候选图像样本，同时引入 CLIP 计算文本和图像的匹配度，将候选样本排序，选择排名靠前的样本作为最终结果。

5.2.2.3 Cogview

与 DALL·E 的思想类似，中文多模态生成模型 Cogview[28] 由清华大学团队提出，也是将 VQ-VAE 和 Transformer 结合实现文本生成图像，参数量为 40 亿。模型可以支持以文本生成图像为基础的多领域下游任务，在应用维度上具备通用性，只需要微调即可实现国画、油画、水彩画、轮廓画等图像生成。Cogview 生成的图像如图 5-13 所示。

与 DALL·E 相比，Cogview 在以下方面的表现更出色：

（1）在生成图像质量上一定程度优于 DALL·E 和之前的一些以 GAN 为基础的文本生成图像模型，也是第一个开源的大型文本生成图像 Transformer 模型。

（2）Cogview 在下游任务上的微调潜力更突出，适用于文本到图像的风格学习任务，图像到图像的超分辨率任务，图像到文本的图像字幕任务，文本图像重排序任务等。

（3）Cogview 在微调后采用了自主重排序方法，而不需要 DALL·E 中额外的 CLIP 模型对生成图像进行排序。

（4）Cogview 中采用了 PB-relaxation 和 Sandwich-LN 技术来稳定复杂数据集上 Transformer 的训练，这些技术简单高效且易扩展到其他 Transformer 的训练中。

Cogview 的整体框架如图 5-14 所示。

图 5-13　Cogview 生成的图像[28]

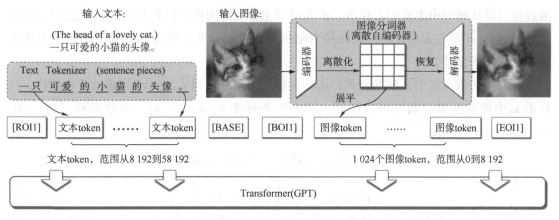

图 5-14　Cogview 的整体框架[28]

Cogview 中，拼接处理后的文本 token 和图像 token，作为 tokenization 序列送入 GPT 进行自回归训练，学习图像生成的能力，最终实现输入文本就能生成对应图像。其损失函数如下：

$$\log p(\boldsymbol{X},\boldsymbol{T};\theta,\psi) = \sum_{i=1}^{N} \log p(t_i;\theta) + \sum_{i=1}^{N} \log p(x_i \mid t_i;\theta,\psi)$$

$$\geqslant -\sum_{i=1}^{N} (-\log p(t_i;\theta) + \mathbb{E}_{z_i \sim q(z \mid x_i;\varphi)}[-\log p(x_i \mid z_i;\psi)] +$$

$$\mathrm{KL}(q(z \mid x_i;\varphi) \parallel p(z \mid t_i;\theta))) \tag{5-20}$$

其表示计算文本表示的损失加上通过文本得到图像的损失，应该大于或等于文本本身的负对数似然损失、图像重建损失及 q 和先验之间 KL 散度三项之和。

在最新的研究中,清华大学团队再次改进 Cogview,提出 Cogview2 模型,同样采用分层 Transformer 以及并行自回归的方式,在生成速度、图像高清度、单向性问题上进一步提高模型水平。

5.2.3 基于扩散模型的文本生成图像

5.2.3.1 扩散模型的理论介绍

在过去一年里,AI 艺术生成成为一个大热方向,扩散模型的出现打破了 GAN 的主导地位,更是掀起从计算机视觉到自然语言处理、多模态建模、计算化学等多领域的研究热潮。与 GAN 相比,扩散模型有训练过程更简单、生成的图像质量明显更佳、直接可以做下游任务等优势。与变分自编码器模型相比,扩散模型可以更好地捕捉数据的多样性和复杂性,更容易生成高质量和高分辨率的图像,以及更灵活地处理不同的条件或指导信息。

扩散模型为什么表现如此出色呢?扩散模型[29]是一类概率生成模型,其基本思想是,定义一个扩散步骤的马尔可夫链,通过缓慢注入噪声,逐步破坏数据,然后学习逆转的扩散过程,以从噪声中生成所需样本。扩散模型主要有前向扩散过程和逆向扩散过程两个部分[30]。前向扩散过程中,图片将转换为随机噪声,而逆向扩散过程则是将随机噪声还原为一张完整的图片。

在前向扩散过程中,根据公式,从真实数据中采样得到 $x_0 \sim q(x)$,通过 T 步迭代,向样本 x_0 中添加少量高斯噪声,得到一系列噪声样本 $x_1, x_2, \cdots, x_T$,由超参数 $\{\beta_t \in (0,1)\}_{t=1}^T$ 控制迭代步长。

$$q(x_t | x_{t-1}) = \mathcal{N}(x_t; \sqrt{1-\beta_t} x_{t-1}, \beta_t I) \tag{5-21}$$

$$q(x_{1:T} | x_0) = \prod_{t=1}^{T} q(x_t | x_{t-1}) \tag{5-22}$$

随着 t 变大,数据样本 x_0 逐渐失去其显著特征,最终当 T 趋于无穷,x_T 等价于各向同性的高斯分布。

在逆向扩散过程中,希望从高斯噪声中还原原始的数据分布,即如果能得到逆转后的分布 $q(x_{t-1} | x_t)$,则能从高斯噪声 $x_T \sim \mathcal{N}(0, I)$ 中重建原图。而推断 $q(x_{t-1} | x_t)$ 需要用到整个数据集的数据,不易实现,因此可以通过一个可学习的神经网络 p_θ 拟合分布,实现逆向扩散过程,如公式所示:

$$p_\theta(x_{0:T}) = p(x_T) \prod_{t=1}^{T} p_\theta(x_{t-1} | x_t) \tag{5-23}$$

$$p_\theta(x_{t-1} | x_t) = \mathcal{N}(x_{t-1}; \mu_\theta(x_t, t), \Sigma_\theta(x_t, t)) \tag{5-24}$$

训练过程就是最大化模型预测分布的对数似然,经过推导,其损失函数表示如下:

$$\mathcal{L} = \mathbb{E}_{q(x_0)}[-\log p_\theta(x_0)] \tag{5-25}$$

直观理解,扩散模型其实是通过一个神经网络来预测每一步扩散模型中所添加的噪声。在完成训练之后，只需要通过重参数化技巧，进行采样操作即可。前向扩散过程逐步将高斯噪声添加到图片中，逆向去噪过程则通过不断减去模型预测的噪声，将随机噪声图片还原成一张完整的图片。

5.2.3.2 DALL·E 2

在之前的内容中，介绍了基于 VQ-VAE 的 DALL·E 模型，可以根据描述生成具有想象力的图像。2022 年，OpenAI 又提出了 DALL·E 2[31]，它是一种更通用、更高效的生成模型，能够生成更高分辨率的图像。

DALL·E 2 的一大特点是其能够根据文本对图片进行修复和润饰，用户输入想要更改的文本提示，并在图像上选择想要编辑的区域，短短几秒内，就可以生成多个图像选项。如图 5-15 所示，左边是原始图像，用户可以在三个区域中选择区域 2，在文本提示中添加"小狗"的描述，就能得到修复后的右侧图像。值得注意的是，DALL·E 2 增强了局部对象和全局环境的关系学习能力，对比原始的 DALL·E，生成的修复图像具有适当的阴影和照明，说明模型学到了很好的数据分布。

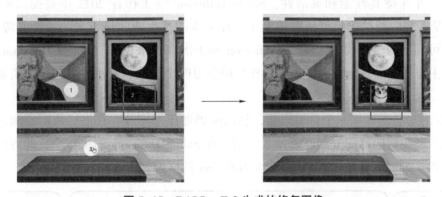

图 5-15 DALL·E 2 生成的修复图像

具体实现中，DALL·E 2 的框架分为两部分，此两阶段扩散模型利用 CLIP[32] 文本编码器生成高质量文本引导图像生成。训练的数据集由图像 x 及相应标题 y 组成。给定图像 x，由训练好的 CLIP 模型分别得到文本嵌入和图像嵌入，然后由两个组件实现从标题生成新图像。如以下公式，一个先验网络 $P(z_i|y)$ 生成以标题 y 为条件的图像嵌入 z_i，即将文本嵌入转为图像嵌入，一个解码器 $P(x|z_i,y)$ 生成以图像嵌入 z_i 和可选的文本标题 y 为条件的图像 x。

$$P(x|y)=P(x,z_i|y)=P(x|z_i,y)P(z_i|y) \tag{5-26}$$

图 5-16 是其框架，基于 CLIP，即虚线上方，训练习得文本和图像的联合表征空间，将 CLIP 中获得的图像嵌入输入到扩散模型，即虚线下方，在解码器中使用扩散模型，生成为最终的图像。

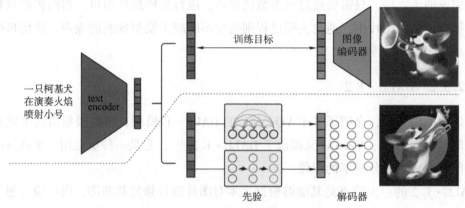

图 5-16 DALL·E 2 的框架[31]

5.2.3.3 Stable Diffusion

扩散模型的推理和优化代价通常是非常高的,为了在有限的计算资源上启用扩散模型进行训练,并保持其性能和灵活性,Stable Diffusion[30]工作在 2022 年被提出来。Stable Diffusion 是在现阶段扩散模型研究热潮中,在文本图像生成领域出现的一个开源、轻量、效果好且可商用的热门模型。Stable Diffusion 基于潜在扩散模型(Latent Diffusion Models,LDMs),主要通过显式地分离压缩学习和生成学习两个阶段,解决计算代价和资源需求的问题。

LDMs 的思想是训练一个自编码器,利用编码器压缩图片,在潜在表示空间进行扩散操作,最后利用解码器回复到原始像素空间。在 Stable Diffusion 的工作中,此方法称为感知压缩(Perceptual Compression)。Stable Diffusion 的框架如图 5-17 所示。

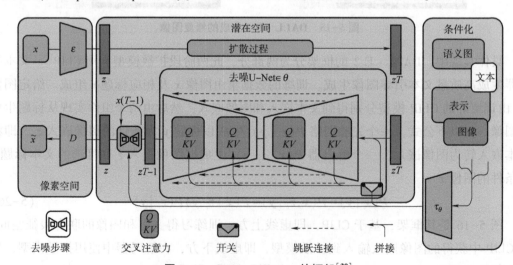

图 5-17 Stable Diffusion 的框架[30]

具体地，感知压缩主要训练一个自编码器，编码器 ε 将输入 x 编码成潜在表示 $z = \varepsilon(x)$，解码器 D 从潜在表示空间重建图像 $\tilde{x} = D(z) = D(\varepsilon(x))$。根据之前的介绍，扩散模型相当于一个根据噪声输入去预测对应去噪后变体的时序去噪自编码器。在潜在扩散模型中，通过训练编码器得到噪声表示 z_t，让模型在潜在表示空间学习，扩散和重建目标变为潜在表示空间的向量，从 $p(z)$ 中采样的样本用于解码器进行解码重建。扩散过程的目标函数如下所示，具体是由时间条件 UNet 网络实现：

$$L_{\text{LDM}} := \mathbb{E}_{E(x),\varepsilon \sim \mathcal{N}(0,1),t} \left[\parallel \varepsilon - \varepsilon_\theta(z_t,t) \parallel_2^2 \right] \tag{5-27}$$

进一步，为了实现条件图像生成，Stable Diffusion 在 UNet 上增加交叉注意力机制，实现条件时序去噪自编码器 $\varepsilon_\theta(z_t,t,y)$。为了预处理来自不同模态的输入 y，引入特定于域的编码器 τ_θ，其将 y 投影到中间表示 $\tau_\theta(y)$，然后通过交叉注意力层映射为 UNet 中间层表示 $\varphi_i(z_t)$，交叉注意力层的实现为

$$\text{Attention}(Q,K,V) = \text{softmax}\left(\frac{QK^T}{\sqrt{d}}\right) \cdot V \tag{5-28}$$

其中，$Q = W_Q^{(i)} \cdot \varphi_i(z_t)$，$K = W_K^{(i)} \cdot \tau_\theta(y)$，$V = W_V^{(i)} \cdot \tau_\theta(y)$。

基于图像-条件对，可以学习到一个 LDM，其目标函数为

$$L_{\text{LDM}} := \mathbb{E}_{E(x),y,\varepsilon \sim \mathcal{N}(0,1),t} \left[\parallel \varepsilon - \varepsilon_\theta(z_t,t,\tau_\theta(y)) \parallel_2^2 \right] \tag{5-29}$$

2022 年 7 月，Stable Diffusion 模型的发布引起了全球轰动。与早期的 AI 绘画技术相比，Stable Diffusion 已经成功克服了细节和效率方面的问题。通过算法的不断迭代，它将 AI 绘画的精度提升到可与艺术品相媲美的水准，同时将创作速度提高到几秒钟内完成，从而降低了设备门槛，使更多人可以轻松参与创作。随着 2022 年 7 月的到来，AI 绘画经历了一次革命性的改变。这一变革得益于 Stable Diffusion 的开源性质，全球范围内的 AI 绘画产品迎来了飞速发展。这次 AI 创作大讨论让公众亲身体验到技术浪潮所带来的巨大影响。AI 绘画正日益普及，走进千家万户，激发了大众的热情和兴趣。

在目前三大新兴的文本转图像模型中，Stable Diffusion 虽然是最晚出现的，但由于拥有一个强大的开源社区，它在用户关注度和应用广度方面都已经超越之前的 Midjourney 和 DALL-E。Stable Diffusion 在多个方面表现卓越。首先，Stable Diffusion 模型在生成高分辨率图像方面表现出色彩丰富、细节丰富的能力。这使它能够创造出更加逼真的作品，使观众感受到更深的情感共鸣。其次，Stable Diffusion 还在图像生成的稳定性方面表现出色。这意味着它更容易生成一致性和真实感的图像，而不容易出现失真或不自然的部分。这一特点对于艺术创作和应用来说非常重要，因为它能够保证作品的质量和可用性。最后，Stable Diffusion 的训练过程经过了精心设计，使它能够更好地控制生成的图像，从而增强了艺术家和创作者的创作自由度。这为艺术家提供了一个强大的工具，可以将他们的创意转化为惊人的图像。

随着 Stable Diffusion 模型在图像生成领域的广泛应用，Stable Diffusion 微调也成为一

个热门的研究方向，吸引了许多学者和开发者的关注。Stable Diffusion 微调的趋势是在不同的任务和场景下，寻找合适的微调方法，以提高模型的灵活性和适应性。主流方法中，DreamBooth[33] 可以在原有模型中通过链接特定的关键词和目标所属类别添加特定对象，在推理时使用此关键词生成对应特定对象，且使用正则化图像的方法避免过拟合和语言漂移问题；Textual Inversion2[34] 使用一个额外的编码器来将文本描述转换为图像特征，然后将其作为条件输入给 Stable Diffusion 模型，从而提高文本到图像的生成效果；LoRA3[35] 仅训练微调新添加的模型权重，原始模型的权重被"冻结"，不容易出现灾难性遗忘。添加的那部分新增权重会被分解为两个低秩矩阵，体积会被进一步减小，且参数少于原始模型，使相应的 LoRA 权重容易移植；Hypernetworks4[36] 使用一个辅助网络来生成 Stable Diffusion 模型的参数，从而实现动态调整模型结构和大小的能力，以适应不同的输入条件和输出分辨率。

Stable Diffusion 模型版本正在快速迭代，感兴趣的读者可以前往 Stable Diffusion 官网①，尝试利用 Stable Diffusion 模型生成有趣的结果。

5.3 文本生成图像任务评测

文本生成图像的评估也是一个很有挑战性的工作，一个良好的模型评价指标不仅要评估生成的图像是否真实，还要评估文本描述与生成图像之间的语义相关性。这部分将简述文本生成图像的常用数据集和评价指标，汇总介绍相应内容、特点和细节。

5.3.1 数据集

1. Oxford-102

Oxford-102 Flower 数据集[37] 是牛津工程大学于 2008 年发布的一个常用于图像分类和识别的数据集。该数据集包含 102 个不同种类的花朵图像，每个类别包含 40~258 张图像，共计 8 189 张图像。每张图像都由多个人标注了对应的物种、边界框和关键点等信息。该数据集还提供了一个预处理好的图像数据集，其中每张图像被缩放到固定的大小，并使用 ImageNet 数据集的均值和标准差进行了标准化处理。这个预处理后的数据集可以方便地用于深度学习模型的训练和评估。该数据集在计算机视觉领域被广泛用于图像分类、物体检测、关键点检测等任务的研究和实验。对该数据集的研究不仅有助于推动计算机视觉领域的发展，还有助于实际应用中的花卉识别和分类等任务。

2. MS COCO

MS COCO（Microsoft Common Objects in Context）数据集[38] 是一个用于图像理解和视觉推理的大规模数据集，由微软公司在 2014 年发布。该数据集是用于评估计算机视觉算

---

① Stable Diffusion 官网：stablediffusionweb.com

法的广泛使用的基准数据集之一,尤其是图像分割、目标检测和图像字幕生成领域。数据集有超过32万张图片,分为训练集、验证集和测试集三个部分。每个图像都被注释了多个层次的标签,如目标实例的类别、位置、分割、属性、关系和场景描述等。它的注释非常详细,使模型能够更好地理解图像中的各种信息,可以用于许多不同的计算机视觉任务。

3. CUB200-201

CUB200-2011[39]是一个用于鸟类图像分类和检索任务的数据集,由加州大学圣迭戈分校的鸟类学家和计算机视觉专家在2011年共同创建。该数据集包含200个不同种类的鸟类,每个种类包含大约60张图片,总共有11 788张图片。每张图片都包含一个物体级别的边界框和多个描述其属性和特征的标注,如物种名称、鸟类的部位、颜色、形态特征等。CUB200-2011数据集图像质量高,数据集中的图片由专业鸟类摄影师拍摄,拍摄设备和拍摄环境都比较标准化。另外数据集标注丰富,包含了多个级别的标注信息。同时数据集中的鸟类多样性和图像复杂度使得鸟类分类和检索任务具有一定的挑战性,对于算法的鲁棒性和泛化能力提出了更高的要求。

5.3.2 性能评价指标

5.3.2.1 图像质量指标

1. Inception Score(IS)

Inception Score(IS)[40]是文本生成图像领域使用最广泛的图像质量评估指标之一,它基于Inception-v3神经网络的分类结果,用于衡量生成图像的多样性和真实度。其定义公式如下:

$$\text{IS}(G) = \exp(\mathbb{E}_{x \sim p_g} D_{KL}(p(\boldsymbol{y}|\boldsymbol{x}) \| p(\boldsymbol{y}))) \tag{5-30}$$

IS分数用到KL散度和熵的数学知识,主要原理在于计算由生成器产生的图像$p(\boldsymbol{y}|\boldsymbol{x})$和整个数据集的真实标签分布$p(\boldsymbol{y})$之间的KL散度。IS值越高,表示生成的图像越多样化、真实。通常,IS分数的计算需要在大型数据集上进行,同时还需要预训练一个Inception模型。因此,IS在实际应用中往往比较耗时和复杂,但它仍然是评估图像生成器多样性的主要指标之一。

2. Fréchet Inception Distance(FID)

FID[41]是用于衡量生成的图像与真实图像之间的距离的指标,它是生成模型评价中广泛使用的一种指标。FID基于生成图像和真实图像在Inception模型的特征空间中的分布距离进行评估,因此它可以较好地反映出生成图像与真实图像之间的相似度。其定义公式如下:

$$\text{FID} = \|\mu_r - \mu_g\|^2 + \text{Tr}(\boldsymbol{\Sigma}_r + \boldsymbol{\Sigma}_g - 2(\boldsymbol{\Sigma}_r \boldsymbol{\Sigma}_g)^{\frac{1}{2}}) \tag{5-31}$$

其中，r 表示真实图像，g 表示生成图像。FID 值越小，表示生成图像与真实图像在特征空间中的分布越接近，相似度越高。

5.3.2.2 图像文本对齐指标

1. R-precision

R-precision 通过对提取的图像和文本特征之间的检索结果进行排序，来衡量文本描述和生成的图像之间的视觉语义相似性。其计算方法是对于每个真实文本描述，找到生成图像中与其匹配度最高的前 k 个图像，然后计算它们与真实图像的平均精度，公式如下：

$$R = \frac{1}{N}\sum_{i=1}^{N}\max_{j=1}^{k}[\text{sim}(t_i, g_{ij})] \tag{5-32}$$

R-precision 的值越大，说明图像与真实文本描述越相关。需要注意的是，R-precision 只是一种评价生成图像与文本描述匹配程度的指标，无法全面评估生成图像的质量和多样性，因此在实际应用中需要结合其他指标一起使用。

2. VS 相似度（Visual-Semantic Similarity）

VS 相似度通过训练视觉语义嵌入模型，计算图像和文本之间的距离，以此衡量合成图像和文本之间的对齐。具体地，通过分别将图像和文本映射到公共表示空间，计算编码后的文本和图像的余弦值相似度，从而判断文本与图像是否相关。VS 相似度越高越好，越高表示越相似。其定义公式如下，其中 f_t 表示的是文本编码器，f_x 表示的是图像编码器：

$$\text{VS} = \frac{f_t(t) \cdot f_x(x)}{\|f_t(t)\|_2 \cdot \|f_x(x)\|_2} \tag{5-33}$$

5.4 本章小结

5.1 节是文本生成图像任务概述。文本生成图像是一种从文本描述中提取语义信息并生成对应的逼真图像的技术。本节主要介绍了文本生成图像任务的研究背景、问题定义和研究现状。

5.2 节是文本生成图像模型。本节分别介绍了基于 GAN 的文本生成图像、基于 VQ-VAE 的文本生成图像和基于扩散模型的文本生成图像三类模型。通过阐述数学原理、分析经典模型架构、列举前沿模型实例，详细说明了文本生成图像技术的实现方法。

5.3 节是文本生成图像任务评测。本节主要介绍了用于文本生成图像的常用数据集和评价指标，包括图像质量和语义一致性两个方面，帮助读者进一步理解文本图像生成任务的评价标准。

目前，文本生成图像任务已成为 AI 领域的一个新焦点，最新的模型已经能呈现出非常令人惊艳的图像。不过，仍有一些值得探索的方向。例如将场景、对话、字幕等其他形式作为输入以生成图像，让模型能够理解不同类型的文本和图像之间的关系，或是标准化用于效果评测的用户评估研究，还有拓展图像生成到时序空间上的视频、故事生成等。

预训练跨模态视觉语言模型也正在兴起，其中最具代表性的就是 GPT4，它是一种非常先进和强大的预训练模型，能够在大规模的文本和图像数据上进行联合学习，从而提高文本生成图像的效果，目前它已经在多个任务上取得令人惊叹的成绩。在文本生成图像方向，OpenAI 在 2023 年 9 月发布了最新的 DALL·E 3[42]。DALL·E 3 是在 ChatGPT 上原生构建的，借助 ChatGPT 细化理解用户的提示词。用户只需向 ChatGPT 提问，告诉它想看到什么，然后 ChatGPT 会根据需求给出几个候选提示词，每一个提示词会生成一个图像。这种简化 prompt 工程的方式，可以让人和机器的对话门槛更低，还可以准确地表示具有特定对象和关系的场景。对比之前的两代模型，DALL·E 3 更能理解文字的细微差别，也改变了人机交互方式，让 AI 作画更简单。DALL·E 3 将被集成为 GPT4 的插件，用户可以通过在对话中激活 DALL·E 3 插件，直接与 GPT4 进行交互。通过这个插件，用户能够直接在对话中向 GPT4 提出生成图片的请求，并在生成过程中进行实时修改。

最后，文本生成图像技术也存在一些局限性。例如，描述文本中的对象存在复杂关系时难以生成复杂图像。尽管一些模型实现了高分辨率图像生成，提高图像分辨率和降低计算成本仍然是需要解决的问题。伦理问题也值得关注，需要避免生成图像用于恶意欺骗的情况，可以通过要求用户使用模型时遵循道德原则实现约束，OpenAI 也在采取措施限制 DALL·E 生成暴力、成人或仇恨内容的能力。

未来，我们期待图文生成技术迎来更为迅猛的进步，期待更多能够炸裂细节绘制效果技术的涌现，从而彻底颠覆艺术界，深刻改变我们的生活。

5.5 参考文献

[1] 桑卡，赫拉瓦卡，搏伊尔. 图像处理、分析与机器视觉（第 4 版）：世界著名计算机教材精选 [M]. 北京：清华大学出版社，2018.

[2] Agnese J, Herrera J, Tao H, et al. A Survey and Taxonomy of Adversarial Neural Networks for Text-to-image Synthesis [J]. Wiley Interdisciplinary Reviews: Data Mining and Knowledge Discovery, 2020, 10 (4): e1345.

[3] Daniel Jurafsky and James H. Martin. 2024. Speech and Language Processing: An Introduction to Natural Language Processing, Computational Linguistics, and Speech Recognition with Language Models, 3rd edition. Online manuscript released August 20, 2024. https://web.stanford.edu/~jurafsky/slp3.

[4] 周志华. 机器学习 [M]. 北京：清华大学出版社，2016.

[5] Bayoumi R, Alfonse M, Salem A B M. Text-to-Image Synthesis: A Comparative Study [M] //Digital Transformation Technology. Springer, Singapore, 2022: 229-251.

[6] Xu T, Zhang P, Huang Q, et al. Attngan: Fine-grained Text to Image Generation with

attentional generative adversarial networks [C] //Proceedings of the IEEE conference on computer vision and pattern recognition. 2018: 1316-1324.

[7] Zhan F, Yu Y, Wu R, et al. Multimodal Image Synthesis and Editing: A Survey [J]. 2021. DOI: 10. 48550/arXiv. 2112. 13592.

[8] Tao D, Xu D, Zhang J, et al. MirrorGAN: Learning Text-to-image Generation by Redescription. 2019 [2024-12-05]. DOI: 10. 1109/CVPR. 2019. 00160.

[9] Razavi A, Van den Oord A, Vinyals O. Generating Diverse High-fidelity Images with Vq-vae-2 [J]. Advances in Neural Information Processing Systems, 2019, 32.

[10] Zhang H, Xu T, Li H, et al. Stackgan++: Realistic Image Synthesis with Stacked Generative Adversarial Networks [J]. IEEE Transactions on Pattern Analysis and Machine Intelligence, 2018, 41 (8): 1947-1962.

[11] Xiaojin Zhu, Andrew B. Goldberg, Mohamed Eldawy, et al. A Text-to-Picture Synthesis System for Augmenting Communication. In Prof. of AAAI International Conference, pages 1590-1595.

[12] Zhicheng Yan, Hao Zhang, Baoyuan Wang, et al. Automatic Photo Adjustment Using Deep Neural Networks. ACM Transactions on Graphics (TOG), 35 (2).

[13] Agnese J, Herrera J, Tao H, et al. A Survey and Taxonomy of Adversarial Neural Networks for Text-to-Image Synthesis [J]. Wiley Interdisciplinary Reviews: Data Mining and Knowledge Discovery, 2020, 10 (4): e1345.

[14] Zhou R, Jiang C, Xu Q. A Survey on Generative Adversarial Network-based Text-To-Image Synthesis [J]. Neurocomputing, 2021, 451: 316-336.

[15] Reed S, Akata Z, Yan X, et al. Generative Adversarial Text to Image Synthesis [C] // International Conference on Machine Learning. PMLR, 2016: 1060-1069.

[16] N. Kumari, B. Zhang, R. Zhang, et al. Multi-Concept Customization of Text-to-Image Diffusion. Pro-ceedings of the IEEE/CVF Conference on Computer Vision and Pattern Recognition, 2023, pp. 1931-1941. 5, 6, 7, 10, 13.

[17] Ziyi Dong, Pengxu Wei, Liang Lin, "Dreamartist: Towards Controllable One-Shot Text-to-Image Generation via Contrastive Prompt-Tuning," arXiv preprint arXiv: 2211. 11337, 2022. 5, 6.

[18] Goodfellow I J, Pouget-Abadie J, Mirza M, et al. Generative Adversarial Nets [C] // NIPS. 2014.

[19] Mirza M, Osindero S. Conditional Generative Adversarial Nets [J]. arXiv preprint arXiv: 1411. 1784, 2014.

[20] Zhang H, Xu T, Li H, et al. Stackgan: Text to Photo-Realistic Image Synthesis with Stacked Generative Adversarial Networks [C] //Proceedings of the IEEE International

Conference on Computer Vision. 2017: 5907-5915.

[21] Tero Karras, Timo Aila, Samuli Laine, et al. Progressive Growing of Gans for Improved Quality, Stability, and Variation [J]. arXiv preprint arXiv: 1710. 10196, 2017.

[22] Jia Deng, Wei Dong, Richard Socher, et al. ImageNet: A large-Scale Hierarchical Image Database [D]. 2009 IEEE Conference on Computer Vision and Pattern Recognition, Miami, FL, USA, 2009, pp. 248-255, doi: 10. 1109/CVPR. 2009. 5206848.

[23] Odena A, Olah C, Shlens J. Conditional Image Synthesis with Auxiliary Classifier Gans [C] //International Conference on Machine Learning. PMLR, 2017: 2642-2651.

[24] Michelucci U. An Introduction to Autoencoders [J]. arXiv preprint arXiv: 2201. 03898, 2022.

[25] Doersch C. Tutorial on variational autoencoders [J]. arXiv preprint arXiv: 1606. 05908, 2016.

[26] Van Den Oord A, Vinyals O. Neural Discrete Representation Learning [J]. Advances in Neural Information Processing Systems, 2017, 30.

[27] Ramesh A, Pavlov M, Goh G, et al. Zero-Shot Text-to-Image Generation [C] //International Conference on Machine Learning. PMLR, 2021: 8821-8831.

[28] Ding M, Yang Z, Hong W, et al. Cogview: Mastering Text-to-Image Generation via Transformers [J]. Advances in Neural Information Processing Systems, 2021, 34: 19822-19835.

[29] Yang L, Zhang Z, Song Y, et al. Diffusion Models: A Comprehensive Survey of Methods and Applications [J]. arXiv preprint arXiv: 2209. 00796, 2022.

[30] Rombach R, Blattmann A, Lorenz D, et al. High-resolution Image Synthesis with Latent Diffusion Models [C] //Proceedings of the IEEE/CVF Conference on Computer Vision and Pattern Recognition. 2022: 10684-10695.

[31] Ramesh A, Dhariwal P, Nichol A, et al. Hierarchical Text-Conditional Image Generation with Clip Latents [J]. arXiv preprint arXiv: 2204. 06125, 2022.

[32] Radford A, Kim J W, Hallacy C, et al. Learning Transferable Visual Models from Natural Language Supervision [C] //International Conference on Machine Learning. PMLR, 2021: 8748-8763.

[33] Ruiz N, Li Y, Jampani V, et al. Dreambooth: Fine Tuning Text-to-Image Diffusion Models for Subject-Driven Generation [C] //Proceedings of the IEEE/CVF Conference on Computer Vision and Pattern Recognition. 2023: 22500-22510.

[34] Gal R, Alaluf Y, Atzmon Y, et al. An Image is Worth One Word: Personalizing Text-to-Image Generation Using Textual Inversion [J]. arXiv preprint arXiv: 2208. 01618, 2022.

[35] Hu E J, Shen Y, Wallis P, et al. Lora: Low-rank Adaptation of Large Language Models

[J]. arXiv preprint arXiv: 2106. 09685, 2021.

[36] Nataniel Ruiz, Yuanzhen Li, Varun Jampani, et al. HyperDreamBooth: HyperNetworks for Fast Personalization of Text-to-Image Models [J]. arXiv preprint arXiv: 2307. 06949, 2023. 5, 8, 10.

[37] Nilsback, M. and Zisserman, A. (2008). Automated Flower Classification over a Large Number of Classes. In Proceedings of the Indian Conference on Computer Vision, Graphics and Image Processing.

[38] Lin, T., Maire, M., Belongie, S., Bourdev, L., Girshick, R., Hays, J., Perona, P., Ramanan, D., Zitnick, C., and Dollar, P. (2015). Microsoft coco: Common objects in context. CoRR, arXiv, 1405. 0312v3.

[39] Wang, K., Gou, C., Duan, Y., Lin, Y., Zheng, X., and Wang, F. (2011). The caltech-ucsd birds-200-2011 dataset. Computation and Neural Systems Technical Report, CNS-TR-2011-001.

[40] Salimans, T., Goodfellow, I., Zaremba, W., Cheung, V., Radford, A., and Chen, X. (2016). Improved techniques for training gans. CoRR, arXiv, 1606. 03498v1.

[41] Heusel, M., Ramsauer, H., Unterthiner, T., Nessler, B., and Hochreiter, S. (2018). Gans trained by a two time-scale update rule converge to a local nash equilibrium. CoRR, arXiv, 1706. 08500v6.

[42] Betker J, Goh G, Jing L, et al. Improving image generation with better captions [J]. Computer Science. https://cdn. openai. com/papers/dall-e-3. pdf, 2023, 2 (3): 8.

第6章
视觉问答任务

6.1 视觉问答任务概述

视觉问答的基本任务是给定如图像、视频等形式的视觉信息和一段自然语言形式的问题，要求模型根据常识进行推理，从而得到问题的答案。这一跨模态的任务具有挑战性，近年来同时得到计算机视觉、自然语言处理两大人工智能领域的广泛关注。视觉问答也有着广泛的应用场景，如医学辅助诊疗、盲人辅助导航以及幼儿教育等。本章将重点对图像的问答展开介绍，而针对视频等其他视觉信息的问答与之具有一定的相似性，读者可自行查阅资料进行了解。

本节首先介绍视觉问答任务的动机，包括其意义以及对其他人工智能领域的贡献。随后，我们对视觉问答进行分类，从不同视角分析视觉问答的研究现状。

6.1.1 研究背景与意义

视觉问答是计算机视觉与自然语言处理两个领域的交叉融合。计算机视觉的研究目标是让机器学会如何去看这个世界，具体来说就是让机器获取、处理以及理解图像。与之相对应的，自然语言处理的研究目标是让机器学会阅读，该领域专注于让计算机通过自然语言与人类进行沟通。计算机视觉与自然语言处理是人工智能的两个重要子领域，在研究方法上都基于机器学习。在早期的研究过程中，两个领域较为独立，少有交集。

近十多年来，随着深度学习的不断发展，计算机视觉和自然语言处理都取得了巨大的进展。在计算机视觉方面，模型在已有的图像分类、目标检测等任务的性能上产生了较大的突破。但是，上述任务更多的是对图像进行感知，而缺乏在认知层面上对图像的理解与推理。为了解决这一问题，图像描述任务在此期间被提出。图像描述要求计算机根据输入图像自动生成对应的描述性自然语言，且描述的内容应与图像所展现的内容相近，如图6-1所示。这一任务首次将计算机视觉与自然语言处理两个领域进行结合，考验计算机对于图像的理解能力，让计算机"看图说话"，细节可参考第4章所述的图像语义生成。

在自然语言处理领域，问答系统以交互式的方法发掘并推理文本中的信息，具备较好

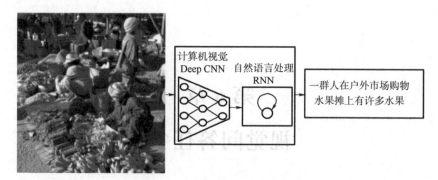

图 6-1　图像描述任务示例[1]

的研究前景。因此，文本问答得到广泛的研究，在科研界和工业界均涌现出较多的成果，如微软小冰等。近年来由于自媒体的蓬勃发展，海量的数据以图像和视频的方式呈现出来，图像和视频对信息的涵盖能力超过了文本。如何交互式地提取、过滤并推断图像中的信息成为一个需要解决的问题。随着问答系统在自然语言处理领域的成功应用，以及图像描述这一跨领域任务的提出，将问答系统应用至视觉领域的想法应运而生，视觉问答任务也就在这一背景下被提出。

经过近些年的研究，视觉问答在医疗、导航、教育等诸多应用领域大放异彩，目前它已经成为计算机视觉和自然语言处理联合领域最成功、成熟的应用方向之一。

基于人工智能的医学影像理解和相关医学问题的解答最近吸引了越来越多研究者的兴趣。该方向的应用帮助医务人员进行临床决策，并有助于提高诊断正确率。在医疗领域落地相关的视觉问答任务难点在于数据集的获得，因为医疗术语繁多且存在复杂的语义，而且很多罕见医疗病症数据稀少。医疗领域相关的第一个公共数据集 VQA-Med 包括 2 866 张医学图像，其中 2 278 张用于训练，264 张用于测试，324 张用于验证，以及 6 413 个 QA 对。目前做医疗 VQA 的方法，大多是在多模态合成和数据集增广上做改进，此外也诞生了一些被广泛运用在医学领域的模型，包括利用图神经网络融合多模态信息的 Cross Facts Network[2]，以及利用元学习和转移学习的 ETM-Trans[3]。

帮助盲人导航也是视觉问答的一大应用。以前盲人出门需要导盲犬或者志愿者的帮助，但视觉问答可以给盲人更低成本且更加可靠的导航服务，除了系统的自动视觉问答进行导航提示外，使用者也可以主动进行提问并得到回答。一个经常被应用在该领域的经典工作是 Anderson 等人提出的 BUTD 模型[4]。

VQA 系统也可以像一个导游一样在文化遗产和名胜古迹参观方面和人们互动。Bongini 等（2020）[5]提出使用 VQA 与音频导游进行交互来探索博物馆和美术馆。利用相关的 VQA 模型，用户可以直接提出他/她感兴趣的问题，避免冗长的描述，自由地浏览绘画或雕塑的元素。这种探索艺术的方式可以取代静态的音频指南，激发游客的兴趣。

6.1.2 研究内容

在视觉问答任务中，模型接受的输入是一张图像以及一个关于这张图像的文本形式问题。任务要求模型能够预测出问题的正确答案，不过答案的输出形式视具体任务而定，通常包括一个单词、一个词组，或者是单项选择题的一个选项。

视觉问答是一项具有挑战性的任务。与计算机视觉领域的其他任务不同，视觉问答任务要解决的问题直到运行时才能确定下来。传统的图像分类、目标检测等任务中，模型所要解决的问题是预先确定的，在运行时只是输入的图像发生变化。例如，图像分类所要回答的问题是"图像中是否呈现了×××"，其中×××是图像的标签；目标检测任务回答的问题是"×××的位置在哪"，其中×××是待检测的目标。面对这些预定义的问题，标签所在的空间是确定的，所有问题的答案都限制在确定的标签空间中。然而，视觉问答任务中问题的形式是不确定的，因此问题的答案也可能多种多样。总之，相比于大部分计算机视觉领域的其他任务，视觉问答任务的形式更加灵活，也要求模型必须对图像具有更深的理解力。

与自然语言处理领域的文本问答相比，视觉问答更具挑战。图像可以被视作真实世界的二维映射，它所呈现的内容没有任何限制。因此，如何解析一张图像的结构极为重要。然而图像不同于自然语言，它缺乏结构化的语法规则，因此也缺乏类似自然语言处理领域中句法解析器之类的解析工具。此外，图像与自然语言相比维度更高，包含更多噪声，在处理过程中会面临更多的困难。

尽管视觉问答可以看作是图像描述等领域交叉任务的延伸，但它与以往的这些任务也有明显差异，其中一个最重要的区别是视觉问答需要更多图像以外的知识。这种外部知识通常是常识或是某一特定领域的专业知识。例如，在视觉问答被应用到的领域中，医学视觉问答需要模型具备专业知识以解析 CT 图，而机器人视觉问答则需要模型解析雷达图等图像。因此，将外部知识融入模型是视觉问答任务中较为重要的一环。

6.1.3 技术发展现状

视觉问答模型随深度学习的演变而不断发展。视觉问答任务最早流行的模型框架为 CNN-RNN 框架，其中如 VGG[6]（Visual Geometry Group）等卷积神经网络（CNN）模型用于提取图像或视频的特征，而循环神经网络（RNN）则用于提取问题的特征。特征提取完成后，将视觉与文本特征进行融合并送入一个多层感知机（MLP）中用于预测问题的答案。随后，特征融合方法得到进一步的发展，产生了如注意力机制、双线性池化等方法。随着图卷积网络的发展，图模型也被引入视觉问答模型中，用于结构化地表征图像信息。

在后续的小节中，我们将会展开介绍上述模型，分析这些模型的理论基础、模型结构以及优势和劣势。

6.2 传统视觉问答模型

随着视觉问答的兴起，许多以深度学习为主导的模型在此期间被提出。本节把上述模型分为五大类，分别是基于联合嵌入的模型、注意力模型、组合式模型、基于记忆网络的模型和基于图神经网络的模型。我们将具有代表性的模型作为实例，详细地对上述几类模型进行介绍。

6.2.1 基于联合嵌入的模型

基于联合嵌入的模型的作用是解决图像和文本两种模态的特征提取。基于联合嵌入的模型最初用于图像描述任务，取得了较好的结果。因此，这一方法也自然而然地应用到了同为跨模态任务的视觉问答中。这类方法的大致思路是：首先，分别对图像和文本进行特征提取，得到两种模态的特征；其次，将两种特征进行融合，得到图像与文本的联合特征；最后，利用得到的联合特征生成答案，从而完成视觉问答任务。

在联合嵌入的过程中，图像特征提取通常采用卷积神经网络（CNN）模型，如 VGG、GoogLeNet、ResNet 等，问题特征提取通常采用词袋模型，或 LSTM、GRU 等循环神经网络模型。而特征的融合操作主要可以分为两大类，一类是基准融合模型，另一类是双线性编码模型。本节将根据这两类不同的融合方法对联合嵌入模型展开进一步介绍。

6.2.1.1 基准融合模型

在得到图像特征与问题特征后，基准融合模型首先将两种特征映射到相同的特征空间中，并采用基本的向量运算操作进行特征融合。通常使用的向量运算有拼接、按位相加与按位相乘等。以向量的按位相加为例，特征融合的公式如下：

$$V = W_i V_i + W_q V_q \tag{6-1}$$

其中，V 表示图像与文本的联合特征，W_i 与 W_q 分别是图像和问题的嵌入向量，作用是对图像特征 V_i 和问题特征 V_q 做线性变换，从而将两种特征映射到相同的空间中。在 VQA 的早期研究中存在大量的基准融合模型，本节将以 multimodal QA（mQA）这一具有代表性的模型为例进行介绍。

mQA 的模型结构如图 6-2 所示。mQA 模型共包含 4 个组成部分。第一部分是一个用于编码问题的 LSTM(Q)，它可以提取输入疑问句的特征，得到对应的向量表示。第二部分是一个编码输入图像的 CNN，具体使用 GoogLeNet，用于提取图像特征。第三部分是一个用于生成答案的 LSTM(A)，在每个时间步 t，根据 $1,2,\cdots,t-1$ 时刻生成的单词生成当前时间步单词对应的向量。第四部分是一个融合模块，用于将前三者所生成的向量进行融合。

$$f(t) = g(V_{rQ} r_Q + V_I I + V_{rA} r_A(t) + V_\omega w(t)) \tag{6-2}$$

第四部分融合的具体过程如式（6-2）所示，其中"+"表示向量按位相加，r_Q 表示 LSTM(Q) 对输入问句最后一个单词的向量，I 表示 CNN 对图像进行特征提取后的表征，$r_A(t)$ 和 $w(t)$ 分别表示第 t 个时间步 LSTM(A) 的输出和答案序列第 t 个单词对应的词向量。V_{rQ}、V_I、V_{rA}、V_ω 均为可学习的参数。$g(·)$ 表示一个非线性函数。融合后的向量在 intermediate 层映射回词表示空间，并在其后连接一个 softmax 层用于预测下一个单词。考虑到相同单词无论在什么位置所具有的意义应该是相同的，模型在 LSTM(Q) 的词嵌入部分、LSTM(A) 的词嵌入部分以及中间层共享同一个的词嵌入矩阵。

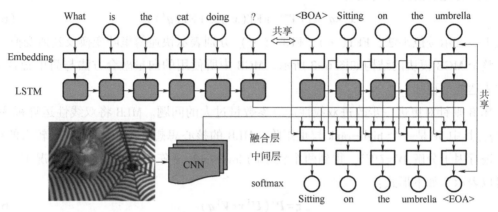

图 6-2　mQA 模型结构[7]

mQA 反映了基准融合模型的整体思路。基准融合类模型结构简单，尤其是在融合这一步基本上仅使用按位相加或相乘等操作，这使得模型易于实现，但是对多模态特征的提取能力不足，存在改进空间。

6.2.1.2　双线性编码模型

针对已有编码-解码模型在多模态特征融合上过于简单、表达能力不足的问题，双线性编码模型被提出。这种模型利用双线性运算对图像特征和文本特征进行融合，从而捕捉到更丰富的特征。朴素的双线性运算对输入的两个向量进行外积操作，再进行线性变换，公式如下。

$$z = M[x \otimes q] \tag{6-3}$$

应用在视觉问答任务时，x 表示图像特征，q 表示问题特征，$\otimes$ 表示外积运算，$[·]$ 表示将矩阵转化为向量，M 表示线性变换所需的参数。然而，朴素的双线性变换内存和计算的开销过大，难以应用到神经网络模型中。假设 $x,q \in \mathbb{R}^N$，线性变换后神经元数量为 C，则 M 的参数量为 $N \times N \times C$。如果 $N=2\,048$ 与 $C=3\,000$，那么 M 将包含 125 亿左右的参数，这种参数量是难以接受的。为了解决参数量过大的问题，许多改进措施被提出，例如 MCB（Multimodal Compact Bilinear Pooling）[8]、MLB（Multimodal Low-rank Bilinear Pooling）[9]等。

MCB 的思路是把两向量映射到低维空间后进行卷积运算，以此近似作为外积运算，

从而大幅减少了参数量。MCB 的计算公式为

$$\Psi(x\otimes q,h,s) = \Psi(x,h,s)\times\Psi(q,h,s) = x'\times q' \qquad (6-4)$$

其中，Ψ 是 count sketch 映射函数，其功能是将输入向量 $v\in\mathbb{R}^n$ 映射到向量 $y\in\mathbb{R}^d$，以减少向量维数。h，s 是函数 Ψ 在运算过程中使用的向量，其中 $s\in\{-1,1\}^n$，$h\in\{1,2,\cdots,d\}^n$。令 $y=\Psi(v,h,s)$，函数 Ψ 的计算公式为

$$y[j] = \sum_{i \text{ for } h[i]=j} s[i]v[i] \qquad (6-5)$$

经过转化后的计算公式为

$$x'\times q' = \text{FFT}^{-1}(\text{FFT}(x')\odot\text{FFT}(q')) \qquad (6-6)$$

公式中 $\odot$ 表示按位乘法，$\text{FFT}(\cdot)$，$\text{FFT}^{-1}(\cdot)$ 分别表示快速傅里叶变换及其逆变换。

整个 MCB 模块的结构如图 6-3 所示。MCB 中所使用的向量融合方法与简单融合方法相比表达能力更强。

MLB 则针对更进一步改进双线性运算参数量过大的问题。MLB 将双线性运算视为 $z=x^T W q$，其中 W 是一个 high-rank 权重矩阵。MLB 的核心思想在于，将 W 这个较大的权重矩阵进行因子分解 $W=UV^T$，得到两个较小的 low-rank 矩阵 U、V。在这种情况下，原公式可以表示为如下形式：

$$z = P^T(U^T x \circ V^T q) \qquad (6-7)$$

其中，P 是所有元素均为 1 的矩阵，$\circ$ 表示向量的哈达玛积。

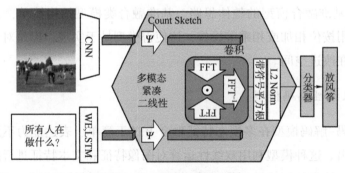

图 6-3 MCB 模型结构[8]

如 MCB，MLB 的双线性编码模型与上一小节编码-解码模型相比在性能上有明显提升，不过代价是更大的计算开销。

6.2.2 注意力模型

注意力机制一经提出便在计算机视觉和自然语言处理等领域受到广泛应用。视觉问答问题也相应地出现了不少注意力模型，并在任务数据集上取得了较好的结果。在本节中，我们将介绍几类应用在视觉问答领域的经典注意力模型，WTL 模型，如堆叠注意力模型（Stacked Attention Network，SAN），分层问题-图像共同注意力模型（Hierarchical Question-Image Co-Attention，HieCoAtt）以及自下而上和自上而下的注意力模型（Bottom-Up and

Top-Down Attention Model，BUTD）。

6.2.2.1 WTL 模型

视觉问答模型通常使用 CNN 提取图像特征，使用 RNN 提取问题特征。然而，在面对如包含多步推理的复杂视觉问答任务时，模型的处理能力有所欠缺。这里问题主要出现在输入图像与问题无关的区域会引入大量的噪声。本节介绍的 WTL（Where To Look），是最早将注意力机制应用到 VQA 领域的模型之一，它仅用于 VQA 中的多项选择任务。

WTL 的模型结构如图 6-4 所示。WTL 将图像划分为 100 个分区，并进行特征提取，得到每个分区的视觉特征。随后 WTL 对问题和候选答案进行特征提取，得到语言特征。将每个分区的向量与语言特征向量进行点乘，从而求出每个分区的注意力权重。随后将每个分区的向量与语言特征向量拼接，并按注意力权重对所有向量进行加权求和，得到加权平均向量。将这一向量送入两层的全连接网络中计算出该候选答案的得分。

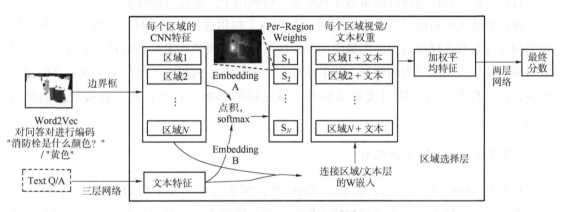

图 6-4　WTL 的模型结构[10]

在模型的细节上，WTL 对图像的分区方法是边缘检测。在非极大值抑制操作后，选出边缘检测得分最高的 99 个分区，然后把整张完整的图像作为第 100 个分区。作者使用 VGG 模型对这些分区进行特征提取，取模型全连接最后一层的 4 096 维向量，以及 softmax 运算前的 1 000 维向量，并将二者拼接得到 5 096 维的向量作为每个分区的特征。

在语言特征提取方面，模型将问题与其中一个候选答案进行配对，并利用 Word2Vec 把问题答案对中的每个单词进行 300 维的词嵌入。随后利用斯坦福解析器（Stanford Parser）[11]将问题语句划分到 4 个语义桶（Bin）中，这四个桶如下所示：

（1）Bin1：问题前两个单词嵌入向量的平均；
（2）Bin2：主语名词嵌入向量的平均；
（3）Bin3：其他所有名词嵌入向量的平均；
（4）Bin4：去掉限定词和冠词之后的剩余词嵌入向量的平均。

显然，这四个桶中均为 300 维的向量，反映了问题的语义特征。将这四个桶的向量进行拼接后，再与答案中所有单词嵌入向量的平均进行拼接，得到一个 1 500 维的向量，作为问题答案对的语言特征。

得到视觉特征与语言特征后，模型进行注意力运算。令 X_r 为图像每个分区特征对应的矩阵，G_r 为所有图像分区特征在映射后对应的矩阵，x_l 表示问题答案对的特征，g_l 表示 x_l 在映射后得到的向量。整个注意力得分的运算公式如下所示：

$$G_r = AX_r + b_r \tag{6-8}$$

$$g_l = Bx_l + b_l \tag{6-9}$$

$$s_{l,r} = \sigma(G_r^{\mathrm{T}} g_l) \tag{6-10}$$

其中，$s_{l,r}$ 表示注意力得分，A、B 为线性变换的参数，b_r、b_l 为线性变换的偏置，σ 为 softmax 运算。由公式可以看出，模型将视觉特征与语言特征映射到相同的空间后，对二者进行点积运算，再做 softmax，得到模型最终的注意力得分 $s_{l,r}$。利用 $s_{l,r}$ 即可对图像不同的分区特征与语言特征的拼接向量做加权求和，得到用于生成得分的向量。

该模型的主要贡献是将注意力机制引入 VQA。利用这种注意力机制，模型可以根据给定的问题答案对选择性地关注图像中的各个区域，从而判断答案是否合理。不过，模型发表时间比较早，在注意力的使用方法上还存在不少瑕疵，例如它虽然使用了预定义的图像区域，但没有考虑问题的语义和结构对区域选择的影响，且在性能上还有较大的提升空间。

6.2.2.2 堆叠注意力模型

在 VQA 领域中通常会遇到需要推理的问题，例如图 6-5 左上角的图片中，询问"自行车筐里装的是什么？"。为了解决这个问题，我们需要先定位到自行车，再定位到自行车的篮子，最后关注篮子里的物品。这是一个典型的推理过程。为了较好地解决类似的推理问题，堆叠注意力模型（SAN）被提出。

SAN 的模型结构如图 6-5 所示。整个模型可以分为三个部分，分别是图像特征提取、问题特征提取以及堆叠注意力。图像特征提取采用 CNN 模型，原图像 I 经特征提取后得到图像特征 f_I，然后经线性变换使特征维数与问题特征 V_Q 的维数一致。图像特征提取部分的公式如下：

$$f_I = \mathrm{CNN}(I) \tag{6-11}$$

$$V_I = \tanh(W_I f_I + b_I) \tag{6-12}$$

问题特征提取的模型既可以采用 LSTM，也可以使用 CNN。无论采用哪种模型，最终都会得到问题特征向量 V_Q。堆叠注意力部分包含多层的注意力，每层都是基于上一层的结果进行注意力运算，公式如下：

$$h_A^k = \tanh(W_{I,A}^k v_I \oplus (W_{Q,A}^k u^{k-1} + b_A^k)) \tag{6-13}$$

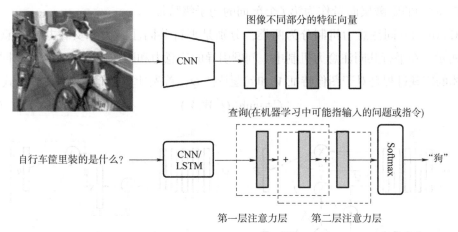

图 6-5 SAN 模型结构[12]

$$p_I^k = \text{softmax}(W_p^k h_A^k + b_P^k) \tag{6-14}$$

$$\tilde{v}_I^k = \sum_i p_i^k v_i \tag{6-15}$$

$$u^k = \tilde{v}_I^k + u^{k-1} \tag{6-16}$$

式（6-13）中，u^{k-1} 表示堆叠注意力模型第 $k-1$ 层的结果，v_i 表示图像特征，W 和 b 表示可学习的权重参数和偏置项。这一步中，模型利用上一层的结果以及图像特征生成第 k 层的注意力向量 h_A^k。随后，式（6-14）则表示对第 k 层的注意力向量 h_A^k 经线性变换后做 softmax 运算，得到每个图像区域的注意力得分 p_I^k。随后，通过式（6-15）利用此得分对图像的各个区域做加权求和，得到第 k 层的图像特征 $\tilde{v}_I^k$。最后，如式（6-16）所示将第 k 层特征 $\tilde{v}_I^k$ 与 $k-1$ 层的结果相加，得到堆叠注意力模型第 k 层的结果。特别的，这里 u^0 为问题特征向量 V_Q。

模型的堆叠注意力模型多次进行注意力运算，逐步定位图像中与问题相关的区域。这种机制模拟了推理过程，使模型在解决如包含推理任务的复杂问题时效果更出色。

6.2.2.3 分层问题-图像共同注意力模型

视觉问答任务中现有的注意力机制通常是以问题作为引导，对图像做注意力运算。然而，也可以从另一个角度出发，根据图像信息对问题做注意力运算，从而更加合理地关注问题信息。本节所介绍的分层问题-图像共同注意力模型（hieCoAtt）考虑了上述两个角度，同时做问题引导的注意力和图像引导的注意力。

hieCoAtt 模型首先对问题进行了分层的特征提取。若输入问题 $Q = \{q_1, q_2, \cdots, q_T\}$，那么对于问题的每个位置分别提取单词级别、词组级别和句子级别三种层次的特征。单词级别的特征使用词嵌入模型即可表示；词组级别的特征使用不同尺寸卷积核对 Q 进行卷积与池化，从而提取到相邻几个单词的特征；句子级的特征提取使用一个 LSTM 模型，把

LSTM 在 t 时刻的隐藏层向量作为第 t 个单词的句子级特征。

hieCoAtt 的共同注意力机制分为两类，分别是平行共同注意力和交替共同注意力，如图 6-6 所示。在平行共同注意力机制中，问题引导的注意力和图像引导的注意力是同时计算的。具体的实现过程是对于图像特征 V 和问题特征 Q，首先计算相似度矩阵 C，公式如下：

$$C = \tanh(Q^T W_b V) \tag{6-17}$$

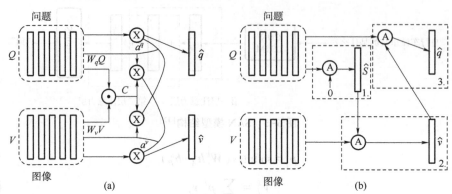

图 6-6　hieCoAtt 模型

(a) 平行共同注意力；(b) 交替共同注意力[13]

随后利用 C 同时计算出图像注意力分数 a^v 和问题注意力分数 a^q，并根据注意力分数分别求出图像和问题的特征，公式如下：

$$H^v = \tanh(W_v V + (W_q Q)C), H^q = \tanh(W_q Q + (W_v V)C)$$
$$a^v = \text{softmax}(W_{hv}^T H^v), a^q = \text{softmax}(W_{hq}^T H^q) \tag{6-18}$$
$$\hat{v} = \sum_{n=1}^{N} a_n^v v_n, \hat{q} = \sum_{t=1}^{T} a_t^q q_t$$

在交替共同注意力中，模型先对图像做注意力，再对问题做注意力。模型先把问题 Q 转换成一个单一问题向量，再根据此向量对图像特征做注意力计算，得到图像向量。随后再根据得到的图像向量对问题 Q 做注意力计算，得到问题向量。

hieCoAtt 模型可以捕捉多层级的信息，并且共同注意力机制使得模型对问题和图像的理解更为深入。因此模型在视觉问答数据集上取得了不错的结果。但是，hieCoAtt 的缺点在于共同注意力难以训练，且交替式的共同注意力存在误差传递的问题。

6.2.2.4　自下而上和自上而下的注意力模型

我们还可以从自上而下和自下而上两个角度分析注意力机制。现阶段的注意力机制通常都是自上而下的，这体现在我们根据一个注意力分数对图像的各个区域做加权求和，其中各个图像区域是同等重要的。但实际上，人在观察事物时，往往更关注具有显著特性的区域，而忽视相对不那么重要的区域。于是，在视觉问答任务中，我们也可以自底向上地提取出图像的显著区域，并以此作为图像特征。本节介绍的自下而上和自上而下的注意力模型（BUTD）就基于这种思路，首先检测出图像的显著区域，然后对这些区域做注意力运算。

BUTD 的模型结构如图 6-7 所示。模型的创新之处在于使用了 fast-RCNN 模型对输入图像做目标检测，选取其中 K 个候选框作为图像的显著区域，并把这 K 个区域送入 CNN 模型进行特征提取，得到 K 个显著区域对应的向量 $V=\{v_1,v_2\cdots,v_k\}$。其中，K 是超参数，需要预先指定。以上就是模型自下而上的注意力机制。

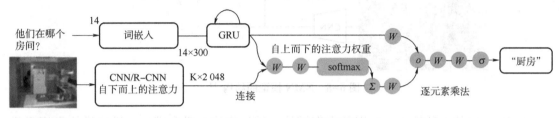

图 6-7　BUTD 的模型结构[4]

在得到自上而下的图像特征 V 后，模型将对其进行自上而下的注意力运算。自上而下的注意力机制与前两个小节所述模型的思路大致相同。简单来说，模型利用 RNN 对问题进行特征提取，并利用提取到的向量 q 求出模型对 K 个显著区域的注意力分数，再对这 K 个显著区域做加权求和，得到最终的图像特征。

与前人的模型相比，BUTD 在视觉问答任务上有明显的性能提升，成为视觉问答领域最广泛使用的基准线模型之一。然而，BUTD 模型的性能受限于 faster-RCNN 这一目标检测模型的性能，而且这种注意力机制需要预先定义图像区域的数量和位置，这可能会限制网络的灵活性和泛化能力。

6.2.3　组合式模型

组合式模型在模型内部定义了许多功能模块，这些模块可以解决某些特定的任务，如某种特定的推理、记忆等。模型将不同的模块组合到一起，从而解决较为复杂的 VQA 任务。本节将主要介绍神经模块网络模型（Neural Module Networks，NMN）[14]和动态记忆网络模型（Dynamic Memory Networks，DMN）。

6.2.3.1　神经模块网络模型

在视觉问答任务中，需要推理的问题往往可以一步一步地拆解成多个子问题。例如，当问题为"图中这只狗是什么颜色的？"，这一问题可以被拆分成两步：定位狗的位置和识别对应位置的颜色。神经模块网络模型（NMN）正是基于这种思路，利用自身复合的模块将复杂的推理问题拆分成许多步，从而解决问题。

NMN 的模型结构如图 6-8 所示。整个模型由一个布局预测器将众多模块集成起来。此外在视觉问答问题中，模型使用 LSTM 提取问题特征，用于答案的预测。下面将详细介绍 NMN 每一部分的功能。

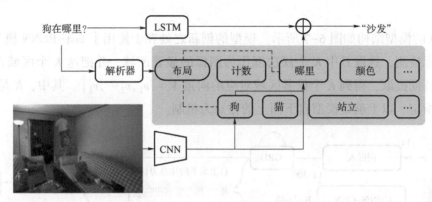

图 6-8　NMN 模型的结构[12]

NMN 包含的 5 种模块，分别是查询模块、转换模块、联合模块、描述模块和度量模块。NMN 的 5 种基本模块如图 6-9 所示。查询模块表示为 find[·]，如 find[cat]，它将输入图像与一个权重向量进行卷积，得到一个注意力。此处的注意力反映了模型对图像中某个位置的注意。转换模块表示为 transform[·]，如 transform[above]，它使用一个多层感知机，将一个注意力转换至另一个注意力。联合模块表示为 combine[·]，如 combine[and]，它将两个注意力合并为一个。描述模块表示为 describe[·]，如 describe[where]，它对非"是/否"类问题的标签进行预测。度量模块表示为 measure[·]，如 measure[is]，它专门针对"是/否"这种二分类问题进行预测。上述 5 种模块将在集成的模型中共同训练。

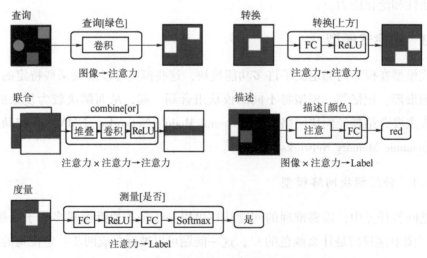

图 6-9　NMN 的 5 种基本模块

拥有了上述 5 种基本模块后，NMN 中的布局预测器将这些基本模块组合起来以解决特定的问题。我们将基本模块集成的结构称为布局，而布局预测器的功能就是根据问题来生成一种树形布局。具体来说，NMN 使用斯坦福解析器[15]作为布局预测器。依旧以问题"图中这只狗是什么颜色的？"为例，斯坦福解析器通过分析问句的句法结构，得到 describe[color](find[cat])。在这样的树形结构中，树的叶子节点接收图像输入并执行 find[·] 操作；树的中间节点执行 transform[·] 或者 combine[·] 操作，对模型的注意力进行转化；树的根节点执行 describe[·] 或 measure[·] 操作，输出最终的结果。模型在确定布局后，其根节点的输出将与提取问题特征的 LSTM 的隐含层相加，用于预测最终的答案。

NMN 模型在视觉问答数据集上的性能较好，擅长处理与对象、特性和数字等内容相关的问题。不过，NMN 还有改进空间，这主要体现在模型解析部分的误差较大，可以通过使用更高级的解析器或者联合学习方法来减小误差。

6.2.3.2 动态记忆网络模型

动态记忆网络（DMN）是另一种组合式模型。模型可以实现数据信息的长期记忆，从而使模型基于以前的交互信息探索到细粒度的特征。原版的 DMN 模型用于解决自然语言处理领域中以问答为主的任务。不过，很快有研究者对 DMN 做出了一定的改进，并将其应用到视觉问答这个跨模态领域中，改进的模型被命名为 DMN+。

如图 6-10 所示，原版 DMN 模型共包含 4 个模块、分别是输入模块、提问模块、场景记忆模块和回答模块。在输入模块中，模型利用 RNN 对输入的文本进行特征提取。模型接收的输入是一段长度为 T_I 的单词序列 $\omega_1, \omega_2, \cdots, \omega_{T_I}$。模型使用 GRU 处理输入的单词序列，在时间步 t 得到的隐含层向量 $h_t = \text{GRU}(L(\omega_t), h_{t-1})$，其中 L 是词嵌入矩阵。输

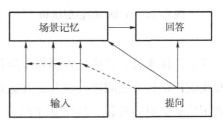

图 6-10 DMN 的模型结构[16]

入模块的输出是 T_c 个事实。如果输入的单词序列是一个句子，则 $T_I = T_c$，即 GRU 的每个隐含层向量对应一个事实。如果输入的单词序列是多个句子组成的段落，那么输入模块会首先预处理这一段单词序列，在每句话最后一个单词后添加一个 EOS 标识。输入 GRU 后，取每个 EOS 标识对应的隐藏层向量作为"事实"，此时每个事实反映一句话的语义，事实数量 T_c 为句子数量。

提问模块对 QA 的问句进行特征提取。提问模块接收的输入是含有 T_Q 个单词的问句 $\omega_1^Q, \omega_2^Q, \cdots, \omega_{T_I}^Q$。该模块同样采用 GRU 处理问句，在时间步 t 得到问句的隐含层表示 $q_t = \text{GRU}(L(\omega_t^Q), q_{t-1})$。取 $q = q_{T_Q}$ 作为提问模块最终的输出。

场景记忆模块利用注意力机制，对输入模块产生的事实做多轮的迭代运算，从而更新模块内部的场景记忆。场景记忆模块在每一轮的迭代运算中，根据提问模块的输出 q 以及上一轮的记忆 m^{i-1} 对输入模块的所有事实 c 做注意力运算，生成一个场景 e^i。随后利用 GRU 按公式 $m^i = \text{GRU}(e^i, m^{i-1})$ 更新记忆。这其中令 $m^0 = q$，即初始的记忆为问题本身。

若场景记忆模块共有 T_M 轮，则最后一轮的记忆 m^{T_M} 为模型最终的输出。

回答模块利用场景记忆的输出生成最终的答案。这里同样使用 GRU 模型，令 GRU 的初始隐藏层状态为场景记忆的输出，即 $a_0 = m^{T_M}$。对于时间步 t，利用 GRU 的隐藏层状态 a_t 生成第 t 个单词的预测，即 $y_t = \text{softmax}(W^a a_t)$。而 GRU 根据问题的表示 q，上一个时间步单词的预测 y_{t-1} 以及上一个隐藏层向量 a_{t-1} 生成当前时间步的隐藏层向量 a_t，即 $a_t = \text{GRU}([y_{t-1}, q], a_{t-1})$。

动态记忆网络（DMN）的现有工作已经证明了它们在完成自然语言处理任务，特别是问答（QA）方面的巨大潜力。作为 DNM 的改进，DMN+较好地应用到了 VQA 领域中。

DMN+同样由输入模块、提问模块、场景记忆模块和回答模构成。为了使 DMN 更加适应 VQA 任务，DMN+修改了输入模块和场景记忆模块。

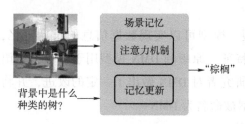

图 6-11　DMN+的模型结构[17]

如图 6-11 所示，在输入模块中，DMN+使用 VGG 网络提取 196 个维度为 512 的局部区域特征，并使用线性网络将这些特征向量投影到与问题特征向量 q 相同的空间中。这些局部特征向量通过双向 GRU 网络生成全局感知的特征向量，称为"事实"，并以此作为场景记忆模块的输入。

场景记忆模块从回答问题所需的事实中检索信息。具体来说，该模块包括用于选择相关事实的关注机制，该关注机制允许事实、问题和先前记忆状态之间进行交互，并通过当前状态和检索到的事实之间的交互生成新的记忆表示的记忆更新机制。使用基于注意力的 GRU 网络来实现注意力机制，以生成用于更新场景记忆状态 m_t 的上下文向量 c_t。最后，问答模块使用场景记忆的最终状态和问题的特征向量 q 来预测最终的答案。

6.2.4　基于图神经网络的模型

已有的深度学习模型，如 CNN、RNN 等擅长处理简单的序列或者网格数据，也就是结构化数据。然而现实世界中并不是所有的事物都可以表示成一个序列或者一个网格，如社交网络、知识图谱、复杂的文件系统等。此外，现有深度学习算法的一个核心假设是数据样本之间彼此独立。然而，对于图来说，情况并非如此，图中的每个数据样本（节点）都会有边与图中其他实数据样本（节点）相关，这些信息可用于捕获实例之间的相互依赖关系。面对上述欠缺之处，图神经网络被提出，作为深度学习方法在处理图结构数据上的扩展。

在 VQA 领域中，现有的基于 CNN 的 VQA 任务方法不能有效地建模给定图像中显著对象之间的关系。此外，这些方法对于模型性能缺乏足够的可解释性。而图表示学习可以有效地解决上述两个问题。在本节中，我们将介绍用于视觉问答的图卷积网络（Graph Convolutional Networks，GCN）和图注意力网络（Graph Attention Networks，GAT）。

6.2.4.1 图卷积网络模型

Norcliffe Brown 等人提出了 Graph Learner for VQA（GL-VQA），这是一种可解释的图卷积网络，可以学习 VQA 任务中对象的复杂关系。如图 6-12 所示，给定问题嵌入 q 和检测到的对象特征 v_n，GL-VQA 旨在生成无向图 $G=\{V,E,A\}$，其中 V 表示检测到的目标的节点集，E 表示检测对象之间关系的边集，A 是相应的邻接矩阵。

GL-VQA 首先由问题嵌入 q 与对象特征 v_n 生成对应的邻接矩阵。具体来说，模型将 q 与 v_n 进行拼接，并通过非线性函数 F 获得问题和图像特征的联合嵌入，如下所示：

$$e_n = F([v_n \| q]), n=1,2,\cdots,N \tag{6-19}$$

其中，$\|$ 表示拼接。随后，所有共同编码的向量 e_n 拼接到了一个协同嵌入矩阵 E 中，并按如下方式定义邻接矩阵 A：

$$A = EE^{\mathrm{T}} \tag{6-20}$$

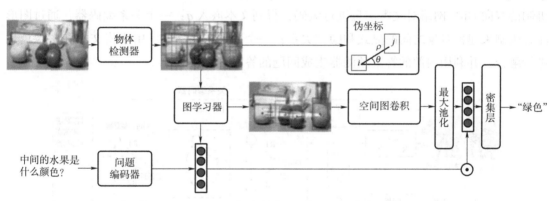

图 6-12 图卷积网络的模型结构[18]

得到邻接矩阵 A 后，接下来的目标是获取检测对象之间的边集及其所对应的关系。在 VQA 任务中，目标节点的邻接节点可能有很多，我们只选择其中最相关的几个。具体做法是对矩阵 E 中的每个元素进行排序，从而确定一个节点是否将另一个节点选为邻接节点，公式如下：

$$N(i) = topm(a_i) \tag{6-21}$$

其中，$topm$ 函数返回输入向量中最大的前 m 个值，a_i 表示邻接矩阵的第 i 行。

为了捕捉两个检测到的对象（节点 i 和 j）之间的空间关系，GL-VQA 使用以 i 为中心的成对伪坐标函数，该函数返回 j 的坐标向量 (ρ,θ)，包括方向 θ 和距离 ρ。基于这种表示，模型利用图卷积网络，使用多组卷积核来获取图像特征，公式如下：

$$f_k(i) = \sum_{j \in N(i)} \omega_k(u(i,j)) v_j \alpha \quad k=1,2,\cdots,K \tag{6-22}$$

其中，α_{ij} 是邻接矩阵第 i 行 a_i 经 $N(i)$ 筛选后，每个被选中元素的权重；ω_k 是第 k 个卷积核；$f_k(i)$ 为使用第 k 个卷积核得到的卷积特征。这些卷积特征将被拼接为最终的图表示

特征 H，最终与问题表示 q 输入到分类器中用于生成答案。

可以看到，GL-VQA 具有高度的可解释性。然而，模型也存在一定的局限。首先，GL-VQA 的性能很大程度上受限于目标检测器的性能。并且，模型使用的图结构较为简单，不能有效地建模目标之间更复杂的关系。我们可以使用更复杂的架构来解决这个问题。

6.2.4.2 图注意力网络模型

已有的图神经网络模型在处理 VQA 任务时存在语义鸿沟的问题，模型虽然可以检测出图像中的物体、背景等，但难以理解关于位置和动作的语义信息。为了解决这一问题，Li 等人提出了用于 VQA 任务的关系感知图形注意力网络（ReGAT），该网络将输入图像视为图形，并使用图形注意力机制捕捉检测到的对象之间的复杂关系。

如图 6-13 所示，ReGAT 中使用了 4 个主要组件：一个图像编码器，通过 Faster R-CNN 提取图中物体特征以及边界框特征 $V=\{v_i\}_{i=1}^{K}$；一个问题编码器，通过具有自注意力机制的双向 GRU 网络对文本信息进行编码，得到文本嵌入 q；一个关系编码器，通过图形注意机制来建模对象之间的显式和隐式关系；一个多模态融合器，用于将文本和图像信息进行融合，并利用内部的答案预测器生成问题的答案。

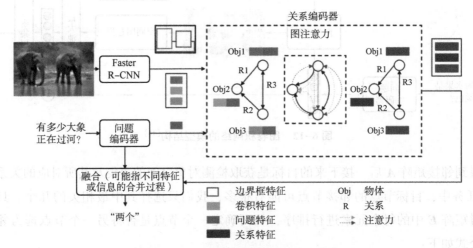

图 6-13 图注意力网络的模型结构[19]

构建关系编码器的第一步是基于给定的图像和问题构建图。在 ReGAT 中构造了三个图：一个完全连通的图 $G_{img}=\{V,E\}$ 来建模隐式关系，以及两个具有先验知识的修剪图 G_{spa} 和 G_{sem} 来分别建模空间和语义关系。在这两个修剪图中，如果两个对象之间不存在显式关系，则修剪边。空间和语义图的构建可以看作是一项分类任务，由预训练的关系分类器实现。

在关系编码器中，使用了问题自适应图注意机制。该机制通过问题嵌入 q 与 K 个视觉特征 v_i 和以下多头注意力机制的级联来实现：

$$v_i'=[v_i \| q] \quad i=1,2,\cdots,K \tag{6-23}$$

$$v_i^* = \|_{m=1}^{M} \sigma \left(\sum_{j \in N_i} a_{ij}^m \cdot W^m v_j' \right) \tag{6-24}$$

其中，M 是多头注意力机制中注意力头的数量，内隐和外显关系的注意力得分 α_{ij} 不同。对于隐式的关系来说，注意力得分如下：

$$\alpha_{ij} = \frac{a_{ij}^b \exp(a_{ij}^v)}{\sum_{j=1}^{K} a_{ij}^b \exp(a_{ij}^v)} \tag{6-25}$$

其中，a_{ij}^v 和 a_{ij}^b 分别表示视觉对象特征与候选框特征之间的相似度。而对于显式关系来说，注意力分数按照如下方式计算：

$$\alpha_{ij} = \frac{\exp((Uv_i')^T \cdot V_{\text{dir}(i,j)} \, v_j' + b_{\text{lab}(i,j)})}{\sum_{j \in N_i} \exp((Uv_i')^T \cdot V_{\text{dir}(i,j)} \, v_j' + b_{\text{lab}(i,j)})} \tag{6-26}$$

其中，U、V 表示投影矩阵，$\text{dir}(i,j)$ 和 $\text{lab}(i,j)$ 分别表示每条边的方向和标签。

最终，将得到的 v_i^* 与 v_i 相加，得到视觉特征的最终表示，并与问题的表示 q 一同送入分类器中用于生成答案。

6.3 基于外部知识库的视觉问答模型

VQA 等开放性任务除了需要从特定任务数据集中学习的信息外，往往还需要常识和事实信息，VQA 任务的这种扩展称为基于知识的视觉问答任务。基于知识的视觉问答需要引入视觉内容之外的外部知识来回答关于图像的问题，而这项能力对于更通用的视觉问答场景是必不可少的。作为基础，知识的结构化表示已经得到广泛的研究，很多知识库被创建用于存储这些结构化表示。本节首先介绍了 DBpedia、ConceptNet 等知识库。随后，我们从知识嵌入、问答转换和查询知识库方法三个方面对方法进行分类。

6.3.1 知识库

6.3.1.1 DBpedia

DBpedia 是维基百科（Wikipedia）的数据语料库，它在 2007 年由 Soren 等人创建[20]。它从维基百科的词条里撷取出结构化的资料，以强化维基百科的搜寻功能，并将其他资料集连接至维基百科。透过这样的语义化技术的介入，让维基百科的庞杂资讯有了许多创新而有趣的应用，如手机版本、地图整合、多面向搜寻、关系查询、文件分类与标注等。DBpedia 2014 版的资料集拥有超过 458 万物件，包括 144.5 万人、73.5 万个地点、12.3 万张唱片、8.7 万部电影、1.9 万种电脑游戏、24.1 万个组织、25.1 万种物种和 6 000 个疾病。其资料不仅被 BBC、路透社、纽约时报所采用，也是 Google、Yahoo 等搜寻引擎检索的对象。而最新的 DBpedia 2022 所含有实体物件数量达到 550 万左右。

DBpedia 在网络上主要有三种使用方式。第一，该数据库作为可下载的数据集；第二，DBpedia 可通过公共 SPARQL 端点提供服务；第三，它基于关联数据原则提供可解引用的 URI。

6.3.1.2 ConceptNet

ConceptNet 是一个知识图谱，初版早在 2004 年发布[21]，其中自然语言单词和短语通过带标签（表示边的类型）和权重（表示边的可信程度）的边相互连接。将 ConceptNet 与词嵌入结合（如 word2Vec），有助于词的相关性评价（使得相关的词的嵌入更接近）。

ConceptNet 和 DBpedia 一样，用结构化三元组表示断言，即<开始节点，关系标签，结束节点>。相比于 DBpedia 单一的知识来源，ConceptNet 的知识来源十分丰富，包括：

(1) 从开放思维常识（OMCS）和其他语言的姊妹项目中获得的事实。
(2) 使用自定义解析器解析 Wiktionary 中提取的信息。
(3) 旨在收集常识的"有目的的游戏"。
(4) 开放多语言 WordNet 及其他的多语言并行项目。
(5) JMDict，一个日语多语言词典。
(6) OpenCyc，一个表示谓词逻辑中常识知识的系统。
(7) DBPedia 的子集，一个从 Wikipedia 信息框中提取的事实网络。

ConceptNet 规模比起 DBPedia 小得多，包含日常常见的 2 100 多万条边和 800 多万个节点。它的英语词汇表包含大约 1 500 000 个节点，有 83 种语言，其中至少包含 10 000 个节点。ConceptNet 最大的输入源是 Wiktionary，它提供了 1 810 万条边，主要负责其庞大的多语言词汇表。

6.3.2 视觉问答模型中的知识表示

6.3.2.1 基于词向量表示的模型

在传统的基于知识的 VQA 方法中，模型首先从给定的图像中提取视觉特征，从问题中提取语言特征，这些特征与外部知识库相关联。之后为了从知识库中获取相关事实，模型要从图像中预测属性或从问题中预测关系类型，进行知识检索。当外部知识检索出来后，一般要对其进行编码，即知识嵌入。这种传统的方法一般使用独热法或者 Glove 等传统编码方式对词进行编码表示。

最近的一些工作主要集中于如何进行事实获取及改进知识与图像和问题信息的融合方式。Wu 等人[22]提出了一种将图像内容的表示与从公共知识库中提取的信息相结合的方法来回答广泛的基于图像的问题，如图 6-14 所示。该工作希望 VQA 模型最大化正确答案的概率，同时也希望模型能够生成多个答案，所以考虑将生成答案的过程建模为单词序列生成过程。总的来说，该模型将预测的属性、生成的文字和基于数据库的知识向量作为输入传递给一个 LSTM，该 LSTM 以词序列的形式学习预测输入问题的答案。在该模型中，作者首先使用 CNN 从图像中产生基于属性的向量表示 $V_{att}(I)$，然后用图像属性生成图像描述文字并进行向量表示 $V_{cap}(I)$。随后，模型使用 SPARQL 根据属性从外部知识中检索相关知识并得到知识向量 $V_{know}(I)$，其中 I 表示图像信息。由于 SPARQL 查询返回的文本一般很长，因此模型使用 Doc2vec 从检索到的知识段落中提取语义。所谓 Doc2vec，顾名思义，就是一种从文本的可变长度片段，例如句子、段落和文档中学习较短长度的特征表示。

在训练阶段，将问题序列 $Q=\{q_1,q_2,\cdots,q_n\}$ 和答案序列 $A=\{a_1,a_2,\cdots,a_n\}$ 拼接在一起得到 $\{q_1,q_2,\cdots,q_n,a_1,a_2,\cdots,a_l,a_{l+1}\}$，其中 a_{l+1} 是一个特殊的终止符，每个单词表示为一个维度等于单词词典大小的独热向量。在 LSTM 的 $t=0$ 起始时刻，输入为

$$x_{\text{initial}} = [W_{ea}V_{att}(I), W_{ec}V_{cap}(I), W_{ek}V_{know}(I)] \tag{6-27}$$

其中，W_{ea}、W_{ec}、W_{ek} 分别是属性、标题和外部知识的向量表示的可学习权重。而从时刻 $t=1$ 到 $t=n$，我们定义输入 $x_t=W_{es}q_t$，上一步的隐藏状态表示为 h_{t-1}，其中 W_{es} 是可学习的词嵌入权重。

从 $t=n+1$ 到 $t=l+1$ 则是解码生成答案过程。举例来说，在 $t=n+1$ 时刻，LSTM 层接收的输入为 $x_{n+1}=W_{es}a_1$ 和隐藏状态 h_n，其中 a_1 是答案的开始词。生成答案的对数似然可以写为如下公式，它可以通过 LSTM 前馈过程得到：

$$\log p(A \mid I,Q) = \sum_{t=1}^{l} \log p(a_t \mid a_{1:t-1}, I, Q) \tag{6-28}$$

训练目标为最小化下列损失函数：

$$C = -\frac{1}{N}\sum_{i=1}^{N}\sum_{j=1}^{l^{(i)}+1}\log p_j(a_j^{(i)}) + \lambda_\theta \cdot \|\theta\|_2^2 \tag{6-29}$$

其中，$p_j(a_j^{(i)})$ 中 i 表示这是第 i 个训练样例，j 表示 LSTM 在 $t=j$ 时刻的输出，θ 表示模型参数。

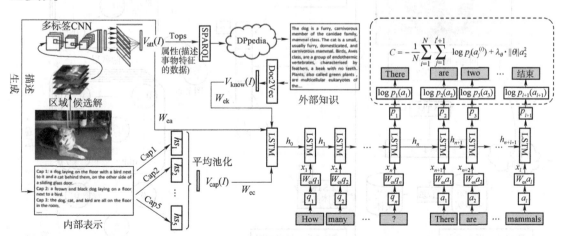

图 6-14 Wu 等人提出的基于外部知识库的开放视觉对话模型

不像上个工作一样用图像中属性、图像生成描述和外部知识作为初始输入而把问题作为中间输入生成答案序列，Narasimhan 等人[23]是通过整合事实检索模块与答案预测模块构建模型的。

首先对知识库中的事实进行处理，作者使用 RDF 三元组的格式，即

$$f_i = (a_i, r_i, b_i) \tag{6-30}$$

其中，a_i 表示图像中的某个实体，b_i 表示和 a_i 实体相关联的在事实中的实体，而 r_i 表示两实体间的关系。得到这样一个三元组，我们可以根据以下公式得到答案 y：

$$y = \begin{cases} a, & \text{from } f \text{ if } s = \text{Image} \\ b, & \text{from } f \text{ if } s = \text{KnowledgeBase} \end{cases} \tag{6-31}$$

其中，s 表示实体答案来源，$s \in \{\text{Image}, \text{KnowledgeBase}\}$。

现在只需要尝试预测正确的事实 f 并推断答案来源 s 即可。因为知识库里的事实有很多条，为了优化效率，作者假设无法检索所有的事实。为了解决这个假设所带来的问题，我们可以先提取问题中蕴含的关系，然后只评估所含关系与之相同的事实。

顺着这个思路，作者先使用 LSTM 模型得到问题中的关系 r，然后设计了一个以多模态嵌入和事实嵌入为输入的评分函数，评估含关系 r 的事实和图像-问题对的兼容性，最后预测出分数最高的 n 个事实：

$$S(g^F(f_i), g^{NN}(x, Q)) \tag{6-32}$$

预测事实之后用 LSTM 得到实体答案来源 s，即可得到所需要的 n 个实体作为候选答案。具体模型如图 6-15 所示。

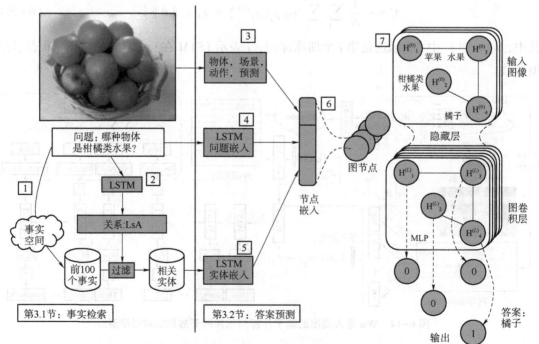

图 6-15　Narasimhan 等人提出的基于检索的视觉问答具体模型

BERT 等预训练语言表征模型正在快速发展。下文介绍几个预训练模型的最新研究成果。

Gardères 等人提出了 ConceptBERT[24]，使用预训练的图像和语言特征，并将其与知识图谱嵌入进行融合，以捕获图像和问题知识特定的交互。如图 6-16 所示，ConceptBERT 由视觉表示、问句表示和知识图谱表示三大输入组成。视觉表示使用 Faster R-CNN 框架[25]。问句表示使用 BERT[26]实现。而外部知识采用 ConceptNet 作为知识库。Faster R-CNN 利用图卷积网络整合来自图中节点局部邻域的信息。该网络由编码器和解码器组成。图卷积编码器以图为输入，对每个节点进行编码。编码器通过将消息从一个节点发送到其邻居节点，并根据边定义的关系类型对其进行加权操作。该操作发生在多个层，包含来自一个节点的多跳信息。最后一层的表示嵌入为节点图。视觉-语言模块表示语言和视觉内容的联合嵌入；而概念-语言模块在问题嵌入中使用 KG 嵌入来合并相关的外部信息，这两个模块都用了 Transformer 结构，例如概念-语言模块是一系列 Transformer 块，而其中的多头注意力参数 queries Q 来自问题嵌入，keys K 和 values V 来自知识图谱表示。最后，概念-视觉-语言模块使用紧凑三线性交互（CTI）生成联合表示。此外，ConceptBERT 不需要外部的知识标注和搜索查询。

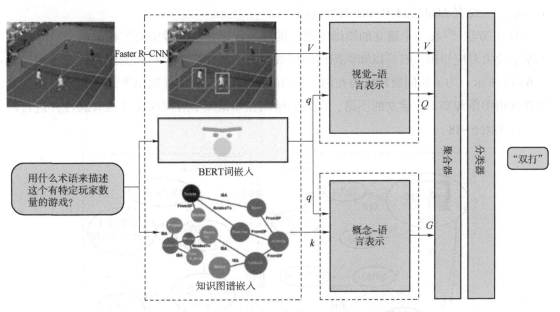

图 6-16　Garderesn 等人提出的 ConceptBERT 模型图

6.3.2.2　基于资源描述框架表示的模型

在结构化知识库中，知识通常由大量（arg1，rel，arg2）形式的三元组表示，其中 arg1 和 arg2 表示知识库中的两个概念，rel 是表示概念之间关系的谓词。这样的三元组的集合构成一个大的连通图。这些三元组通常根据资源描述框架（RDF）规范进行描述，并存储在关系数据库管理系统（RDBMS）或三元组存储中。

资源描述框架（RDF）是一种描述信息的通用方法，也被规定为知识库的标准格式，其形式为 $fi=(ai,ri,bi)$，其中 ai 是图像中的可视概念，bi 是属性或实体，ri 是两个实体之间的关系。例如，"图像中含有猫"的信息可以表示为（Img，contain，Obj-1）和（Obj-1，name，ObjCat-cat）。

该种知识表示方法比较适合用于知识图谱查询方法，详细见 6.3.3.1 节。

6.3.3 视觉问答模型中的知识查询

除了知识嵌入之外，知识的查询与检索也非常重要。6.3.2.1 节中 Wu 等人提出的模型使用图像属性从外部知识中检索相关知识。但由于图像中的信息比较多，可能含有很多与问答无关的信息，一般而言，我们用问题的信息或者问题和图像融合信息对知识库进行事实查询。实现问题到查询的转换有两种方法：查询映射方法和基于学习的方法。

6.3.3.1 基于知识图谱查询的模型

为了将问题转化为查询，基于查询映射的方法通常将问题解析为关键字并从支持实体中检索，主要有 Ahab 和 KM-net 两种方法。

Ahab 方法[27]在一个建立的图谱中进行推理。首先它从图像中提取相关概念，并从知识库中检索对应知识，然后以知识图谱的形式对图像和知识库中相同的概念进行连接，如图 6-17 所示。为了从问题转化为查询，Ahab 首先会从问题中提取出关键词，然后用关键词查询用图像和知识库建立的图谱，得到关键词在知识库中对应的实体或者属性并进行回答，详见图 6-18。

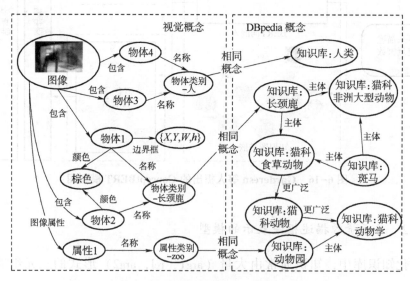

图 6-17　Ahab 方法用视觉信息检索 DBpedia 中的知识

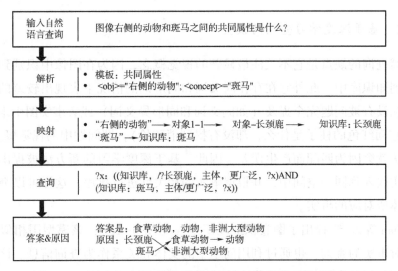

图 6-18　Ahab 方法从问题获得查询并进行推理得到答案

Cao 等人[28]提出的知识路由模块化网络（KM-net）使用序列到序列模型进行查询的转化，并采用一种独特的查询序列表示方式。对于给定的问题，KM-net 通过查询估计器将问题解析为查询布局。查询估计器采用广泛使用的序列到序列模型，以问题中单词的序列作为输入，预测查询符号的序列，如图 6-19 所示。预测的查询序列中的每个符号可以是分隔符、条目名称（关系或实体）或查询符号。其中查询符号有 6 个，即 Qab_I、Qar_I、Qrb_I、Qab_K、Qar_K、Qrb_K。在一个三元组（A,R,B）中，它们分别表示图像中的 R，B，A 的查询和知识库中 R，B，A 的查询。

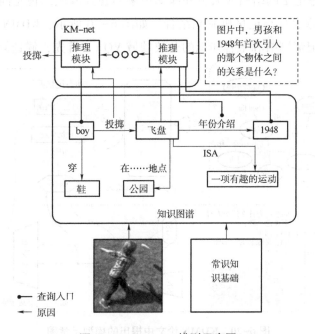

图 6-19　KM-net 模型示意图

6.3.3.2 基于深度学习查询的模型

知识图谱查询的缺点是它不关注最显著的视觉概念,因为在图像中识别到的物体都无差别地链接到知识库中。此外它在存在同义词和同形词的情况下表现出较差的性能,例如如果视觉概念没有被问题完全提及(如同义词和同形异义词)或者事实图中未捕获提及的信息(例如它问红色的柱子是什么,却没有提到消防栓),即问题中的视觉概念不明确时,那么这类方法就会因为匹配而产生误差。因此,基于深度学习的新方法被提出,它将图像问题对和事实嵌入到同一空间中,并根据事实的相关性进行排序,这样可以突出问题所关注的图像物体所对应的事实。

Narasimhan 等人[29]提出了图卷积推理模型(见图 6-15),该模型用相似度的方式把问题转化为对事实的查询,也通过利用问题中的实体和关系作为查询信息。该工作首先计算事实中的词与问题中的词以及图像中检测到的视觉概念的词的 Glove 嵌入的余弦相似度,然后对这些值进行平均,为事实赋予一个相似度分数。根据相似度对事实进行排序,保留得分最高的 100 个事实。随后,用 LSTM 进行问题中所蕴含的关系的学习,并据此过滤出含有该关系的事实和对应的相关实体。最后它将每个实体用固定的图像问题实体三种嵌入的拼接形式表示,并生成图节点,利用 GCN 预测答案。

现有的方法通常使用基于支持事实的结构化知识图谱和图像进行推理。这些算法首先从给定的图像中提取视觉概念,并显式地在结构化的知识库上实现推理。此外也可以用存储模块对图像和知识表示进行存储。Li 等人[30]提出了一种融合知识的动态记忆网络框架(KDMN),利用动态记忆网络引入大量外部知识来回答开放域的视觉问题。KDMN 首次尝试将外部知识和图像表征与记忆机制相结合。如图 6-20 所示,KDMN 由三部分组成:候选知识检索、动态记忆网络和融合知识的开放领域 VQA。首先,候选知识检索模块检索与

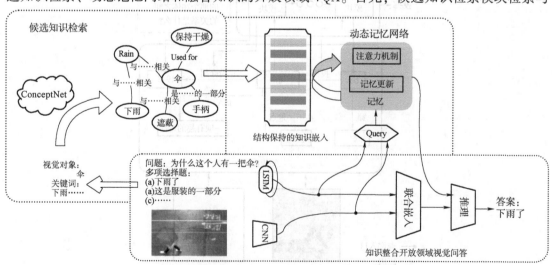

图 6-20 KDMN 论文中提出的模型示意图

图像和问题相关的候选知识。为了从 ConceptNet 中提取候选节点，使用 Fast R-CNN 从图像中提取视觉对象，并通过句法分析从问题中提取文本关键词。候选知识表示为上下文相关的知识三元组。随后，提取图像表示和知识，并集成到一个公共空间中，存储在动态记忆模块中。最后是融合知识的开放域 VQA 模块，与普通的 RDF 查询不同，KDMN 接收测试集的问题和图像，提取视觉和文本联合特征送入非线性全连接层来生成查询向量，模型通过查询记忆中的事实生成答案。

6.4 视觉问答任务评测

6.4.1 数据集

针对 VQA 的研究已经提出许多数据集。这些数据集至少包含由图像、问题及其正确答案组成的三元组。在某些情况下提供额外的注释，如图像标题、支持答案的图像区域或多选候选答案。数据集和数据集内的问题在其复杂度、推理量和推断正确答案所需的非视觉（如"常识"）信息方面差异很大，因此可以根据得到答案是否需要外部知识分为经典数据集和基于外部知识的数据集。目前常用的基于外部知识的数据集有 KB-VQA 和 F-VQA，经典数据集有 DAQUAR、COCO-QA 和 Visual7W 等。

此外，区分不同数据集的另一个关键特征是它们的图像类型，我们大致将其分为自然、剪贴画和合成。初始阶段广泛使用的数据集，如 DAQUAR[31]、COCO-QA[32] 和 VQA-v1-real[33]，使用的是真实的图像。目前使用最广泛的数据集是 VQA-v2[34] 数据集，它是原始 VQA-v1real 的扩展版本，也使用了自然图像。VQA-v1-abstract[33] 及其平衡版本[35] 是基于合成和剪贴画（即卡通化）图像。

数据集之间的第三个关键区别是问答形式：开放式和多选式。前者不包括任何预定义的答案集，如 DAQUAR、COCO-QA、FM-IQA[36] 和 Visual Genome[37]。多项选择设置为每个问题提供有限的可能答案集，例如在 Visual Madlibs[38] 中使用。VQA-v1-real 和 Visual7W[39] 数据集允许使用开放式或多选题进行评估。两种设定的结果无法比较，开放式设定被认为更具有定量评估的挑战性。大多数作者在开放式设置中使用 VQA-v1-real 数据集，而 Visual7W 的作者则推荐使用多选项设置，以获得更具解释力的评价。

下面介绍一些在不同情景下常用的几个数据集：

1. DAQUAR

DAQUAR 是第一个针对视觉问答任务提出的数据集，它代表了真实世界图像上的问答数据集。DAQUAR 基于 NYU-Depth v2 数据集构建，后者由 1 449 张经过标注和 407 024 张未经标注的 RGB 和深度图像构成，这些图片采集自三个城市的 464 个场景。相应的问题/答案对通过两种方式收集：合成的，其中问题/答案对由预定义的模板根据 NYU 数据集中的注释自动生成；人工的，其中问题/答案对由人工注释器收集，以关注基本的颜色、数字、对象和集合。共收集到 12 468 对 QA，其中 6 794 对用于训练，5 674 对用于测试。DAQUAR 是第一个大型 VQA 数据集，推动了早期 VQA 方法的发展。但其缺点在于答案的限制性和对少数对象的强烈偏见。

2. COCO-QA

COCO-QA 基于 Microsoft Common Objects in Context Data（COCO）数据集[40]构建，它包含了 123 287 张图像（其中 72 783 张用于训练，38 948 张用于测试）。以自动的方式收集相应的问题/答案对，将图像描述转化为问答形式生成问答对。COCO-QA 中每幅图像有一个问题/答案对。COCO-QA 增加了 VQA 任务的训练数据；然而，自动生成的试题重复率较高。

3. VQA-v1

VQA-v1 数据集是基于 COCO 数据集构建的应用最广泛的 VQA 数据集之一，由两部分组成：使用自然图像的 VQA-v1-real 和使用合成卡通图像的 VQA-v1-abstract。VQA-v1-real 在 COCO 数据集中包含 123 287 张用于训练的图像和 81 434 张用于测试的图像。问题/答案对由人工标注器收集，导致多样性较高，并引入二进制（即是/否）问题。总共收集了 614 163 个问题，每个问题有 10 个答案来自 10 个不同的注释者。然而，该数据集存在较大的偏差，如一些问题在没有视觉知识的情况下也可以回答，导致学习到固定的答案。例如，对于以"Do you see…"开头的问题，不看图片而一味回答"yes"会导致 87 % 的准确率。VQA-v1-abstract 数据集的目的是提高 VQA 模型的高层推理能力。VQA-v1-abstract 包含 50 000 个剪贴画场景和总共 150 000 个问题。

4. VQA-v2

VQA-v2 数据集是 VQA-v1-real 数据集的扩展版本，旨在解决原始数据集中存在较大偏差的问题。平衡的 VQA-v2 数据集是通过收集相似的互补图像构建的，但是这两张图像的答案不同。具体来说，对于每一个问题，AMT 工作者都会采集到两张相似的图片，对应的答案是不同的。总体而言，VQA-v2 数据集共有 204 721 张图片，1 105 904 个问题，每个问题 10 个答案。图像-问题对的数量是 VQAv1-real 数据集的 2 倍。平衡的 VQA-v2 数据集缓解了原始 VQA-v1-real 数据集中的偏差，这使 VQA 模型无法利用语言先验来获得更高的评估分数，并有助于开发更专注于视觉内容的高可解释性 VQA 模型。

5. KB-VQA

该数据集和下面介绍的 FVQA 数据集与上面介绍过的几个数据集不同，它们是基于外部知识的数据集，KB-VQA 数据集[41]旨在评估 VQA 模型利用外部知识回答高知识水平和理性问题的能力。该数据集涉及 MSCOCO 数据集验证集的 700 张图片，每张图片有 3~5 个问答对，所以总共有 2 402 个问题。数据集中的每个问题都是由人类基于 23 个预定义模板生成的。与其他 VQA 数据集相比，KB-VQA 数据集中的问题通常需要更高水平的外部知识来回答。问题有三种，分别为"视觉"类、"常识"类和"KB 知识"类。"视觉型"问题通过 ImageNet 和 MSCOCO（"图像中有汽车吗？"）的视觉概念直接回答，"常识型"

问题不需要成人参考外部知识（"图片里有多少只狗？"），"知识库型"问题使用知识库回答，如维基百科（"图片中的动物和斑马有什么共同点？"）。

6. FVQA

FVQA 数据集[42]以图像-问题-答案-支持事实的形式为问答对提供支持事实。具体创建过程如下：在创建 FVQA 数据集时，注释器选择图像及其视觉元素，随后选择与视觉概念相关的预提取的支持事实。最后，注释器指定与所选支持事实相关的问题/答案。

通过提供支持事实，即使所需的所有信息都没有在图像中显示，FVQA 也能够回答复杂的问题。也正是因为提供的事实，该数据集支持问答中的显式推理。

FVQA 由 2 190 张图片、5 286 个问题和 193 449 个事实组成的知识库组成。

除了上述通用数据集外，视觉问答为特定的应用也提供了专用数据集。VizWiz 是第一个处理盲人用户问题的面向目标的 VQA 数据集。它起源于视障用户，是一个从真实的盲人用户那收集的数据集，它能准确反映用户的真实需求，也能反映理论在现实落地中的很多琐碎细小的问题。盲人用户在 VizWiz 网站拍照，并提出关于照片的问题，这些图片和对应的问题被上传到众包网站上由多名众包人员回答。盲人用户拍摄的图像质量一般较差，所以很多数据无法准确标注。同样的，在医疗领域，VQA-Med 数据集可以说是第一步。VQA-med 数据集包含带有与医学相关的问答对的医学图像。这项任务的成功提高了通过患者参与对医学图像的解读。此外，如果图像复杂，医生可以听取第二意见。采用半自动方法生成问答对。这些问题首先使用基于规则的方法生成，然后由人类专家进行手工验证。

6.4.2 评测指标

6.4.2.1 准确率

准确率（Accuracy）是视觉问答最简单的指标之一，它的意义是实际答案有多少和预期答案一致。对于多选式视觉问答任务，准确率就是选择的正确率；对于开放式视觉问答任务，准确率反映为有多少生成的答案和预期的答案一模一样（例如 cat 和 cats 不算同一个答案）。

$$\text{Accuracy} = \frac{\text{Questions answered correctly } Q_c}{\text{Total questions } Q} \tag{6-33}$$

6.4.2.2 用于 VQA 的准确率

因为可以存在多个答案表示相同含义，准确率对于开放式 VQA 并不太适用。为此定义了用于 VQA 的准确率（Accuracy for VQA）。它的思想是为每个问题收集多个独立的标准答案（Ground-truth answers）。例如安排 10 个不同的受试者为同一个问题分别提出一个答案，若生成的答案出现了三次或以上则得分为 1，否则得分为 0，然后对每个问题的得分求平均准确率。

$$\text{score}_i = \min\left(\frac{\text{Answer}_i \text{given\#times}}{3}, 1\right), i=1,2,\cdots,n \tag{6-34}$$

$$\text{Accuracy}_{\text{VQA}} = \frac{\sum_{i=1}^{n}\text{score}_i}{n} \tag{6-35}$$

该指标的缺点在于收集标准答案所花费的人力、金钱等成本很大，而且对于一些比较开放的问题比如"为什么"类问题，很难获得完全相同的回答。

此外还有 Bleu、ROUGE 等多种指标，在第 4 章已经介绍，不再赘述，详见 4.4.3 节。

6.5 挑战与展望

6.5.1 视觉问答面临的挑战

视觉问答仍然面临着数据集、模型等方面的一系列挑战，现有的视觉问答方法离真正的人工智能还有很长的一段距离。

首先是数据集的挑战。大部分主流数据集不够贴合实际，MS COCO、VQA v2 等数据集的图像大多是收集于网络甚至电脑自动生成的，与日常对话仍然有一定的差异。其次是缺乏多样化的回答。需要有更多数据集和模型考虑回答的多样性，因为现实生活中人们可能因为文化、知识储备等因素的差异对相同的图片给出不同的回答。此外，关注的区域不同也可能导致回答的不同，而视觉问答任务并没有很好地考虑这一点。

模型也存在很多挑战。例如在可靠性方面，一个盲人问"前面马路是红绿灯吗？"或者一个病人问"图上的药该一天服用几次？"的回答明显需要比大部分其他日常问题的回答更高的可靠性。视觉问答任务需要能够判断该问题回答错误的严重后果，对于此类重要问题，回答"我不知道"远比回答一个不确定的答案更好。数据特征方面，当前主流的图像特征提取器如 Faster-R CNN、BUTD 效果仍难以说得上差强人意。此外模型缺少对各种语言现象的掌握，如语言歧义、语用方面和上下文依赖、否定、蕴含、互斥以及与之对应的所有推理技能。

6.5.2 视觉问答的展望

6.5.2.1 更强的可解释性

大多数视觉问答模型都能提高答案的预测精度，然而却缺乏可解释性，而被认为是黑盒模型。而答案的可解释性甚至可能比答案本身更为重要，因为它能够使问答过程更好理解和追踪，也可以为答案本身提供更多的信息。一个可信的、可解释的 VQA 系统必须能够收集相关信息，并将其关联起来回答问题和提供可信的解释。为此，机器必须充分理解和链接图像、问题和知识，并在链上进行推理。近年来使用注意力的视觉问答模型通过突出对问题重要的部分以达到可解释的效果，但是仍然没有一个比较完整的推理过程来说明答案是如何得到的。

6.5.2.2 更少的偏差

真实世界场景中存在着一些偏差。比如我们一般看到的汽车都是四轮的，但是有些加长版轿车有 6 个或者 8 个轮子，此时模型因为学习的汽车图片中几乎都是 4 个轮子，可能不会把该加长轿车识别为汽车。虽然这种偏差在大多数情况下很好地描述了现实世界的常识和规律，体现了模型的学习和记忆能力，但是它却难以处理训练时不常出现的情形。而不幸的是，许多 VQA 模型在回答问题时不加推理，过度依赖问题与答案之间的表面相关性。为了消除这种"偏差"，两种可能的解决方案是：在所有场景中包含大致相同的数据量和增强模型的推理能力，所对应的两种模型分别叫做基于增强的模型和基于非增强的模型。基于增强的方法寻求平衡有偏的数据集进行无偏训练，而基于非增强的方法寻求显式地减少语言偏见或提高对图像的注意力。因为偏差并不总是有害的，过滤和去除视觉对话中的语言和视觉模态的真实负性偏差仍然是一项具有挑战性的任务。

6.5.2.3 更多的应用场景

视觉问答目前只应用在少数场景中，如医疗诊断、盲人出行等。但在教育、飞行/汽车驾驶等方面仍然缺少应用。未来需要有更多工作把视觉问答应用在更广泛的领域和场景中。

6.5.2.4 更大规模的模型

在近几年的研究中，基于 Transformer 框架的大规模预训练模型被广泛应用到了视觉问答任务中，目前多模态 Transformer 在视觉问答领域取得了最好的效果。而在 2022 年 11 月，ChatGPT 的提出标志着 NLP 领域在自然语言生成方面取得的突破性进展。次年 GPT4 提出，在 ChatGPT 的基础上加入了多模态信息的处理能力。大语言模型功能强大且具有通用性，在机器翻译、情感分析等广泛的自然语言处理任务上都取得了不错的效果，并且在将来有应用到计算机视觉领域的趋势。由此可见，未来大模型的引入也将成为视觉问答领域的研究热点。我们可以通过设置更好的提示信息，来引导大模型在视觉问答任务中生成更合理、更流畅以及更具多样性的回答。同时，我们也可以利用大模型生成更高质量的数据。相信随着大模型的应用，部分视觉问答领域的问题将得到很好的解决。

6.6 本章小结

本书第 6 章对视觉问答做了较为全面的介绍。

6.1 节介绍了视觉问答任务的研究背景与发展现状。视觉问答的基本任务是给定一张图像和一段自然语言形式的问题，要求根据图像中的视觉信息和常识知识进行推理，从而得到问题的答案。这一跨模态的任务具有挑战性，近年来同时得到计算机视觉、自然语言处理两大人工智能领域的广泛关注。视觉问答也有着广泛的应用场景，如医学辅助诊疗、盲人辅助导航以及幼儿教育等。视觉问答任务随深度学习的演变而不断发展，视觉问答任务最早流行的模型框架为CNN-RNN框架，随后，深度学习的特征融合方法得到进一步发展，产生了如注意力机制、双线性池化等方法。随着图卷积网络的发展，图模型也被引入视觉问答模型中，用于结构化地表征图像信息。目前，随着大模型的发展，很多针对视觉问答任务的大模型应运而生，如Llava。

6.2节介绍了传统视觉问答模型。随着视觉问答的兴起，许多以深度学习为主导的模型在此期间被提出，可分为5类，分别为基于联合嵌入的模型、注意力模型、组合式模型、基于记忆网络的模型和基于图神经网络的模型。联合嵌入模型的作用是解决图像和文本两种模态的特征提取。注意力模型、组合式模型在模型内部定义了许多功能模块，这些模块可以解决些特定的任务，如某种特定的推理、记忆等，模型将不同的模块组合到一起，从而解决较为复杂的VQA任务。在VQA领域中，现有的基于CNN的VQA任务方法不能有效地建模给定图像中显著对象之间的关系，而基于图神经网络的视觉问答模型可以有效地解决上述两个问题。

6.3节介绍了基于外部知识库的视觉问答模型。VQA等开放性任务除了需要从特定任务数据集中学习到的信息外，往往还需要常识和事实信息，VQA任务的这种扩展称为基于知识的视觉问答任务。目前主流的知识库有DBpedia、ConceptNet等。相比于传统的视觉问答任务，基于外部知识库的视觉问答模型有两个重要环节：知识表示和知识查询。知识表示主要分为基于词向量的表示，即把知识进行嵌入表示，该方法比较容易把大量知识融合到视觉问答模型中；以及基于资源描述框架的表示，这种表示保留了知识中所蕴含的关系信息，更适合进行知识推理和知识查询。除了知识嵌入之外，知识的查询与检索也非常重要，因为图像中的信息比较多，可能含有很多与问答无关的信息。一般而言，我们用问题的信息或者问题和图像融合信息对知识库进行事实查询。基于查询映射的方法通常将问题解析为关键字并从支持实体中检索，而基于学习的方法将图像问题对和事实嵌入到同一空间中，并根据事实的相关性进行排序，可以更加突出问题所关注的图像物体所对应的事实。

6.4节对视觉问答经典的数据集和评测指标进行了介绍。针对VQA的研究已经提出许多数据集，它们根据是否需要外部知识、图像类型以及问题的种类而分为不同的类别。评测指标主要依据问题类型而不同，多选式数据集主要指标为准确率、召回率、F1值，而开放式数据集主要采用Bleu、ROUGE等指标。

视觉问答是当前人工智能跨模态的一个重要课题，它引起了计算机视觉和自然语言处理方向学者一致的广泛关注。虽然近年来该课题的火热使一些重要问题取得突破，在一些重要应用场景如医疗等取得了不错的成果，但视觉问答模型仍与真正的人工智能相差甚远，仍有很多问题亟待解决。相信不久的将来，随着大语言模型等新技术的出现以及传统方法的深入研究，视觉问答将会在可解释性、应用多样性以及更低偏差等方面取得令人满意的进展。

6.7 参考文献

[1] Vinyals O, Toshev A, Bengio S, et al. Show and Tell: a Neural Image Caption Generator [J]. IEEE, 2015.

[2] Yu J, Zhu Z, Wang Y, et al. Cross-modal Knowledge Reasoning for Knowledge-based Visual Question Answering. ArXiv, abs/2009.00145.

[3] Feifan Liu, Yalei Peng, Max P. Rosen. An Effective Deep Transfer Learning and Information Fusion Framework for Medical Visual Question Answering. In Experimental IR Meets Multilinguality, Multimodality, and Interaction: 10th International Conference of the CLEF Association, CLEF 2019, Lugano, Switzerland, September 9-12, 2019, Proceedings. Springer-Verlag, Berlin, Heidelberg, 238-247. https://doi.org/10.1007/978-3-030-28577-7_20.

[4] Anderson P, He X, Buehler C, et al. Bottom-up and Top-down Attention for Image Captioning and Visual Question Answering, in Proceedings of the IEEE Conference on Computer Vision and Pattern Recognition (2018), pp. 6077-6086.

[5] Bongini P, Becattini F, Bagdanov A D, et al. Visual Question Answering for Cultural Heritage. IOP Conference Series: Materials Science and Engineering, 2020, 949.

[6] Simonyan K, Zisserman A. Very Deep Convolutional Networks for Large-Scale Image Recognition. CoRR arXiv: 1409.1556 (2014).

[7] Gao H, Mao J, Zhou J, et al. Are you Talking to A Machine? dataset and methods for multilingual image question, in Proceedings of the Advances in Neural Information Processing Systems (2015), pp. 2296-2304.

[8] Fukui A, Park D H, Yang D, et al. Multimodal Compact Bilinear Pooling for Visual Question Answering and Visual Grounding, in Proceedings of the Conference on Empirical Methods in Natural Language Processing, arXiv: 1606.01847 (2016), pp. 457-468.

[9] Kim J, On K W, Lim W, et al. Hadamard Product for Low-rank Bilinear Pooling, in Proceedings of the International Conference on Learning Representations. OpenReview.net (2017).

[10] Shih KJ, Singh S, Hoiem D. Where to Look: Focus Regions for Visual Question Answering [J]. 2015. DOI: 10.48550/arXiv.1511.07394.

[11] De Marneffe M-C, MacCartney B, Manning C D, et al. Generating typed dependency parses from phrase structure parses. In Proceedings of LREC, volume 6, pages 449–454, 2006.

[12] Yang Z, He X, Gao J, et al. Stacked Attention Networks for Image Question Answering, in Proceedings of the IEEE Conference on Computer Vision and Pattern Recognition (2016), pp. 21–29.

[13] Lu J, Yang J, Batra D, et al. Hierarchical Question-Image Co-attention for Visual Question Answering, in Proceedings of the Advances in Neural Information Processing Systems (2016), pp. 289–297.

[14] Andreas J, Rohrbach M, Darrell T, et al. Neural Module Networks, in Proceedings of the IEEE Conference on Computer Vision and Pattern Recognition (2016), pp. 39–48.

[15] de Marneffe M, Manning C D, et al. The Stanford Typed Dependencies Representation (2008), pp. 1–8.

[16] Kumar A, Irsoy O, Ondruska P, et al. Socher, Ask Me Anything: Dynamic Memory Networks for Natural Language Processing, in International Conference on Machine Learning (PMLR, 2016), pp. 1378–1387.

[17] Xiong C, Merity S, Socher R. Dynamic Memory Networks for Visual and Textual Question Answering, in Proceedings of the International Conference on Machine Learning (2016), pp. 2397–2406.

[18] Norcliffe-Brown W, Vafeias S, Parisot S, Learning Conditioned Graph Structures for Interpretable Visual Question Answering, in Proceedings of the Advances in Neural Information Processing Systems (2018).

[19] Li L, Gan Z, Cheng Y, et al. Relation-aware Graph Attention Network for Visual Question Answering, in Proceedings of the IEEE International Conference on Computer Vision (2019), pp. 10312–10321.

[20] Auer S, Bizer C, Kobilarov G, et al. DBpedia: A Nucleus for A Web of Open Data, in The Semantic Web, 6th International Semantic Web Conference, 2nd Asian Semantic Web Conference, ISWC 2007/ASWC 2007, Busan, Korea, 11–15 November 2007, vol. 4825 (Springer, 2007), pp. 722–735.

[21] Liu H, Singh P, ConceptNet—A Practical Commonsense Reasoning Tool-kit. BT Technol. J. 22, 211–226 (2004).

[22] Wu Q, Wang P, Shen C, et al. Ask Me Anything: Free-Form Visual Question Answering Based on Knowledge from External Sources, in Proceedings of the IEEE Conference on Computer Vision and Pattern Recognition (2016), pp. 4622–4630.

[23] Narasimhan M, Schwing A G. Straight to the Facts: Learning Knowledge Base Retrieval for

Factual Visual Question Answering, in Proceedings of the European Conference on Computer Vision, vol. 11212, ed. by V. Ferrari, M. Hebert, C. Sminchisescu, Y. Weiss (Springer, 2018), pp. 460-477.

[24] Gardères F, Ziaeefard M, Abeloos M, et al. ConceptBERT: Concept – Aware Representation for Visual Question Answering, in Proceedings of the Conference on Empirical Methods in Natural Language Processing, ed. by T. Cohn, Y. He, Y. Liu (Association for Computational Linguistics, 2020), pp. 489-498.

[25] Ren S, He K, Girshick R B, et al. Faster R-CNN: Towards Real-Time Object Detection with Region Proposal Networks. Proc. Adv. Neural Inf. Process. Syst. 39, 1137-1149 (2015).

[26] Devlin J, Chang M-W, Lee K, et al. BERT: Pre-Training of Deep Bidirectional Transformers for Language Understanding, in Proceedings of the Conference of North American Chapter of Association for Computational Linguistics (2019), pp. 4171-4186.

[27] Wang P, Wu Q, Shen C, et al. Explicit Knowledge-Based Reasoning for Visual Question Answering, in Proceedings of the International Joint Conference on Artificial Intelligence, ed. by C. Sierra (2017), pp. 1290-1296.

[28] Cao Q, Li B, Liang X, et al. Explainable High-Order Visual Question Reasoning: A New Benchmark and Knowledge-Routed Network (2019), arXiv: 1909. 10128.

[29] Narasimhan M, Lazebnik S, Schwing A G. Out of the Box: Reasoning with Graph Convolution Nets for Factual Visual Question Answering, in Proceedings. Advances in Neural Information Processing Systems, ed. by S. Bengio, H. M. Wallach, H. Larochelle, K. Grauman, N. CesaBianchi, R. Garnett (2018), pp. 2659-2670.

[30] Li G, Su H, Zhu W. Incorporating Fxternal Knowledge to Answer Open-Domain Visual Questions with Dynamic Memory Networks [J]. 2017. DOI: 10. 48550/arXiv. 1712. 00733.

[31] Malinowski M, Fritz M. A Multi-World Approach to Question Answering About Real-World Scenes Based on Uncertain Input, in Proceedings of the Advances in Neural Information Processing Systems (2014), pp. 1682-1690.

[32] Ren M, Kiros R, Zemel R S, Exploring Models and Data for Image Question Answering, in Proceedings of the Advances in Neural Information Processing Systems (2015), pp. 2953-2961.

[33] Antol S, Agrawal A, Lu L, et al. VQA: Visual Question Answering, in Proceedings of the IEEE International Conference on Computer Vision (2015), pp. 2425-2433.

[34] Goyal Y, Khot Y, Summers-Stay D, et al. Making the V in VQA matter: Elevating the Role of Image Understanding in Visual Question Answering, in Proceedings of the IEEE

Conference on Computer Vision and Pattern Recognition (IEEE Computer Society, 2017), pp. 6325-6334.

[35] Zhang P, Goyal Y, Summers-Stay D, et al. Yin and Yang: Balancing and Answering Binary Bisual Questions, in Proceedings of the IEEE Conference on Computer Vision and Pattern Recognition (2016), pp. 5014-5022.

[36] Gao H, Mao J, Zhou J, et al. Are you Talking to A Machine? Dataset and Methods for Multilingual Image Question, in Proceedings of the Advances in Neural Information Processing Systems (2015), pp. 2296-2304.

[37] Krishna R, Zhu Y, Groth O, et al. Visual Genome: Connecting Language and Vision Using Crowdsourced Dense Image Annotations. Int. J. Comput. Vis. 123 (1), 32-73 (2017).

[38] Yu L, E. Park, Berg A C, et al. Visual Madlibs: Fill in the Blank Description Generation and Question Answering, in Proceedings of the IEEE International Conference on Computer Vision (2015), pp. 2461-2469.

[39] Zhu Y, Groth O, Bernstein M S, et al. Visual7w: Grounded Question Answering in Images, in Proceedings of the IEEE Conference on Computer Vision and Pattern Recognition (2016), pp. 4995-5004.

[40] Lin T, Maire M, Belongie S J, et al. Microsoft COCO: Common Objects in Context, in Proceedings of the European Conference on Computer Vision, vol. 8693 (Springer, 2014), pp. 740-755.

[41] Wang P, Wu Q, Shen C, et al. Explicit Knowledge-Based Reasoning for Visual Question Answering, in Proceedings of the International Joint Conference on Artificial Intelligence, ed. by C. Sierra (2017), pp. 1290-1296.

[42] Wang P, Wu Q, Shen C, et al. FVQA: Fact-Based Visual Question Answering. IEEE Trans. Pattern Anal. Mach. Intell. 40 (10), 2413-2427 (2018).

第 7 章
跨媒体智能的挑战与展望

7.1 挑战和技术展望

近年来,人工智能已经给诸如语音识别、计算机视觉和自然语言处理等领域带来了天翻地覆的变化。然而,上述领域中的多数输入数据都是单一的媒体形式。为了进一步推动人工智能的发展,需要将不同的模态结合起来。因此针对跨媒体智能的研究逐渐升温,跨媒体智能已经成为计算机领域的研究热点之一。本书前面系统地介绍了国内外学者在跨媒体智能领域各个方向取得的各项进展。尽管跨媒体智能已经取得一定的成果,不可否认的是跨媒体智能仍处于发展的初级阶段,仍存在许多相关问题和挑战亟待解决。在此对本书前几章节所讲述的跨媒体智能领域的部分挑战与技术展望进行简要的介绍说明。

7.1.1 跨媒体信息统一表示

在对图片、自然语言、语音、视频等单一媒体数据进行处理时,关键问题之一是如何有效地对这些数据进行特征表示。同理,处理跨媒体信息,首先要考虑如何更好地对多媒体信息特征进行表示。不同媒体类型信息的表示是不一致的,位于不同的特征空间,统一表征即对相互之间存在语义鸿沟的多媒体信息进行统一的表征,将多媒体信息表示为方便计算机进行相关操作的表示形式。

研究人员希望能够将多种媒体信息进行合理的表示,以充分利用多种媒体形式包含的信息,依靠不同媒体形式信息在高层次语义上的一致性,来消除不同媒体间的信息冗余,通过不同媒体信息间的相互转化来实现多种媒体信息融合的统一表征,用以学习全面的信息表示,进而解决多媒体信息之间的语义鸿沟问题[1]。综上所述,统一表征通过利用多模态之间的互补性,从而去除模态之间的冗余信息,进而学习到更好的特征表示。然而多媒体数据的异质性使构建统一表征充满挑战。

目前,国内外研究学者针对统一表征问题提出了各式各样的方法,取得了一定的效果,然而这些方法仍有自身缺陷,统一表征问题有很大的改善空间。

目前,优秀的表示方法模型规模通常庞大且复杂,下面用一些例子进行说明。

基于概率图模型的方法,代表方法包括深度玻尔兹曼机、深度信念网络等(详细介绍见2.2.2节)。深度玻尔兹曼机实际上是由多个受限玻尔兹曼机堆栈构成的,每一个连续层都期望以更高的抽象级别表示数据。深度玻尔兹曼机不需要监督数据进行培训,并且当某些模态缺失时仍可以很好地工作。然而深度玻尔兹曼机直接训练困难、计算复杂、成本高昂、难以解决规模较大的问题,需要使用预训练、近似变分训练和联合训练等方法,否则训练结果和时间成本均不尽如人意。深度信念网络为叠加受限玻尔兹曼机层数的产物。目前的深度信念网络结构设计多数是依靠启发式方法,可解释性差,不具有普适性,同时含有大量的超参数,结构设计需要首先解决超参数赋值问题,并且隐藏层神经元间的双向连接特性,使计算复杂度高、计算困难。

大规模预训练模型和深度神经网络模型表现出出色的性能,但是其计算量和参数量都相当庞大。例如,在2.2.4.2节中提到的预训练模型,UNITER-large和LXMERT参数规模均超过一亿[2],百度提出的"文心ERNIE-ViLG"参数规模超过100亿[3]。除此之外,中国人民大学提出的"文澜"多模态预训练模型的初始版本有10亿个参数,未来将达到100亿[4]。阿里巴巴提出了跨模态预训练模型M6,其中有两种规模的模型,分别为M6-10B和M6-100B,参数大小为100亿和1 000亿[5]。OpenAI最新提出的多模态模型GPT-4,可以接受文本和图像输入,进行文本输出。虽然官方尚未公开具体的参数数量,但是之前的GPT3已经达到1 750亿个参数,GPT-4参数量想必十分庞大。为了训练这种规模的模型,OpenAI基于Azure从头开始设计了一台超级计算机,并重建了整个深度学习堆栈。如此大规模的模型很难在实际场景中进行部署应用,因此需要对多模态预训练模型进行压缩,例如采用知识蒸馏和一些传统压缩方法。在跨媒体智能领域,深度神经网络需要对多种媒体类型进行建模,相比较单一媒体的情况,模型的整体参数数量更多,训练过程中出现过拟合现象的风险更大。此外,深度神经网络广为人知的一个缺点是缺乏可解释性,经过跨媒体信息融合后的特征相比单一媒体更加抽象,对模型进行解释和数据归因都变得更加困难[6],同时神经网络对于缺失模态数据的处理不够自然。

针对该挑战,如何使用较少的参数和更加精简的模型实现相同的表示效果也是亟需研究解决的问题。

7.1.2 跨媒体信息检索

传统的信息检索主要是针对单一模态的检索,然而,人们在进行信息检索时通常希望能够获得不同媒体形式的信息,以获得更准确的结果。这需要建立高效的跨媒体信息检索平台。跨媒体信息检索旨在通过一种媒体形式的信息来检索与之在高层语义上相关的另一种或多种媒体形式的信息,其核心任务是测量不同媒体信息之间的相关性。在本节将介绍跨媒体检索的挑战和技术展望。

7.1.2.1 高效跨媒体检索技术

效率是评估跨媒体信息检索技术的重要考量之一,尤其是在实际应用中,效率问题显得尤为重要。假设使用一个搜索引擎进行检索时，需要花费很长时间才能获取结果，用户的体验将会受到负面影响。然而，目前对于跨媒体信息检索的效率问题，研究相对较少。对于跨媒体信息检索的效率问题不够重视可以归因于两个主要原因。其一是现有的跨媒体信息检索数据集规模较小且媒体类型有限，导致在使用这些数据集进行评测时，不同技术的效率差距并不明显。其二是跨媒体信息检索尚未大规模应用到实际场景中，仍处于学术研究阶段，因此对于效率的关注程度相对较低。

然而，一旦拥有大规模的跨媒体检索数据集，不同技术在效率方面的差距可能会变得非常明显。因此，我们应该增加对跨媒体信息检索效率问题的重视，以推动该领域的进一步发展。

面对跨媒体信息检索效率低下的问题，基于哈希算法的跨媒体检索（详见 3.2.1.2 节）由于其低存储成本和高查询速度，在跨媒体检索中引发了一场巨大的革命，成为该领域的研究热点。跨媒体哈希旨在将多种类型的媒体信息映射为二进制哈希码，并将跨媒体数据投影到公共的汉明空间中。二进制哈希码相对来说较短，既可以节省存储空间，又可以加快检索速度，因此跨媒体哈希方法在检索效率上具有一定优势，有利于在大规模数据集上进行检索。

尽管基于哈希算法在一定程度上提升了跨媒体检索的检索效率，但是它也存在一些局限性。首先，由于哈希算法会产生量化损失影响信息准确度，需要对其进行离散优化。其次，如何直接和有效地学习用于多媒体检索的区分性离散哈希码仍是一个尚待更好解决的问题。另外，大多研究中采用的跨模态哈希方法通常学习统一或等长哈希编码来表示多媒体数据，然而，这种统一或等长的哈希表示可能牺牲其表示的可伸缩性。为了解决这一问题，目前有学者通过长度不等的哈希码对多媒体数据进行更有效的编码。此外如何无缝地处理传统的等长哈希编码和新兴的变长哈希编码也是需要思考的问题。针对上述问题，近年来国内外学者提出了一些解决方法，然而整体上来说，效果仍远远没有达到期望水准。

综上所述，跨媒体检索面临的一个主要挑战是高复杂度和低效率。因此，未来的主要研究方向是基于低存储和快速高效的检索。在这方面，基于哈希算法的跨媒体检索已经成为该领域的研究热点，被认为是未来跨媒体检索技术的重要发展方向。此外，考虑到海量的跨媒体数据，分布式计算对于提高其性能至关重要。因此，将分布式算法与跨媒体检索相结合，以进一步提高跨媒体检索的有效性和检索速度，也是未来的重要技术方向。

7.1.2.2 结合上下文信息的跨媒体检索技术

人类在认知事物时，不仅仅关注事物本身，还会综合考虑上下文信息。因为上下文中很可能包含着重要信息，来帮助人们理解、学习某项事物。如何利用上下文信息，在人工智能的众多领域都是关注的焦点。

在跨媒体信息检索领域，上下文信息主要指的是与检索对象关联的、有助于检索的信息，例如，如果一段音频和一个视频剪辑来自两个具有链接关系的网页，那么它们很可能会相互关联。如何结合上下文相关信息是未来技术的一个发展方向[7]。通常情况下，互联网上的跨媒体数据通常不存在于单独的环境中，具有重要的上下文信息，如链接关系。这些上下文信息为提高跨媒体检索的准确性提供了重要依据。但是现有的很多方法只将共存关系和语义类别标签作为训练信息，没有考虑当前媒体信息相关联的一些信息，从而忽略了潜在的丰富上下文信息。目前跨媒体检索的主要方法，并没有将丰富的上下文信息纳入考虑范围，对检索性能产生一定的影响。

然而就目前的研究情况来看，与前文中提到的哈希算法和深度学习相比，结合上下文相关信息的跨媒体检索研究相对较少，是一个相对冷门的研究方向，还有很多研究工作等待学者完成。目前的一个研究思路，是在基于图的跨媒体相似性测量方法中使用更多的上下文信息来构建有效的图，如链接关系等。

考虑到这一技术的重要性，在之后的研究工作中，这将是跨媒体检索领域的研究技术方向之一。在未来的工作中，研究人员将更加关注丰富的上下文信息，以提高跨媒体检索的性能。

7.1.3 图像/视频语义生成任务

图像语义生成任务旨在对输入图片自动生成准确、合理、通顺的描述语句。简而言之，图像语义生成任务是指让计算机能够像人类一样对图像内容进行某种自然语言的描述。

视频语义生成是指对视频数据进行分析，并生成以自然语言为载体的有效信息，帮助人类快速理解视频内容。视频语义生成简而言之就是捕捉视频中的各种信息，并通过自然语言进行描述。

在本节将介绍图像/视频语义生成任务的挑战和技术展望。

7.1.3.1 合适且可重复的评估方案

在评价标准方面，一些先进算法在基准数据集上表现出色，但在其他数据集上的结果仍有待改善。这种情况的出现可能是由于评价标准或训练方式的影响。由于自然语言的多样性和复杂性，自动评估自然语言形式的生成结果并不容易。在为一张图片生成自然语言描述时，有多种合理的答案，因为一张图片可以用不同的句子进行描述，这些句子都是正确的，只是句法和语义可能有所不同。目前用于评估图像描述的大多数自动评估度量是从机器翻译和文本摘要等领域借鉴而来的。除图像描述之外，视频描述生成也存在同样的问题。现有的自动评估都有自身的不足，按照是否需要参考文本，现有的自动评估指标可以分为有参考评估指标和无参考评估指标。有参考评估可以分为基于 n-gram 的方法和基于 embedding 的方法。基于 n-gram 的方法主要考虑的是生成文本和参考文本之间的共现词数，这种方法缺乏对语义的考量。基于 embedding 的方法通过词向量之间的相似度进行评分，相比于基于 n-gram 的方法，可以一定程度上考虑语义信息，但是作为有参考的评估方法，仍无法摆脱有参考评估的限制：一方面，构建参考文本需要消耗大量的人力、物力；另一方面，参考文本不可能涵盖所有符合要求的文本。无参考的评估主要是通过跨模态模型，计算图像和文本特征之间的相似性，这种方法的缺点是，模型会存在偏见问题，例如模型会固有地偏向于与自己更相似的模型，给予其生成结果更高的评价。因此，如何设计一个适用的自动评估方案是一个值得思考的问题。

7.1.3.2 结合音频的视频描述生成

当下模型所生成的语义信息往往不太精准，一种解决方式是同时考虑视频中的帧样本和视频所附带的音频信息。通过利用音频，可以提供更准确和更丰富的语义信息。

视频是视觉信息和音频信息结合的产物，通常人们的第一关注点是连续播放的图片，即多媒体信息中的视觉信息，其次才会关注到视频的音频信息。在视频研究中，大多数关注点集中在描述视觉信息上，而音频信息的重要性往往被忽视。音频信息能够为视频生成提供额外的非视觉信息，从而有助于提升视频语义的生成质量。例如，视频中没有明确出现大海的图像，然而音频中出现了海浪声和海鸟的叫声，根据音频信息可以得到这条视频展现的地点是沿海地区。音频还可以明确地提供一些语义信息，如音频中的旁白和介绍，这些信息可以提供视频中人物、故事情节和背景的相关线索。其次当视频中出现人物对话场景，通过视觉信息只能得知两个人在交谈，而通过音频信息可以直接得到交谈内容。并且在某些情况下，音频信息还可以帮助生成器确定说话人的情绪和语气。综上所述，视频中的音频信息可以在很大程度上补充视频中的视觉信息，帮助理解视频内容，因此在视频描述模型中结合音频信息可以提高性能。然而目前大多数视频语义生成研究并未充分将二者结合在一起，许多研究主要关注视频信息，而忽略了音频信息，或者在处理视频和音频信息时采取相对孤立的方法，未能实现二者之间的协同作用。

针对上述问题，近些年来国内外学者进行了一定的研究。例如，有研究团队引入视听"匹配图"神经网络，该网络能够直接学习语音帧和图像像素之间的语义对应关系[8]。此外，还有学者提出了一种自监督学习方法，用于将视觉信息与相应的音频信息关联起来，即使在没有标注数据的情况下也能使模型学习视听关联，例如将声音"砰砰声"与弹跳的球相关联[9]。

综上所述，在视频语义生成任务中结合音频信息可以提高性能，并且国内外近年来针对这一问题进行了一定的研究，取得了一定的成果。尽管如此，如何更好地将视觉信息与音频信息相结合是个复杂的问题，当前的研究仍有很大的进步空间，这也是未来技术发展的方向之一。

7.1.4 文本生成图像任务

理解文本与图像的关系一直是人工智能领域重要的研究方向之一。首先，文本和图像的表现形式不同。文本信息是人类语言的表现形式，可以描述事物、场景、行为和情绪等众多具象内容，图像信息是事物的视觉表示，可以呈现为照片、图形等不同形式。其次，在语义层面，文本通常比图像包含更高的语义信息。现有技术生成的图像可以大致反映给定文本描述的含义，但无法充分理解语义关系，难以包含必要的细节和生动的对象布局。例如，如果给出"在左边画一个蓝色圆圈，在右边画一个红色三角形"这类提示，这些模型可能会生成视觉效果不错但与提示中的布局或颜色不匹配的图像[10]。此外，人类对相同图像的描述通常具有高度的主观性和多样性。如何从同一张图像的不同描述中提取一致的语义共同点，更好地理解语言表达的丰富变化也是一个难题。

最近的一个思路是利用最新的 GPT-4 来理解文本和图像之间的关系。GPT-4 是一个多模态大语言模型，可以接受图像和文本输入，生成文本输出，同时具有更广泛的常识和先进的推理能力。虽然 GPT-4 无法直接生成图像输出，但是 GPT-4 可以根据提示生成代码，这些代码可以被渲染为图像。然而，这种方式生成的图像通常质量较低。一种方法是通过利用 GPT-4 强大的文本理解能力，输入文本，让 GPT-4 输出渲染图像，将该图像作为草图，与现有的强大图像生成模型结合，例如扩散模型，来生成质量更好的图像。这种方法可以利用 GPT-4 和现有图像合成模型的优势，以更好地捕捉文本和图像之间的复杂关系。深刻理解文本与图像的关系以及处理多样性描述仍需科研人员的不懈努力。如今，大模型在理解文本与图像关系上展现出巨大的潜力，为探索新的突破方向提供了契机。

7.1.5 视觉问答任务

在视觉问答中，提高模型的可解释性是一个值得深入研究的方向。当人类回答问题时，常常是找到一定的依据来得出自己的答案，答案固然重要，然而在这个过程中，依据可能是更关键的部分，不仅要"知其然"，更要"知其所以然"。同理，研究人员希望视觉问答不仅可以得到结果，还可以给出得到这个结果的依据，并将找出的依据是否正确作为一项评价指标，借此进一步提高视觉问答的效果。大多数视觉问答模型在提高答案预测的准确性方面表现出色，然而它们通常缺乏可解释性，更像是黑盒模型。而答案的可解释性甚至可能比答案本身更为重要，因为它能够使问答过程更好理解和追踪，也可以为答案本身提供更多的信息。一个可信的、可解释的 VQA 系统必须能够收集相关信息，并将其关联起来回答问题并提供可信的解释。近年来使用注意力的视觉问答模型通过突出对问题重要的部分以达到可解释的效果，但是仍然没有一个比较完整的推理过程来说明答案是如何得到的。

为此，在构建数据集时，不仅需要问题和答案，还需要标注出回答问题的依据，要求视觉问答模型每一次得出答案时都要提供依据，判断依据是否正确[11]。当前类似的数据集有 VQA-X 和 VQA-E。VQA-X 数据集为 VQA v2 中的小部分问题提供了自然语言解释作为依据。然而 VQA-X 中的解释可以很容易地从答案中猜出，检验性较差。VQA-E 是另一个建立在 VQA v2 之上的数据集，其解释是自动收集的，解释质量很低。因此需要进一步研究如何构建具有高质量依据的数据集。

目前针对视觉问答可解释性的问题有了一定研究，提出了一些相关技术。例如，在视觉问答中引入注意力机制，将输入问题与相应的图像区域联系起来，对应的图像区域可以看作是得出答案的依据。此外，有学者认为不应该只专注于创建新的注意力架构，这使得模型复杂性不断增加。该学者提出了一种新颖的、可解释的、基于图的视觉问答方法[12]。该方法中的图结构不仅为 VQA 任务提供了强大的预测能力，而且还通过检查最重要的图节点和边来解释模型的行为。在 CVPR2022 上，权威视觉问答竞赛 VizWiz 提出了新的挑战：回答有关的视觉问题时，必须精确地展示出相应的视觉证据。VizWiz 比赛的这一要求也可以看出研究人员对于可解释视觉问答的重视。获得竞赛第一名的团队提出了双重视觉语言交互（DaVI）框架，得到了良好的效果[13]。最近发布的 GPT-4 模型，针对使用者提供的图片和提出的问题不仅能给出答案，同时提供条理清晰的分析逻辑，在视觉问答方面取得了显著进展，较好地解决了视觉问答的可解释性问题。

近年来研究人员对于视觉问答模型的可解释性越来越重视，如何让模型得到答案，同时给出更具合理性的解释，是未来的一个研究方向。

7.1.6 其他挑战和技术展望

7.1.6.1 跨媒体知识图谱

在处理跨媒体智能相关任务时，常常需要借助外部知识的支持。这些知识范围广泛，涵盖了从常识知识到特定主题的专业知识，甚至百科全书式的知识[14]。以视觉问答为例，要回答问题"这张照片中是否有两栖动物？"，仅依靠图片，模型无法获取与"两栖动物"相关的信息。因此，需要借助外部知识才能进行准确判断。知识图谱的主要目标是描述现实世界中存在的各种实体和概念，以及它们之间的关系，因此可以被看作是一种语义网络。知识图谱包含大量知识，在文本理解、推荐系统和自然语言问答等领域的研究中具有重要意义。然而，现实生活中的知识呈多种媒体形式存在，但大多数现有的知识图谱都是基于纯文本符号，这对计算机理解和描述真实世界造成了限制。研究人员需要将各种媒体形式的知识建立联系，将文本形式的知识与相应的图像、声音和视频数据相结合，以构建跨媒体知识图谱。

目前跨媒体知识图谱构建的研究处于起步阶段。与传统知识图谱相比，构建跨媒体知识图谱面临更为复杂的挑战。一是构建跨媒体知识图谱，首先需要对各种媒体形式的实体进行有效获取，但目前的计算机技术距通用实体检测还有一定的距离，尤其是对新增实体无法进行有效的识别。二是相比于传统知识图谱，多媒体数据引入了额外的复杂性，各种媒体形式的实体之间的关系更加错综复杂。采用全自动的数据关联分析技术难以保证跨媒体知识图谱的质量，可能出现知识冗余和知识质量低下的情况。如果依赖人工构建，效率问题又令人难以接受，而且难以适应跨媒体内容的不断变化。三是除了在传统知识图谱中广泛讨论和研究的准确性、完整性、一致性和新鲜度等常见质量问题外，跨媒体知识图谱还存在一些与图像有关的特殊问题。首先，当两个实体彼此密切相关时，某个实体的图像可能很容易与另一个实体混合。例如犀牛和犀牛鸟，二者相互共生，常常出现在同一张图片上，因此我们在搜索这种鸟类时可能总是会得到犀牛和鸟的照片，而相比之下犀牛的视觉冲击显然大得多，以至于人们认为其仅仅是一张犀牛图片。其次，更著名的实体的图像可能在与其相关的实体查询结果中频繁出现。例如在搜索知名作家的冷门书籍时，总能看到该作者更著名的著作的图片。此外，有些抽象概念的视觉特征不够清晰，如抽象名词"思想"的视觉特征是不确定的，因此我们可能会得到一些与这一概念毫不相关的图片[15]。

跨媒体知识图谱提供了基本的可计算知识表示结构，用于支持在跨媒体上下文中的语义关联分析和认知水平推理。这将有助于未来跨媒体智能和多样化应用领域的理论和技术发展。因此，为了更好地推进跨媒体智能相关技术的研究和应用，跨媒体知识图谱的构建是值得研究人员进一步深入探讨的问题。

7.1.6.2 跨媒体数据集

在人工智能的研究进程中，数据发挥着举足轻重的作用。模型从数据中学习到有用的信息，并根据这些信息来作出预测。数据质量的高低直接影响了模型学到的信息的丰富程度，以及其捕捉数据规律的能力，从而影响模型性能的表现。因此，为了训练出高质量的模型，数据的质量是非常重要的。对于训练、测试和评估模型，数据都是不可或缺的。即使设计出先进的模型结构，没有足够的数据进行训练，同样难以达到理想的效果。

目前跨媒体智能的研究受到数据集的限制。相比较单一媒体数据集来说，多媒体数据的人工收集与标注需要耗费更多的人力、物力，人工标注成本高昂。因此，可用的跨媒体数据集目前比较匮乏。

跨媒体数据集的缺乏主要表现在两个方面。首先，这些数据集的规模相对较小，包含的样本数量有限。例如，用于跨媒体检索领域的 Wikipedia 数据集体量相当小，仅有 2 866 个样本。北大彭宇新教授团队构建的跨媒体数据集 XMedia 包含了文本、图像、视频、音频和 3D 模型 5 种媒体类型，相比之下媒体类型更丰富，但是数据集规模仍然有限。用于图像描述任务的 Flickr 8K 和 Flickr 30K 数据集分别包含 8 000 张和 30 000 张图片，数据量不足。用于文本生成图像的数据集 Oxford-102、Multi-Modal-CelebA-HQ、CUB200-201，数据规模均较小，而且局限于特定领域。视觉问答领域的数据集 DAQUAR 数据规模有限，COCO-QA 数据集相比较来说数据量多，但是数据集中的问题是自动生成的，存在高度重复。其次，大多数数据集只包含某两种媒体类型的数据，主要是图像和文本，存在不同媒体类型数据不平衡的问题，这导致模型在处理某些媒体源的数据时表现不佳。此外，一些数据集仅适用于特定领域，数据的多样性和丰富性有所不足。例如，用于跨媒体检索领域的数据集 NUS-WIDE、PASCAL VOC、Wikipedia 只包含图文信息；用于文本生成图像的数据集 Oxford-102、Multi-Modal-CelebA-HQ、CUB200-201 分别用于花卉、人脸和鸟类图片，属于特定领域数据集。

现有数据集在大小、媒体类型的数量、类别的合理性等方面均存在不足。为了跨媒体智能进一步发展，构建高质量的数据集亟待解决。相比于规模小、类型少、质量低的数据集，构建高质量数据集需要研究人员仔细考虑数据集包括的内容范围、所涉及的媒体种类、数据集的规模大小，以构建更大、更多样、更广泛的跨媒体数据集。

面对跨媒体数据集的不足，研究人员不仅可以直接构建数据集来解决问题，还可以考虑开发半监督和无监督学习方法，以缓解相关问题。人类能够自主学习，不完全依赖于提取好的旧知识，而是能够学到新的规律。研究人员需要探索如何最大限度地利用已有的知识，以引导无监督条件下的多媒体内容理解，降低对标注数据的依赖。这不仅有助于减少对数据的依赖，同时也是跨媒体智能发展理解能力、走向实际应用的关键。

7.2 跨媒体智能应用展望

随着多媒体和网络技术的迅猛发展，海量的图像、视频、文本、音频等多媒体数据快速涌现。人类希望通过跨媒体智能相关技术对上述多元异构的大数据信息进行分析、识别、检索和推理，来实现更高层次的智能。在未来，跨媒体智能技术的应用落地，将从方方面面改变人类的生活。本节展望了跨媒体智能的三大任务——跨媒体信息检索、跨媒体生成和跨媒体分析推理在未来可能的应用领域。

7.2.1 跨媒体信息检索

随着跨媒体检索技术的发展，检索有效性和效率不断提高，跨媒体检索的实际应用将成为可能。未来的相关应用程序可以提供更灵活、更方便的方式对大规模跨媒体数据进行检索，以满足用户需求。此外，众多涉及跨媒体数据的行业都将对跨媒体检索产生巨大需求。本节对跨媒体检索的应用进行一个简单的展望。从传统行业到新兴行业，跨媒体检索技术有着广泛的应用场景。

跨媒体信息检索在传统行业中的应用十分广泛。在农业、林业等领域，可以通过植被外观图像来检索得到植物种类、生长环境以及种植注意事项，辅助管理人员工作。在畜牧业中，可以通过牲畜的图像或者叫声音频等，检索得到种类、养殖建议等信息，还可以据此来判断牲畜的健康情况等信息。在采矿、建筑等行业，可以通过对材料的图像和音频信息进行检索，识别材料的种类。在传媒行业，跨媒体检索可以用于抄袭检测。例如某位作者原创的文案，被抄袭者制作为图像或视频，这种情况下借助跨媒体检索技术，可以很轻易地发现文本与图像、视频的关联，发现抄袭行为。对于公安人员，跨媒体检索可以帮助进行网络舆情的管控。例如出现大规模谣言时，这些谣言以文本、图像、视频和音频等多种形式进行传播，面对如此海量、复杂的谣言信息，跨媒体检索技术可以顺藤摸瓜快速找到源头，进行管控。另外，在医学行业，跨媒体检索技术可以用来检索医学图像或音频记录。这样，医生就可以根据关键词或图像特征来检索相关的医学记录，从而更快地找到相关信息。对于金融行业，跨媒体检索可以帮助进行数据检索与分析，例如最新的多模态模型 GPT-4 运用到金融行业。作为财富管理领域的领导者之一的摩根士丹利维护着一个数据库，涵盖投资策略、市场研究和评论以及分析师见解等众多知识。针对这些知识进行检索、浏览并找到相关解决方案是一项费时费力的工作，借助 OpenAI 的 GPT-4，摩根士丹利正在改善相关工作人员查找相关信息的方式。

在新兴行业中，首先跨媒体信息检索可以与区块链技术相结合。区块链上的数据可以是跨媒体数据，而跨媒体信息检索的处理对象就是跨媒体数据。因此，跨媒体检索技术可以在区块链上进行多媒体数据溯源与复杂查询。在区块链数据管理中应用跨媒体信息检索技术，可以有效提高区块链环境下数据管理的效率。除此之外，二者还可以结合起来应用于某些领域，来发挥二者的专长。例如，在媒体内容分发任务中，区块链技术可以用来存储和管理版权信息，跨媒体检索技术则可以用来快速检索相关的媒体内容。在应用此技术的情况下，用户可以更快速、更准确地找到所需的媒体内容，并且这些内容的版权也得到有效保护。同理，在医疗信息管理领域，区块链技术可以用来存储和管理患者的健康档案，跨媒体检索技术则可以用来快速检索与患者相关的医学图像和视频等信息。这样，医生就可以更快速、更准确地诊断患者的疾病，并且患者的隐私也得到有效保护。除此之外，元宇宙是跨媒体信息检索的重要用武之地。元宇宙是指人类运用数字技术构建的，由现实世界映射或超越现实世界，可与现实世界交互的虚拟世界。想要模拟现实世界，必然需要图像、文本、视频、音频、3D 模型等跨媒体数据，来给予用户真实感。想要将元宇宙从概念变为现实，跨媒体智能是绕不开的挑战，因此，跨媒体检索说是元宇宙的核心技术之一也不为过。

跨媒体检索可以有效辅助科研工作。随着人类科技的不断发展，人们所掌握的知识和数据爆炸式增长。尽管大量的数据和参考资料有助于科学研究的进行，然而人类处理繁多数据能力有限，进而引出了一个概念——维数灾难。维数灾难在科研领域可以简单理解为面对众多数据，对其进行处理、计算的困难。虽然数据越来越丰富，但是精确寻求自己所需数据却变得越来越难，各行业的技术专家也深受困扰。例如，面对日益增长的科研文献，学者如何才能精确、快速地找出自己所需的资料？跨媒体检索可以快速、准确地帮助科研人员梳理出自己需求的数据和文献等各种资料，减少科研人员在此类烦琐工作上消耗的时间和精力，使科研人员将主要的精力放置于核心问题上。

不难看出，未来跨媒体检索技术会在方方面面改变人类的生活。

7.2.2 跨媒体生成

跨媒体生成技术目前仍处于起步阶段，一方面是生成质量和实际应用还有一定差距，另一方面是对不同媒体类型的研究不太平衡，例如对文本和图像生成的研究相对深入，对于视频和 3D 模型生成的研究则相对较少。尽管如此，鉴于跨媒体生成的巨大发展潜力，针对该领域的研究还将不断深入。未来随着跨媒体生成技术的进一步发展，生成效果和效率都会进一步提升。未来的相关应用程序可以生成高质量、多种类的媒体数据，以满足用户需求。跨媒体生成在众多行业和领域，尤其是传媒和艺术创作相关的领域具有重要作用。本节对跨媒体生成的应用进行一个简单的展望。

跨媒体生成技术在一些传统领域中有十分重要的应用。例如，在文学、艺术创作相关领域，可以运用到文学作品和教材的配图生成中，通过文本生成图像的技术直接生成配图，减少配图工作量。根据这一思路更进一步，动画和漫画创作者可以先构想出剧情的文本描述，通过文本生成图像，给创作者提供借鉴，大大提高工作效率。除此之外，在影视行业前期工作中，有一项工作为场景气氛图绘制。该部分要求艺术家在深度了解主创人员的创作意图后，制作画面的视觉氛围预览，来对后期拍摄风格进行指导[16]。这项工作和跨媒体生成技术专业对口，通过文本生成图像技术可以辅助这一工作的完成。在公安领域，跨媒体生成也有用武之地，例如根据目击证人的描述，来生成犯罪分子画像，协助破案。跨媒体生成技术还可以为残障人士提供暖心的服务。例如，视障人士可以通过该技术将图像转化为文字或者音频，来理解周围的环境；跨媒体生成技术还可以针对音频信息生成对应的手语图像，帮助听障人士理解语音和视频。

跨媒体生成在近年来热度不断升高的元宇宙中有着举足轻重的作用。在前文的跨媒体检索应用中提到过，元宇宙是指人类运用数字技术构建的，由现实世界映射或超越现实世界，可与现实世界交互的虚拟世界。模拟现实世界，重要的一点就是对现实世界中的图像、文本、视频、音频、3D 模型等各种媒体信息进行模拟。对于构建元宇宙这一庞大的数字生活空间，所需要的媒体数据是海量的。而跨媒体生成技术可以通过一种媒体类型的数据，生成另一种媒体类型的数据，这可以帮助生成元宇宙所需要的各类媒体数据，大大减少相应的工作量。跨媒体生成是进行元宇宙构建的重要技术，想要真正实现元宇宙的概念，需要深入研究跨媒体生成技术。同跨媒体检索一样，跨媒体生成也是元宇宙的核心技术之一。

跨媒体生成对科研工作同样有着重要作用。例如，跨媒体生成可以帮助科研人员进行科研绘图，生成直观清晰的图片来辅助科学研究。在计算机领域，当前的 ChatGPT 和 GPT-4 均可以生成质量尚可的代码，科研人员可以借助其来生成自己需要的代码，在生成代码的基础上进行修改，大大减小了工作量。跨媒体生成将科研人员从一些偏体力的劳动中解放出来，让科研人员有更多的精力和时间投入到对所研究问题本质的思考和研究上。

上述很多工作目前已经有了令人瞩目的成果，例如前文多次提到的 ChatGPT 和 GPT-4 可以用于跨媒体生成任务。ChatGPT 接受文本输入，进行文本输出，GPT-4 接受图像和文本两种模态输入，进行文本形式的输出。虽然看上去二者只能输出文本，但是二者可以生成与所需模态相关的文本。例如生成用来渲染图像的代码，或者用特定文本符号生成乐谱，进而生成音乐，GPT-4 还可以通过网页截图来生成对应的 HTML 代码等。除此之外，现有的工作将二者与其他模态生成模型相结合，利用 ChatGPT 的强大文本理解能力和 GPT-4 的多模态理解能力来达到更好的生成效果。例如将其与图像生成模型结合，GPT 模型主要负责理解语义，来帮助图像生成模型提升效果，例如 GPT-4+Stable Diffusion 生成高质量的图片。目前来看，将 ChatGPT 和 GPT-4 与其他模态的模型相结合是一个很有前景的发展方向。构建跨媒体人工智能系统，一种方法便是将来自多种模态的训练信号合并到类似 GPT-4 的大规模语言模型中。

综上所述，跨媒体生成的应用前景令人兴奋，让我们期待跨媒体生成技术真正改变社会生活的那一天。

7.2.3 跨媒体分析推理

跨媒体分析推理涉及更复杂、更困难的认知和推理过程。想要实现真正的跨媒体智能，而不只是停留在感知层面，跨媒体分析推理是必须翻越的一座大山，今后面向该领域的研究仍将不断深入。在未来跨媒体分析推理将会应用于众多领域，本节对跨媒体分析推理的应用进行一个简单的展望。

跨媒体分析推理的一个应用领域是医学图像理解、辅助诊断。跨媒体分析推理可以通过现有的信息和知识资源，分析推理得到针对特定医学情况的见解，来辅助医务人员作出临床决策，同时可以通过跨媒体分析推理得到的意见进行增强诊断。跨媒体分析推理可以用于辅助视障人士，视障人士可以通过相应设备捕获周围环境视觉信息，并对跨媒体分析推理系统进行提问，借此来熟悉周围环境。这里相比于前文提到的跨媒体生成技术辅助视障人士，跨媒体分析推理得到的结果不仅仅是对周围环境的描述，更是入了分析推理后得出的意见，考虑的信息更多，结果更可靠。例如 OpenAI 官方给出的、加入了 GPT-4 的 Be My Eyes。这是一款为视力障碍人士提供的产品，可以借助 GPT-4 的图像识别分析来帮助视障人士观察世界。除此之外，视觉语音导航是跨媒体分析推理的产物之一。视觉语言导航任务是一个典型的跨媒体分析任务，要求智能体感知环境，理解和落实文本内容，在视觉信息的辅助下到达自然语言指定的目标位置。通过这种技术，保姆机器人不再是幻想，机器人可以把实时画面传送给人类，之后人类可以使用自然语言告诉机器人，接下来应该执行什么任务即可。人们可以通过这种方式减少重复性的日常任务，也可以避免一些危险的任务。跨媒体分析推理在教育领域也有着许多应用，例如教育机器人可以从周围环境中汲取灵感，提出问题并进行教育对话，来提高孩子们的探索欲望，同时还可以辅导孩子的日常功课，解答疑惑，帮助孩子成长。

在 AI for Sciences 方面，跨媒体分析推理有着举足轻重的作用。利用 AI 的跨媒体推理能力，科研人员能够发现、预测和模拟一些规律和本质。跨媒体分析推理运用人工智能技术对不同媒体类型的数据进行深度挖掘和推理，提高数据的语义理解和认知水平，从而发现其中的隐藏模式和规律，为科学探索和创新提供了有力支持。例如通过分析天文图像、文本和音频等多媒体数据，可以提出新的关于黑洞、暗物质和系外行星性质和演化的假设。AI for Sciences 还可以在药物研发、基因研究、生物育种、新材料研发等重点领域进行创新设计，推动科学领域的发展。举例来说，过去解决的"蛋白质折叠问题"一直是生物学界的重大挑战。传统方法如 X 射线晶体学或冷冻电镜耗时长、成本高，而人工智能模型 AlphaFold 2 的高效准确预测，极大地简化了蛋白质折叠问题的破解，对生物学领域产生了深远的影响。跨媒体分析推理能力不仅在生物学领域取得了巨大成功，在众多领域也为科研人员提供了有力助力。例如，AI 在求解薛定谔方程、控制论方程、加速分子模拟、预测蛋白结构、赋能药物和材料设计等方面展现出卓越的潜力。因此，跨媒体分析推理在 AI for Sciences 领域具有广阔的前景。

作为跨媒体智能的重点任务，跨媒体分析推理是迈向强人工智能的关键。目前 GPT-4 的横空出世，是跨媒体分析推理的一项重要突破。与之前引起轰动的 ChatGPT 相比，GPT-4 的主要不同在于可以接受图像输入，并且分析推理能力相较于前者有了巨大提升。根据 OpenAI 出具的技术报告，GPT-4 不仅在文学、医学、法律、数学、物理科学和编程等各个领域表现出高度的熟练程度，而且还流利地结合了多个领域的技能和概念，展示了对复杂思想的深刻理解。此外，GPT-4 在众多任务中的性能都非常接近人类级别的性能，并且超过以前的模型。GPT-4 在最初为人类设计的各种考试中进行了评估并且取得了令人咋舌的表现，往往超过了绝大多数人类考生。例如，在模拟律师考试中，GPT-4 的成绩在考生中排名前 10%，而之前的 GPT-3.5 得分排在最后 10%。在美国高考 SAT 考试中，GPT-4 在阅读写作中拿下 710 分高分、数学 700 分（满分 800）。在众多考试中超越绝大多数人类水平，体现出 GPT-4 已经有了相当水平的分析推理能力。

除此之外，根据 GPT-4 技术报告中的例子，GPT-4 对图像的理解、分析能力同样令人称奇。使用者输入一张图片，并询问图片的不正常之处，GPT-4 的回答简洁而准确地概括了图片的不合理之处。例如图 7-1，询问 "What is unusual about this image?"，GPT-4 的回答为："The unusual thing about this image is that a man is ironing clothes on an ironing board attached to the roof of a moving taxi."。不难看出，GPT-4 完全可以理解这幅图。除此之外，GPT-4 可以通过图表信息进行一定程度的推理分析，图 7-2 是一些国家的平均每日肉类食品消费量，询问 GPT-4 "格鲁吉亚和西亚的平均每日肉类消费量之和是多少？"这一问题，图 7-3 为 GPT-4 的回答，整个回答逻辑条例清晰，展现出了优秀的跨媒体分析与推理能力。更多有趣的示例详见 GPT-4 技术报告。以上例子证明 GPT-4 对于图像的理解能力之强，并且可以进行有理有据的分析和推理。

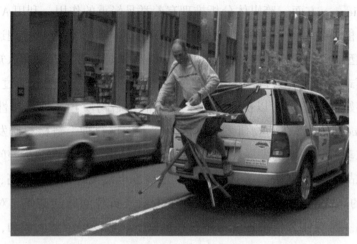

图 7-1 GPT-4 视觉输入处理示例 1[18]

用户　格鲁吉亚和西亚的平均每日肉类消费总量是多少？
在提供答案之前，请提供逐步推理。

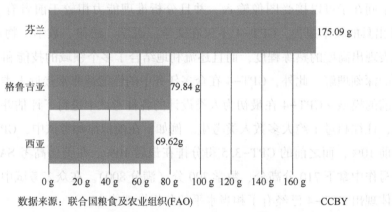

图 7-2 GPT-4 视觉输入处理示例 2[18]

GPT-4　为了找出格鲁吉亚和西亚平均每天肉类消费总量，我们将遵循以下步骤：

1. 确定格鲁吉亚的平均每日肉类消费量。
2. 确定西亚的平均每日肉类消费量。
3. 将步骤1和步骤2中的数值相加

第1步：从提供的图表中，我们看到格鲁吉亚的平均每日肉类消费量是每人每天79.84克。

第2步：从图表中，我们看到西亚的平均每日肉类消费量是每人每天69.62克。

第3步：将步骤1和步骤2中的数值相加。

79.84克(格鲁吉亚)+69.62克(西亚)=149.46克。

因此，格鲁吉亚和西亚的平均每日肉类消费总量是每人每天149.46克。

图 7-3 GPT-4 对图 7-2 中问题的解答[18]

除了对图像的分析推理，一些学者探究了 GPT-4 在一些逻辑性较强的问题上的表现。例如有学者研究其对费米问题的解答。费米问题是一种特殊类型的数学建模问题，涉及使用逻辑、近似和数量级推理，对难以或不可能直接测量的量或现象进行有根据的猜测。例如，一些著名的费米问题有"芝加哥有多少钢琴调音师?"和"太阳的峰值颜色的电场在其到达地球的过程中振荡了多少次?"。要在几乎没有或根本没有额外信息的情况下解决这些问题，需要定量思维和一般知识。文章[10]中让 GPT-4 和 ChatGPT 分别回答费米问题，其中 GPT-4 通过作出一个个合理的假设和猜测来尝试，展现出 GPT-4 卓越的思维能力，而 ChatGPT 则直接承认自己无法解决这个问题，几乎没有表现出数学思维的痕迹。尽管 GPT-4 给出的最终答案距离正确答案还有一定距离，但它在这些问题上的表现给人们留下了深刻印象。GPT-4 在推理、创造力等方面，文学、医学和编码等方面，以及玩游戏、使用工具、自我解释等方面，都证明其拥有令人瞩目的分析推理能力。除了单独使用 GPT-4，还有一种思路是将 ChatGPT 或 GPT-4 与其他模型结合，例如有学者提出 MM-REACT 系统范式，它将 ChatGPT 与多种视觉模型相结合，MM-REACT 组织众多视觉模型，为 ChatGPT 提供视觉理解能力，以实现多模态推理和行动。

尽管 ChatGPT 和 GPT-4 展现出了不俗的能力，其仍有众多不足。一是幻觉现象，在某些情形下会产生语句通顺但不合逻辑或不真实的内容。GPT-4 与早期 GPT 模型有相似的局限性：它仍然不完全可靠，它会"产生幻觉"事实，但相比于 ChatGPT，这一现象有所减轻；二是依旧存在错误推理的可能性；三是可能会产生有害的建议，为此 OpenAI 通过 50 位领域专家的反馈对 GPT-4 模型进行了改进；四是存在偏向性，例如 ChatGPT 在创作爱尔兰打油诗时，打油诗的内容往往支持自由派政客，而不是保守派政客[17]。

综上所述，尽管跨媒体分析推理仍然存在一定的不足，以 GPT-4 为代表的多模态模型已经取得相当重大的突破，在创造性推理、批判性推理等方面都有不俗的表现，极大鼓舞了人们对于跨媒体人工智能的热情，我们期待研究人员在跨媒体分析推理方面取得更好的成果。

7.3 感知智能向认知智能演进

7.3.1 感知智能与认知智能

邱锡鹏教授在《神经网络与深度学习》一书中，从人工智能的主要领域角度，将人工智能分为感知、学习和认知（相关介绍可见本书 1.2 节）。从发展阶段的角度来说，学术界对人工智能发展阶段如何划分有不同的观点。本书在这里取其中被业界普遍接受的一种观点：人工智能的发展阶段可以大致分为计算智能、感知智能和认知智能三个阶段。不难看出，无论是从主要领域角度还是发展阶段角度，感知智能和认知智能都被提及，体现了二者的重要性。下文主要从发展阶段的角度进行讲解。

计算智能简单来讲，即能够进行信息记忆存储和快速运算的能力，这是人工智能发展的基础。1997年IBM的深蓝计算机战胜了当时的国际象棋冠军卡斯帕罗夫，自此人类在强运算型的比赛中无法战胜计算机，计算智能获得承认。在信息记忆存储方面，计算机存储部件可以存储大量的数据，不仅"记得多"，而且"记得牢"，相比之下人类的记忆容量、记忆速度和记忆牢固度都相差甚远。在计算速度方面，计算机最初被人类创造出来的目的便是进行快速运算，经过几十年的发展，目前计算机可以高速且准确地完成各种算术运算，人类的计算速度和准确率完全无法与之相提并论。显而易见的是，在计算智能方面，计算机已经远远超过人类。

　　感知智能是指能够拥有视觉、听觉、触觉等感知能力。人类和其他生物通过感知能力来对世界进行感知和交互，感知智能的目的是让计算机也拥有类似人类视觉、听觉、触觉等方面的能力。在这方面研究人员已经进行了大量的研究，尤其是近年来随着深度学习和大数据的蓬勃发展，计算机感知智能有了长足的发展，取得了显著的成果。例如，计算机视觉方面，有物体识别、物体分类、图像分割、人脸识别、自动驾驶等技术；在计算机听觉方面，有语音识别、语音增强等技术；在计算机触觉方面，可以通过搭载触觉传感器和相应算法，来模拟人类的触觉能力。计算机在感知智能方面已经越来越接近人类，在一些领域，计算机的感知智能甚至已经超越人类。

　　认知智能即理解、推理、分析和决策等能力。让计算机拥有类似人类的思维逻辑和认识能力，特别是理解、归纳和应用知识的能力，能够对真实的世界进行像人类一样的认知、学习和思考，达到认知智能阶段，是人工智能的最终目标。认知智能作为人工智能的最终阶段，是人工智能三个阶段中实现难度最大的阶段，同样也是最重要的一个阶段。认知智能能否突破，将决定计算机能否对真实世界进行认知、思考和回应。综上所述，认知智能重要的是让计算机拥有真正的理解、学习、思考、分析、推理和决策等能力，做到能理解，会思考。

　　根据上文对感知智能和认知智能的介绍，可以看出感知智能与认知智能之间有着巨大的差距。感知智能仅仅强调对于外界的感知能力，要求计算机对于物理世界有一个直观的感受，主要完成类似人类"听""写""看"的工作，仅仅对于语音、图像和人类语言等信息进行较为简单的处理，并且依赖于大规模的标注数据进行监督训练，而不是像人脑一样拥有真正的学习和思考能力。而认知智能的要求则远远高于感知智能。在认知智能层次上，对外界信息进行感受和获取只是基础任务，重点在于对于获得的外界信息能够进行深入理解、持续学习、因果推理、分析决策等更高层次的智能活动。相比于感知智能来说，认知智能要更为复杂且困难，从感知智能到认知智能是人工智能质的飞跃。

　　目前人工智能领域的技术大都集中于感知智能，认知智能的发展水平还远远不足。当下人工智能的发展阶段正处于感知智能阶段，并且逐渐向认知智能阶段演进。人工智能在"听""写""看"等感知智能领域已经取得持平甚至超越人类的表现，取得了丰硕的成果，然而在认知智能领域的研究仍处于起步阶段，存在诸多的困难等待研究人员去攻克。

认知智能是未来人工智能领域的发展趋势，如何能够让人工智能能够像人脑一样具备思维能力，能够进行学习和推理，现在仍是困扰国内外学者的问题。实际上，目前人类对于大脑的研究同样尚浅，人脑如何对知识进行处理，并产生智慧仍有待未来的研究进行解释。人工智能进一步的发展必须逾越人类大脑思维能力的鸿沟，如果达不到学习和思考的层次，就难以实现真正的认知智能，难以从弱人工智能发展成为强人工智能，无法迈入认知智能阶段[19]。

7.3.2 认知智能的基石——跨媒体智能

跨媒体智能作为当前人工智能领域的研究热点之一，对于人工智能从感知智能向认知智能演进有着重要作用。

回顾跨媒体智能，目前学术界并没有关于跨媒体智能的严格定义，学者们根据自己的研究重心提出不同的观点。高文院士认为，跨媒体智能是通过视听感知、机器学习和语言计算等理论和方法，构建出实体世界的统一语义表达，通过跨媒体分析和推理把数据转换为智能。潘云鹤院士认为，跨媒体智能是指综合利用从各种形式的感知中获得的信息，包括视觉、语言和听觉，以实现识别、推理、设计、创造和预测[20]。北大彭宇新团队认为，通过视觉、听觉、语言和其他感官渠道模拟人脑将环境信息转化为分析模型的过程，进而实现跨媒体分析和推理[21]。简而言之，跨媒体智能指的是通过视觉、听觉等多种感官信号，获取多种媒体类型信息，对跨越多种感官的信息进行融合处理、综合利用，进行理解、学习、分析和推理等智能活动。

早期人工智能的研究大多集中于单一类型媒体智能，例如计算机视觉，自然语言处理等。然而人类的智能是基于多种类型媒体信息的，不是某一种媒体信息能够闭环自洽的，如果只停留在单一类型媒体层面研究人工智能，很可能不久的将来就会达到瓶颈，使得人工智能的发展严重受限[22]。单一类型媒体智能并不符合人类认知世界的方式，导致智能水平无法更进一步，只能停留在简单的感知阶段，无法迈向更高层次的认知智能。人类大脑在对世界进行认知时，并不只是通过一种感官，而是同时通过视觉、听觉、语言等多种感知方式来获得对世界的感知，并利用感知获得的多种类型媒体信息进行认知。在这个过程中，多种媒体信息相互补充，相互促进，帮助人类生成对事物的认知。

由此可见，人类认知的基础是能够对多种类型媒体信息进行综合处理，并且在综合处理过程中各种媒体信息相互补充和增强，加强人类对于事物的认知。而让人工智能完成上述这一流程的过程，便是跨媒体智能。因此可以看出，跨媒体智能是更符合人类认知规律的智能形式，跨媒体智能与人类的认知活动具有很高的相似性。

跨媒体智能同时与近年来火热的概念"通用人工智能"（Artificial General Intelligence，AGI）有着相似性。二者研究方向均不是某一特定模态，而是一种通用模型。创建超越人类智能的先进通用人工智能（AGI）系统时，至关重要的是，使其能够从各种来源和模态获取和吸收知识，以解决涉及任何模态的任务。因此作为多模态模型中翘楚的GPT-4同样被通用人工智能所青睐，甚至说 GPT-4 使通用人工智能（AGI）的概念广泛传播也不为过。考虑到 GPT-4 展现出来的能力的广度和深度，以及它和其他模型结合的潜力，尽管 GPT-4 与通用人工智能距离还比较遥远，有学者认为其可以被视为通用人工智能（AGI）系统的早期版本，甚至有声音称 GPT-4 发布的 2023 年 3 月 14 日为人类开始迈进通用人工智能（AGI）时代的纪念日。通用人工智能是人类建造人工智能的一个长期目标，其目的是创造能够执行人类可以完成的任何智力任务的机器，这样的机器需要达到认知智能的程度。多模态模型 GPT-4 作为当前通用人工智能（AGI）的热门研究对象，同样体现出跨媒体智能对于认知智能的重要作用。

认知智能的目标是让计算机拥有类似人类的思维逻辑和认知、理解、归纳和应用知识等能力，能够对真实的世界进行像人类一样的认知、学习和思考。人工智能想要达到认知智能阶段，需要学习人类的认知方式，而人类的认知是基于多种类型媒体信息的，类比得到认知智能是基于跨媒体智能的。跨媒体智能不仅可以让人工智能拥有更高的感知能力，同时打破不同类型媒体信息之间的异质鸿沟和语义鸿沟，让信息在更高维度层面进行互补、融合和复用。跨媒体智能对于认知智能的重要性不言而喻，跨媒体智能是认知智能的基石，想要打开认知智能的大门，必须先拥有跨媒体智能这把钥匙。跨媒体智能既强调偏向感知智能的多种感官信息处理，又强调偏向认知智能的分析推理，可以看作感知智能与认知智能的衔接段，是人工智能从感知智能向认知智能演进的必经之路。

综上所述，跨媒体智能是认知智能的基石，在人工智能迈向认知智能的过程中起着举足轻重的作用，想要实现认知智能，跨媒体智能是当前人类首先需要考虑的挑战。

7.4 本章小结

本章主要介绍了跨媒体智能面临的一些技术挑战，从跨媒体信息检索、跨媒体生成和跨媒体分析推理三个方面介绍了跨媒体智能的应用展望，并对感知智能和认知智能进行了简要介绍，并借此提出了跨媒体智能对于认知智能的重要性。

7.1 节对跨媒体智能面临的一些技术挑战进行了简单介绍。尽管跨媒体智能技术有了一定的发展，但仍存在很多不足。该小节按照前文章节介绍的跨媒体智能相关领域，对各个领域面对的技术挑战和展望进行了相关介绍。

7.2 节简单介绍了跨媒体信息检索、跨媒体生成、跨媒体分析推理任务的概念和未来应用展望。跨媒体信息检索旨在通过一种媒体形式的信息，来检索高层语义信息相近的另一种或多种媒体形式的信息，核心任务是度量不同模态信息之间的相关性信息。跨媒体生成是将一种媒体类型的信息，转化为另一种或多种媒体类型的信息的技术。跨媒体分析推理，可以理解为模拟人脑，将环境中的视觉、听觉、语言等多种形式的媒体数据协同综合处理，进行分析推理和问题求解。这三项技术在新兴行业和传统行业中都有着巨大的应用前景。然而三种技术的表现距离人类期望还有较大差距，目前还不足以应用到实际场景中。

7.3节介绍人工智能发展的三个阶段：计算智能、感知智能和认知智能。对三个阶段的基本概念和特征进行了简要介绍。计算智能即能够进行信息记忆存储和快速运算的能力；感知智能是指能够拥有视觉、听觉、触觉等感知能力；认知智能即具有理解、推理、分析和决策等能力。目前人工智能领域的技术大都集中于感知智能，认知智能的发展水平还远远不足，人工智能正处于感知智能阶段，并且逐渐向认知智能阶段演进。其次，简要介绍了跨媒体智能对认知智能的重要性。跨媒体智能是认知智能的基石，要想实现认知智能需要先解决跨媒体智能这一挑战。

7.5 参考文献

[1] 王树徽，闫旭，黄庆明. 跨媒体分析与推理技术研究综述［J］. 计算机科学，2021，48(3)：8.

[2] Weijie S, Xizhou Z, Yue C, et al. VL-BERT: Pre-training of Generic Visual-Linguistic Representations [C], International Conference on Learning Representations, 2020.

[3] Han Z, Weichong Y, Yewei F, et al. ERNIE-ViLG: Unified Generative Pre-training for Bidirectional Vision-Language Generation [J]. arXiv preprint arXiv, 2021, 2112 (15283).

[4] Huo Y, Zhang M, Liu G, et al. WenLan: Bridging Vision and Language by Large-Scale Multi-Modal Pre-Training [J]. 2021.

[5] Lin J, Men R, Yang A, et al. M6: A Chinese Multimodal Pretrainer:, 10.48550/arXiv.2103.00823 [P]. 2021.

[6] 杨易，庄越挺，潘云鹤. 视觉知识：跨媒体智能进化的新支点［J］. 中国图象图形学报，2022，27(9)：15.

[7] Peng Y, Huang X, Zhao Y. An Overview of Cross-Media Retrieval: Concepts, Methodologies, Benchmarks, and Challenges [J]. IEEE Transactions on circuits and systems for video technology, 2017, 28 (9): 2372-2385.

[8] Harwath D, Recasens A, Surís D, et al. Jointly Discovering Visual Objects and Spoken Words from Raw Sensory Input [C] //Proceedings of the European conference on computer vision (ECCV). 2018: 649-665.

[9] Owens A, Efros A A. Audio-Visual Scene Analysis with Self-Supervised Multisensory Features [C] //Proceedings of the European Conference on Computer Vision (ECCV). 2018: 631-648.

[10] Bubeck S, Chandrasekaran V, Eldan R, et al. Sparks of Artificial General Intelligence: Early Experiments with GPT-4 [J]. arXiv preprint arXiv: 2303.12712, 2023.

[11] 包希港，周春来，肖克晶，等. 视觉问答研究综述［J］. 软件学报，2021，32(8)：23.

[12] Norcliffe-Brown W, Vafeias S, Parisot S. Learning Conditioned Graph Structures for Interpretable Visual Question Answering [J]. Advances in neural information processing systems, 2018, 31.

[13] Pan J, Chen G, Liu Y, et al. Tell Me the Evidence? Dual Visual-Linguistic Interaction for Answer Grounding [J]. arXiv preprint arXiv: 2207. 05703, 2022. Wang C, Chai M, He M, et al. Clip-nerf: Text-and-image driven manipulation of neural radiance fields [C] //Proceedings of the IEEE/CVF Conference on Computer Vision and Pattern Recognition. 2022: 3835-3844.

[14] Qi W, Damien T, Peng W, et al. Visual Question Answering: A Survey of Methods and Datasets. [J], Computer Vision and Image Understanding, 2017, 163 (1): 21-40.

[15] Zhu X, Li Z, Wang X, et al. Multi-Modal Knowledge Graph Construction and Application: A Survey [J]. arXiv preprint arXiv: 2202. 05786, 2022.

[16] 李子谦, 顾晓娟. 浅谈基于语义的图像生成技术在影视气氛图生成中的应用 [J]. 现代电影技术, 2022 (9): 7.

[17] Chaoning Z, Zhang C, Li C, et al. One Small Step for Generative Ai, One Giant Leap for AGI: A Complete Survey on Chatgpt in Aigc Era [J]. 2022.

[18] OpenAI. GPT-4 Technical Report [J], open-ai, 2023, abs/2303. 08774

[19] 李生, 苏功臣. 人工智能正在从感知走向认知 [J]. 民主与科学, 2019 (6): 4.

[20] 潘云鹤. 人工智能走向 2.0 [J]. Engineering, 2016 (04): 51-61.

[21] Peng Y, Zhu W, Zhao Y, et al. Cross-Media Analysis and Reasoning: Advances and Directions [J]. Frontiers of Information Technology & Electronic Engineering, 2017, 18 (1): 44-57.

[22] 曹东. 国外认知智能发展趋势 [J]. 上海信息化, 2020 (8): 3.

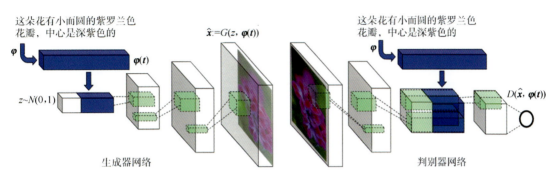

图 5-4　DC-GAN 的训练框架